普通高等教育"十三五"规划教材

应用物理化学

王业飞　赵福麟　编著

中国石化出版社

内 容 提 要

本书共分六章，并附有专业名词中英文对照表。主要内容包括：气体，介绍理想气体状态方程式和实际气体状态方程式；溶液与相平衡，介绍溶液与相平衡所遵循的局部规律和普遍规律；电化学基础，介绍氧化还原反应的基本概念、原电池、金属的电化学腐蚀与防护；表面现象，介绍发生在表面上的各种现象(如润湿、曲界面两侧压力差、毛细管现象、吸附等)；表面活性剂与高分子，介绍这两类重要物质的定义、分类、命名、主要作用以及它们对表面现象、分散体系性质的影响；分散体系与高分子溶液，介绍分散体系分类、典型的分散体系(如溶胶、凝胶、乳状液、泡沫、高分子及其与表面活性剂混合溶液等)的概念及其重要性质。

本书可作为石油院校石油工程专业的教材，同时也可作为从事石油工程、应用化学、精细化工领域的研究与工程技术人员的参考用书。

图书在版编目(CIP)数据

应用物理化学 / 王业飞，赵福麟编著．—北京：中国石化出版社，2018.8(2025.1重印)
普通高等教育“十三五”规划教材
ISBN 978-7-5114-4985-6

Ⅰ．①应… Ⅱ．①王… ②赵… Ⅲ．①物理化学-高等学校-教材 Ⅳ．①O64

中国版本图书馆CIP数据核字(2018)第184750号

中国石化出版社出版发行

地址:北京市东城区安定门外大街58号
邮编:100011　电话:(010)57512500
发行部电话:(010)57512575
http://www.sinopec-press.com
E-mail:press@sinopec.com
北京中石油彩色印刷有限责任公司印刷
全国各地新华书店经销

*

787×1092毫米 16开本 13印张 323千字
2025年1月第1版第3次印刷
定价:40.00元

前　言

物理化学是许多学科和专业的基础课，在大学课程中，物理化学历来备受重视，其内容相当丰富，逻辑性、系统性、理论性和实践性均很强。

由于专业拓宽，将原来的钻井工程、油藏工程和采油工程三个专业合并为现在的一个专业——石油工程专业。为突出专业特色，体现教材的针对性与实用性，油田化学专家赵福麟教授于1999年编写了化学原理(Ⅱ)教材，供石油工程专业的学生使用，一直沿用至今。化学原理(Ⅱ)实际是针对非化学类专业学习的物理化学内容的压缩或节选，具有一定的深度与广度，成为石油工程专业的化学类基础课程教材，发挥了重要作用。

2014年，中国石油大学(华东)重新组织并制订了石油工程专业的培养方案，由此将化学原理(Ⅱ)改为应用物理化学。编著者参照化学原理(Ⅱ)的内容，编写新的应用物理化学教学大纲，以体现石油工程专业对基础知识宽广的要求。

应用物理化学是石油工程专业后续化学课程(油田化学)、专业基础课程(油层物理)和专业课程(提高采收率原理)的基础，它主要包括气体、溶液与相平衡、电化学基础、表面现象、表面活性剂与高分子、分散体系与高分子溶液等内容，并配有专业名词中英文对照表。本教材由中国石油大学(华东)石油工程学院油气田化学研究所组织编写，参加编写的人员有王业飞、王彦玲、范海明、陈五花、曹杰、贾寒等，全书由王业飞统稿。

由于本教材作者水平有限，加之时间仓促，书中编写的不当或疏漏之处，恳请使用本书的师生及业界同仁多提宝贵意见，作者深表谢意！

作　者

2018年8月于青岛

目　录

第一章　气　　体

在钻井、采油和原油集输过程中常遇到或用到气体，例如气层的气，从原油脱出的气，保持地层压力向地层注入的气，气体钻井用的气，用管道输送的气等都属于这里讲的气体。

气体的性质(如黏度、密度、压缩性等)在钻井、采油和原油集输过程的许多计算中都会用到。为了知道气体的性质，必须知道气体所处的状态，即气体所处的温度、压力和在这些条件下一定物质的量的气体所具有的体积。因此本章重点介绍气体温度、压力、体积及其物质的量的一些常用计算方法。

为了研究温度、压力、体积及其物质的量的关系，应了解这四个物理量的物理意义和度量单位。

温度是物质分子热运动剧烈程度的反映。温度可用热力学温度和摄氏温度表示，前者的单位为开[尔文](K)，后者的单位为摄氏度(℃)。这两种单位有如下关系：

$$T/\text{K} = t/℃ + 273.15$$

或

$$t/℃ = T/\text{K} - 273.15$$

式中，T 为用热力学温度表示的温度，t 为用摄氏温度表示的温度。

压力是指物体单位面积上所受的力。气体压力是由气体分子热运动碰撞器壁所产生的总的效果。压力的法定单位是帕[斯卡](Pa)，常用的倍数单位为兆帕(MPa)、千帕(kPa)和毫帕(mPa)。压力用过的非法定单位有标准大气压(atm)、毫米汞柱(mmHg)等。

压力的法定单位与非法定单位有如下关系：

$$\begin{aligned} 1\text{Pa} &= 9.869 \times 10^{-6}\text{atm} \\ &= 7.501 \times 10^{-3}\text{mmHg} \end{aligned}$$

气体的体积是气体分子自由活动的空间，其法定单位为升(L)、毫升(mL)和立方米(m^3)。

物质的量(n)是用来描述分子等微粒个数的物理量，其法定单位为摩尔(mol)，它与气体的质量(m)和摩尔质量(M)有如下关系：

$$n = \frac{m}{M}$$

第一节　理想气体

一、理想气体状态方程式

在20世纪之前，由于蒸汽机和内燃机发展的需要，人们广泛研究了气体的性质。从大量研究中先后总结出低压气体的一些经验规律。这些规律表明，气体的温度、压力、体积及其物质的量之间是有联系的。它们的联系可用下面三个定律加以概括：

第一个定律叫波义耳(Boyle)定律。这个定律说明，在一定温度和一定物质的量下气体

的体积 V 与它的压力 p 成反比，即

$$V \propto \frac{1}{p}$$

第二个定律叫盖-吕萨克(Gay-Lussac)定律。这个定律说明，在一定压力和一定物质的量下气体的体积 V 与热力学温度 T 成正比，即

$$V \propto T$$

第三个定律叫阿伏加德罗(Avogadro)定律。这个定律说明，在一定温度和一定压力下，气体的体积 V 与物质的量 n 成正比，即

$$V \propto n$$

联合以上三个定律，可得

$$V \propto \frac{nT}{p}$$

如以 R 为比例常数，写成等式，则得

$$pV = nRT \tag{1-1}$$

像这种联系压力、体积、温度及物质的量的方程式，叫状态方程式。式中的比例常数 R 又称通用气体常数，其单位和数值在后面的叙述中说明。

上述的规律是根据当时的实验条件确定下来的，但随着实验技术的改进和高压技术的发展，人们开始发现这些规律仅仅是气体的近似规律。因为在压力较高时，这些规律都有偏差，只有在低压时才比较符合，并且压力越低，符合的程度越好。根据这个事实，很自然使人想到：如果压力极低($p \to 0$)，则任何气体都应完全符合 $pV = nRT$ 状态方程式。因此提出了理想气体的概念，认为理想气体是在任何温度、压力下均符合 $pV = nRT$ 状态方程式的气体，$pV = nRT$ 状态方程式就称为理想气体状态方程式。理想气体应具有两个特征：

① 由于压力极低，气体体积很大，气体分子间距离很远，因此可以认为分子间没有相互作用力。

② 分子本身的体积与气体体积相比很小，可以忽略。

后面就要讲到，由于理想气体概念的引入，使我们能通过实际气体与理想气体的偏差去认识实际气体的本质，并从实际气体的本质出发，修正理想气体状态方程式，并使之能用于实际气体的计算。因此，理想气体这个概念是一个重要的概念，理想气体状态方程式是一个重要的公式。

理想气体状态方程式中的 R 叫通用气体常数，因它的数值只与压力和体积的单位有关，而与压力和体积的数值以及气体的种类无关。R 的数值可由实验确定。

例如取1mol的某种气体，保持在0℃的恒温器中，在不同的压力 p 下量它的体积 V。将 pV 对 p 作图，得一曲线，在低压下该曲线变成直线。将此直线外推至 p 为0，这时纵坐标的数值为2271.2Pa·m³·mol⁻¹，以 p_0V_0 表示，即

$$p_0V_0 = \lim_{p \to 0} pV = 2271.2\ \mathrm{Pa \cdot m^3 \cdot mol^{-1}}$$

因实际气体在 $p \to 0$ 时可看作理想气体，故可根据 $p_0V_0 = nRT$ 计算 R 值。这里 $n = 1$，所以

$$R=\frac{p_0V_0}{T}=\frac{2271.2\ \text{Pa}\cdot\text{m}^3\cdot\text{mol}^{-1}}{273.15\text{K}}=8.314\text{Pa}\cdot\text{m}^3\cdot\text{K}^{-1}\cdot\text{mol}^{-1}$$

R 还可用其他法定或非法定单位表示。表 1-1 列出各种 R 的单位及其相应的数值。

表 1-1　R 的单位及其相应的数值

分　类	单　位	数　值
法定单位	$\text{Pa}\cdot\text{m}^3\cdot\text{K}^{-1}\cdot\text{mol}^{-1}$	8.314
	$\text{N}\cdot\text{m}\cdot\text{K}^{-1}\cdot\text{mol}^{-1}$	8.314
	$\text{J}\cdot\text{K}^{-1}\cdot\text{mol}^{-1}$	8.314
非法定单位	$\text{atm}\cdot\text{L}\cdot\text{K}^{-1}\cdot\text{mol}^{-1}$	0.08206
	$\text{atm}\cdot\text{mL}\cdot\text{K}^{-1}\cdot\text{mol}^{-1}$	82.06
	$\text{mmHg}\cdot\text{L}\cdot\text{K}^{-1}\cdot\text{mol}^{-1}$	62.36

顺便指出，可用类似求 R 的外推法求实际气体的准确的摩尔质量。式(1-1)可写成如下形式：

$$pV=nRT=\frac{m}{M}RT$$

$$M=\frac{m}{V}\cdot\frac{RT}{p}=\frac{\rho}{p}\cdot RT \tag{1-2}$$

式中　M——气体的摩尔质量；

ρ——气体的密度(体积质量)。

若以实际气体的 ρ/p 对 p 作图，则在低压下，两者成直线关系。将直线外推至 p 为 0，此时 $(\rho/p)_{p\to0}$ 之值能满足式(1-2)，因此可由式(1-2)求实际气体准确的摩尔质量。

二、理想气体混合物中分压力和分体积定律

在一般情况下，气体能以任何比例混合。对于混合气体(如空气、天然气)，常常用到分压力与分体积的概念。

分压力是相对于总压力而言。混合气体整体对器壁所施加的压力称为总压力，而分压力是在同一温度下每一种气体单独存在并占有混合气体的体积时对器壁所施加的压力。

总压力和分压力之间的关系可用道尔顿(Dalton)分压力定律表示，即混合气体的总压力等于每一种气体分压力的总和，用公式表示为：

$$p=p_1+p_2+p_3+\cdots=\Sigma p_B \tag{1-3}$$

式中，p 为混合气体的总压力；p_1、p_2、p_3 为气体 1、2、3 的分压力，它们可以用 p_B 表示，即 p_B 表示混合气体中任一种气体 B 的分压力。

若混合气体中的每一种气体都符合 $pV=nRT$ 公式，则

$$\left.\begin{aligned}p_1&=\frac{n_1RT}{V}\\p_2&=\frac{n_2RT}{V}\\p_3&=\frac{n_3RT}{V}\\&\cdots\end{aligned}\right\} \tag{1-4}$$

式中，T 为混合气体的热力学温度；V 为混合气体的体积；n_1、n_2、n_3 分别为气体 1、2、3 的物质的量，它们可以用 n_B 表示。因此，式(1-4)的一般式为：

$$p_B = \frac{n_B RT}{V} \qquad (1-5)$$

若将式(1-4)代入式(1-3)，得

$$p = \frac{n_1 RT}{V} + \frac{n_2 RT}{V} + \frac{n_3 RT}{V} + \cdots$$

$$= (n_1 + n_2 + n_3 + \cdots)\frac{RT}{V} = \frac{\Sigma n_B RT}{V} = \frac{nRT}{V} \qquad (1-6)$$

式中，$n = n_1 + n_2 + n_3 + \cdots = \Sigma n_B$ 为混合气体的物质的量。若用式(1-6)除式(1-4)中任一式并移项，得：

$$\left.\begin{aligned} p_1 &= p\frac{n_1}{\Sigma n_B} \\ p_2 &= p\frac{n_2}{\Sigma n_B} \\ p_3 &= p\frac{n_3}{\Sigma n_B} \\ &\cdots \end{aligned}\right\} \qquad (1-7)$$

式中，$\frac{n_1}{\Sigma n_B}$、$\frac{n_2}{\Sigma n_B}$、$\frac{n_3}{\Sigma n_B}$ 为各种气体物质的量与混合气体物质的量之比，称为物质的量分数(简称摩尔分数)。

若用 y 表示气体的摩尔分数，则有

$$\left.\begin{aligned} p_1 &= py_1 \\ p_2 &= py_2 \\ p_3 &= py_3 \\ &\cdots \end{aligned}\right\} \qquad (1-8)$$

式(1-8)的一般式为

$$p_B = py_B \qquad (1-9)$$

式(1-9)是道尔顿分压力定律的另一种表达式。式(1-9)说明，混合气体中任一气体的分压力等于总压力与它在混合气体中的摩尔分数的乘积。

道尔顿分压力定律所概括的总压力与分压力之间的关系仅适用于理想的或低压下的混合气体。由于这些公式简单，用起来方便，所以在实际工作中，特别在缺少数据的时候，也常用它们对高压的混合气体做近似的计算。

分体积也是相对于总体积而言。混合气体整体所占有的体积称为总体积，而分体积是在同一温度下各组成气体单独存在并具有混合气体总压力时所占有的体积。

总体积与分体积的关系可用阿玛加(Amagat)分体积定律表示，即混合气体的总体积等于各个别气体分体积的总和，用公式表示为

$$V = V_1 + V_2 + V_3 + \cdots = \Sigma V_B \qquad (1-10)$$

式中，V 为混合气体的总体积；V_1、V_2、V_3 为气体 1、2、3 的分体积，它们可以用 V_B 表示，即

V_B 表示混合气体中任一种气体 B 的分体积。

若混合气体中的每一种气体都符合 $pV = nRT$ 公式，则

$$\left.\begin{aligned} V_1 &= \frac{n_1RT}{p} \\ V_2 &= \frac{n_2RT}{p} \\ V_3 &= \frac{n_3RT}{p} \\ &\cdots \end{aligned}\right\} \tag{1-11}$$

式中，T 为混合气体的热力学温度，p 为混合气体的总压力，n_1、n_2、n_3 分别为气体 1、2、3 的物质的量。

若将式(1-11)代入式(1-10)，得

$$\begin{aligned} V &= \frac{n_1RT}{p} + \frac{n_2RT}{p} + \frac{n_3RT}{p} + \cdots \\ &= (n_1 + n_2 + n_3 + \cdots)\frac{RT}{p} = \frac{\Sigma n_B RT}{p} = \frac{nRT}{p} \end{aligned} \tag{1-12}$$

再用式(1-12)除式(1-11)中任一式，移项整理，得

$$\left.\begin{aligned} V_1 &= Vy_1 \\ V_2 &= Vy_2 \\ V_3 &= Vy_3 \\ &\cdots \end{aligned}\right\} \tag{1-13}$$

式(1-13)的一般式为

$$V_B = Vy_B \tag{1-14}$$

式(1-14)是阿玛加分体积定律的另一种表达式。式(1-14)说明，混合气体中个别气体的分体积等于总体积与它在混合气体中的摩尔分数的乘积。

分体积定律也只适用于理想的或低压下的混合气体，但也可以对高压的混合气体做近似的计算。

第二节　实际气体

一、实际气体对理想气体的偏差

在高压下，理想气体状态方程式不适用了，因用此简单关系式进行气体 p、V、T、n 的计算，误差很大。为建立压力适用范围更广的实际气体状态方程式，应先研究实际气体对理想气体的偏差。

实际气体对理想气体的偏差可在等温下用 pV 对 p 作图表示。对理想气体，根据 $pV=nRT$ 的关系，若在等温下将 pV 对 p 作图，应得一条水平的等温线（如图 1-1 的Ⅰ）。对实际气体在较宽压力范围内做实验，在等温下将 pV 对 p 作图，得到的等温线不是水平线，而是如图 1-1 的Ⅱ所表示的曲线，说明实际气体对理想气体的偏差是相当显著的。实际气体对理想气体之所以有偏差，是由于它们之间存在差别：

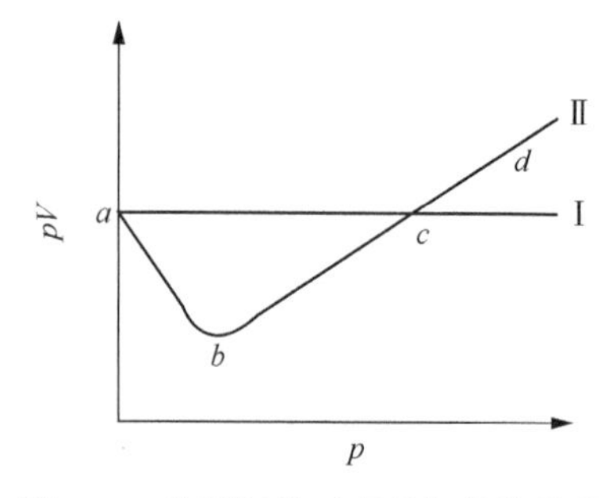

图 1-1　实际气体对理想气体的偏差
Ⅰ—理想气体等温线；Ⅱ—实际气体等温线

① 和理想气体不同，实际气体分子间有相互作用力；

② 实际气体分子本身具有体积。

事实上，气体分子具有体积正是分子间具有排斥力的一种表现形式。因此可以说，第一个差别是主要的差别，也是偏差产生的主要原因。下面对它作进一步的讨论。

分子间作用力包括吸引力和排斥力。这两种力是相互对立，又是同时存在的。

分子间的吸引力又称范德华（van der Waals）力，它主要有三个来源：

（1）定向力

这种力主要发生在极性分子之间，因为极性分子（例如 HCl）中的正负电荷中心不在一起，每个分子都有一恒定的偶极矩，分子的负极端对相邻分子的正极端相互吸引，分子的正极端也可与另一分子的负极端相互吸引。这种力与分子间距离的 7 次方成反比。分子的热运动会削弱定向作用，因此温度越高，定向作用力越小。

（2）诱导力

当体系中既有极性分子也有非极性分子（如 HCl 与 N_2 的混合物）时，极性分子的负极或正极的作用，可使非极性分子原来重合在一起的正负电荷中心产生暂时的偏离，因而在非极性分子中产生了暂时的诱导偶极矩，它可与极性分子相吸引。这种吸引力的大小随极性分子极性强度的增大而增大。非极性分子越易被诱导和极化（实际上极性分子亦可被诱导和极化），则这种吸引力也越大。这种力的大小也与分子间距离的 7 次方成反比。

（3）色散力

这种吸引力是由电子在核外运动的不均匀性产生的。这是一种普遍存在的分子间力。它也存在于非极性分子间，例如 N_2 也能液化就是一个证明。这种力也与分子间距离的 7 次方成反比。

分子间的排斥力是由于分子靠近时两分子的电子层间和原子核间同号电荷的排斥作用所引起的。气体液化后不易压缩就是这种力存在的一个证明。对大多数气体，这种力与分子距离的 13 次方成反比。

由于吸引力和排斥力是相互对立又是同时存在的，所以应综合考虑它们的作用。这个综合作用可用分子间作用力曲线（图 1-2）表示出来。

从图 1-2 可以看到，在分子间距离较大时，分子间的作用力主要是吸引力（1-2 段）。随着分子间距离的缩短，排斥力比吸引力增长得更快，所以吸引力达到最大值（点 2）后就开始迅速减弱（2-3 段），这时，分子要进一步靠近，就要克服相当大的排斥力（3-4 段）。因此，在分子间距离较小时，分子间作用力主要是排斥力。

可用这些变化规律解释图 1-1 的实际气体的等温线。

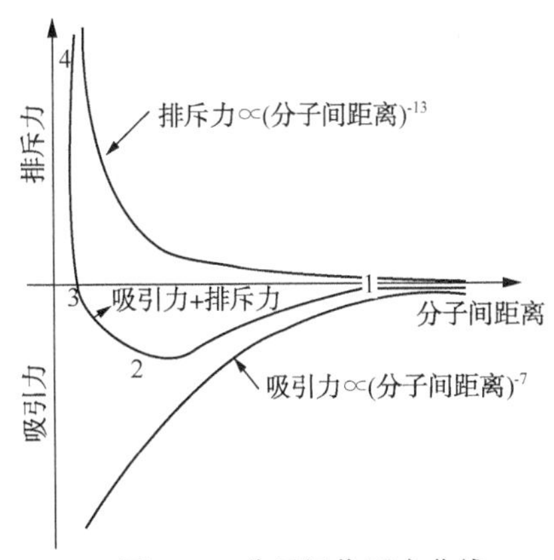

图 1-2　分子间作用力曲线

实际气体的等温线可分成 abc 和 cd 两段。在 abc 段，由于压力较低，分子间距离较大，这时，排斥力虽然存在，但起主要作用的是吸引力。若令理想气体和实际气体处于相同的压力 p ，由于吸引力的影响，所以 $V_{实际} < V_{理想}$ ，亦即 $(pV)_{实际} < (pV)_{理想}$ 。这与实际的结果相符。在 cd 段，由于压力较大，分子间的距离缩短，这时吸引力虽然存在，但排斥力起主要作用。同样令理想气体和实际气体处在相同的压力 p 下，由于排斥力的影响，所以 $V_{实际} > V_{理想}$ ，亦即图中 $(pV)_{实际} > (pV)_{理想}$ 的情况。

可见，分子间存在作用力是实际气体对理想气体偏差的实质。下面介绍的实际气体状态方程式，就是从分子间存在作用力这个实质出发，去寻找更准确的应用范围更广的状态方程式，解决实际气体的 p 、V 、T 、n 的计算。

二、实际气体状态方程式

常用于中压范围的实际气体状态方程式是范德华(van der Waals)方程式。范德华方程式考虑了实际气体与理想气体之间的差别，由简单的理想气体状态方程式引入两个改正项而得到。

第一个改正项是压力改正项。

之所以要引入压力改正项是因为实际气体的分子间有相互吸引力。由于吸引力的存在，降低了气体分子对器壁碰撞所产生的压力，即实际气体在相同温度下所产生的压力小于理想气体的压力。可以把所降低的压力称为气体的内压力。这个内压力就是要找的压力改正项。令内压力为 p' ，则

$$p_{实} = p_{理} - p'$$

或

$$p_{理} = p_{实} + p'$$

p' 的大小可根据图 1-3 决定。

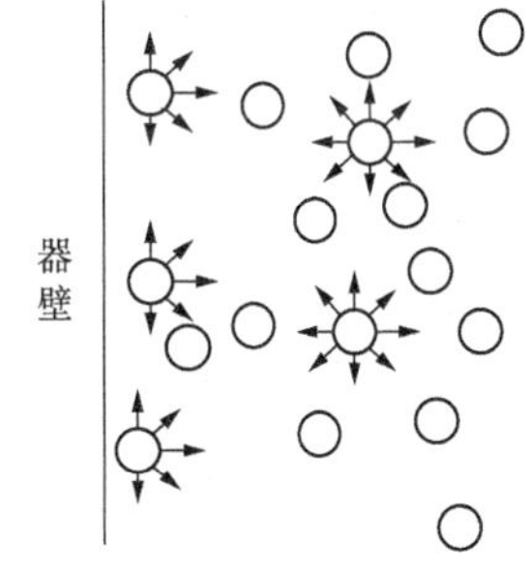

图 1-3　分子间吸引力对所产生压力的影响

图 1-3 表示容器内部分子向各方向运动着，但受到四面八方的吸引力互相抵消，而靠近器壁的那些分子(简称边缘分子)只受到右边分子的吸引力，即受力是不均衡的。由于分子间力的作用范围极小，所以只有与边缘分子极靠近的分子，才能产生吸引力作用。对边缘分子来说，它受到的吸引力的大小与吸引它的分子数有关。由于容器内分子密度越大，则吸引边缘分子的内部分子数越多，所以边缘分子受到的吸引力应与容器内的气体分子密度成正比。对单位面积上的边缘分子总共受到的吸引力，应是这些边缘单个分子所受吸引力与边缘分子总数相乘。显然，边缘分子总数(单位面积上)也应与密度成正比。换言之，在器壁边缘单位面积上，分子所受到的吸引力，既与吸引它的分子数目(正比于密度)成正比，也与被吸引的分子总数(正比于密度)成正比，即

$$p' \propto \rho^2$$

式中　ρ ——气体的密度。

但气体的密度与气体的摩尔体积成反比，由此得

$$p' \propto \frac{1}{V_m^2}$$

式中 V_m ——气体摩尔体积。

写成等式，得

$$p' = \frac{a}{V_m^2}$$

式中，a 是比例常数，它的数值与分子间的吸引力大小有关。分子间吸引力越大，a 值越大。

所以，实际气体测出的压力 p，要加上这个内压力 $\frac{a}{V_m^2}$，才相当于 $pV_m = RT$ 公式中的压力项。

第二个改正项是体积改正项。

由于实际气体的分子本身都是有一定的体积，只能有一部分空间容许分子自由活动，因此要引入体积改正项。设 b 为分子在相互碰撞时所表现出来的有效摩尔体积，则实际气体的可压缩体积 $V_m - b$ 才相当于 $pV_m = RT$ 公式中的体积项。b 的数值与分子间的排斥力有关。分子间排斥力越大，b 值越大。

对 1 摩尔气体而言，改正后的状态方程式为

$$\left(p + \frac{a}{V_m^2}\right)(V_m - b) = RT \tag{1-15}$$

对 n 摩尔气体而言，改正后的状态方程式为

$$\left(p + \frac{n^2 a}{V^2}\right)(V - nb) = nRT \tag{1-16}$$

式(1-15)、式(1-16)都叫范德华方程式。部分气体的 a、b 值参考表 1-2。由于体积和压力可用不同的单位，因此应注意 a、b 值随单位而变。

表 1-2 范德华方程式的 a、b 值

气体	a /Pa · m^6 · mol^{-2}	b /m^3 · mol^{-1}
N_2	0. 137	3.86×10^{-5}
O_2	0. 139	3.19×10^{-5}
CO_2	0. 366	4.28×10^{-5}
CH_4	0. 229	4.28×10^{-5}
C_2H_6	0. 557	6.50×10^{-5}
C_3H_8	0. 938	9.03×10^{-5}
n-C_4H_{10}	1. 39	1.164×10^{-4}
n-C_5H_{12}	1. 93	1.462×10^{-4}
n-C_6H_{14}	2. 48	1.74×10^{-4}
n-C_7H_{16}	3. 11	2.05×10^{-4}
n-C_8H_{18}	3. 79	2.37×10^{-4}
H_2O	0. 552	3.04×10^{-4}

表 1-3　应用理想气体方程式及范德华方程式计算的 V 值与实测 V 值的比较

气体	T/K	p/MPa	V/L·mol^{-1}		
			按理想气体方程式计算	按范德华方程式计算	实测值
CO_2	313.1	7.31	0.356	0.209	0.201
CO_2	313.1	10.13	0.257	0.089	0.069
N_2	273.1	20.27	0.112	0.111	0.116
N_2	273.1	101.32	0.022	0.054	0.046
H_2	273.1	20.27	0.112	0.130	0.127
H_2	273.1	101.32	0.022	0.047	0.038
NH_3	323.1	2.03	1.320	1.192	0.076

范德华方程式比理想气体方程式有较高的准确性，但也只适用于一定压力范围。对 N_2、H_2等难液化的气体，适用的压力范围大些，而对 CO_2、NH_3等易液化的气体，即使压力还不是很大，就有显著的偏差。这可从表 1-3 中看出。

除范德华方程式以外，还有其他实际气体方程式，例如贝塞罗(Berthelot)状态方程式

$$pV_m = RT\left[1 + \frac{9}{128}\frac{pT_c}{p_cT}\left(1 - 6\frac{T_c^2}{T^2}\right)\right] \qquad (1-17)$$

式中，p_c、T_c 分别为临界压力和临界温度，其他符号意义同前。

维里(Virial)状态方程式

$$pV_m = RT(1 + B'p + C'p^2 + \cdots)$$

或

$$pV_m = RT(1 + \frac{B}{V_m} + \frac{C}{V_m^2}\cdots) \qquad (1-18)$$

式中，B'、C'、… 或 B、C、… 分别为第二、第三、… 维里系数，它们是各气体的特性常数。维里状态方程式实际是以一无穷级数来改正理想气体状态方程式。

培太-勃里其曼(Beattie-Bridgeman)状态方程式

$$pV_m^2 = RT\left[V_m + B_0(1 - \frac{b}{V_m})\right]\left(1 - \frac{c}{V_mT^3}\right) - A_0\left(1 - \frac{a}{V_m}\right) \qquad (1-19)$$

式中，A_0、B_0、a、b、c 均为常数。

上述的方程式只适用于一定的压力范围。通常适用压力范围较广的方程式，包括的常数也较多，因而计算也更复杂。

第三节　临界参变量和对应状态原理

一、气体的液化和临界参变量

上述实际气体偏离理想行为的情况是处于较窄的温度和压力范围内，如果在更宽的温度、压力范围内测定实际气体的 p、V、T 关系，则不难发现，除偏离理想行为外，还可观

察到实际气体的液化和与液化过程密切相关的另一物理化学性质——临界状态。

对于范德华方程式中的两个重要常数 a 、b ，它们的数值可由临界参变量求得，而临界参变量又是由气体液化实验确定的，所以下面介绍一下气体的液化实验。在0℃将1g CO_2放在活塞中压缩，随着压力的变化，可以看到图 1-4 所示的液化现象并得到表 1-4 所示的数据。

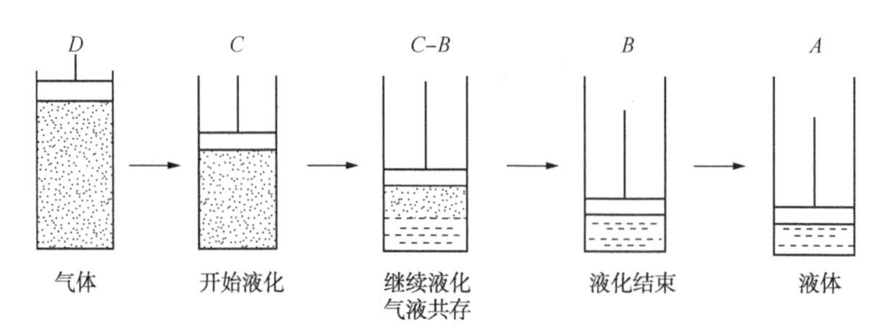

图 1-4　气体的液化现象

表 1-4　1g CO_2液化实验数据(0℃)

状态		D	C	B	A
p/ MPa		3.0	3.4	3.4	12.0
V/ L	气相	0.024	0.016	—	—
	液相	—	—	0.0022	0.0019

将表 1-4 的数据画在压力-体积(p-V)图上，得到一条 0 ℃时的气体液化等温线 $DCBA$ 。这条等温线的 BC 段为一水平线。

在 10℃，重复上述试验，得到另一条等温线。这条等温线和 0℃的不同地方是气体共存的压力升高了，水平线 $B'C'$ 比 BC 缩短了。

继续升高温度做液化实验，可以看到等温线的水平段随着温度的升高而逐渐缩短，最后，在 31.0℃时缩成一点 K 。在这温度以上，水平段完全消失。

图 1-5 是表示上述实验结果的(p-V)图。对此图讨论如下：

(1) 相区域

从液化实验可以知道，在 C 、C' 、C'' 、K 、A 线以上是气相区，在 B 、B' 、B'' 、K 、A 线以左是液相区，在 B 、B' 、B'' 、K 、C'' 、C' 、C 的帽形区域内是气液两相区。

(2) 等温线

K 点以上的等温线通常是光滑的曲线，此时，气体无论加多大的压力仍为气体状态，但这些气体状态偏离理想行为的程度不同。在同一温度下，常常是压力越高，偏离理想程度越大；在同一压力下，则常是温度越低，偏离理想程度越大。

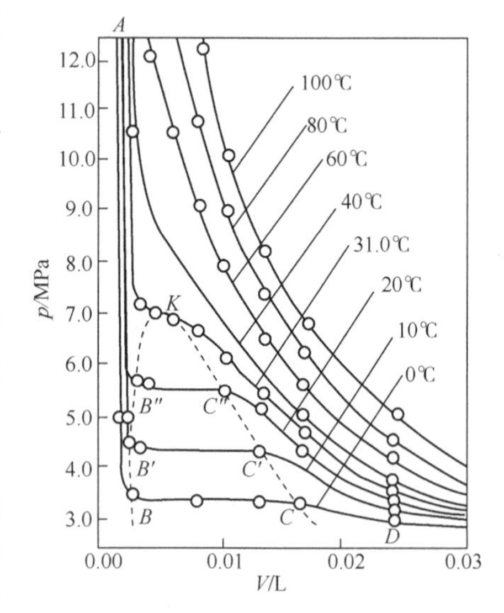

图 1-5　根据实验数据所绘的 CO_2的 p-V 等温线

K 点以下的等温线由三段组成。以 0℃ 等温线为例，AB 段在液相区，CD 段在气相区，BC 段在气液两相区。如果从低压的 D 点开始压缩该气体，开始时气体体积随压力增大而减小，当压力增大到 C 点的压力后，曲线变成一水平线 BC，表明气体虽然被不断压缩，而气体压力却并未改变，这只有气体发生液化才能发生。也就是说，从 C 点开始气体在压缩过程中不断地变成液体，液体的状态便是图中 B 点。所以，将 C 点状态的气体称为饱和蒸气，该点的压力称为饱和蒸气压。随着温度升高，水平段所对应的压力也升高，即液体的饱和蒸气压随着温度升高而升高，由此可见，在 K 点以下温度当气体压力达到饱和蒸气压后，将该气体进行压缩就会变成液体而压力保持在饱和蒸气压不变，在此过程中气体和液体同时存在于系统中，若继续不断压缩气体，则气体不断液化，直到全部变为液体，以后压缩的便是液体。图中 AB 段比 CD 段陡，表明液体的压缩性远远小于气体的压缩性。

(3) 临界点

K 点叫临界点。这点的特征是气液相的差别消失。该点的温度称为临界温度(使气体液化的最高温度)。某气体在其临界温度时使之液化所需的最低压力，称为该物质的临界压力。在临界温度及临界压力下 1 摩尔物质所占有的体积就是它的临界摩尔体积。这三个数值称为临界参变量。一些物质的临界参变量见表 1-5。可由临界参变量求范德华气体状态方程式常数 a、b。它们的定量关系下面将要讲到。

临界温度、临界压力、临界摩尔体积以 T_c(或 t_c)、p_c、V_c表示。

表 1-5　一些物质的临界参变量

物 质	T_c/℃	p_c/MPa	V_c/L · mol^{-1}
N_2	-146.9	3.40	0.090
O_2	-118.4	5.04	0.078
CO_2	31.0	7.39	0.094
H_2O	374.2	22.14	0.056
CH_4	-82.1	4.64	0.099
C_2H_6	32.27	4.88	0.148
C_2H_8	96.81	4.26	0.200
n-C_4H_{10}	152.0	3.80	0.255
n-C_5H_{12}	197.2	3.34	0.311
n-C_6H_{14}	234.7	3.03	0.368
n-C_7H_{16}	267.0	2.74	0.426
n-C_8H_{18}	296.2	2.50	0.490

二、对应状态原理

如果将范德华方程式(1-16)重排，并令 $n=1$，可得 V 的三次方程式如下：

$$V^3 - \left(b + \frac{RT}{p}\right)V^2 + \frac{a}{p}V - \frac{ab}{p} = 0$$

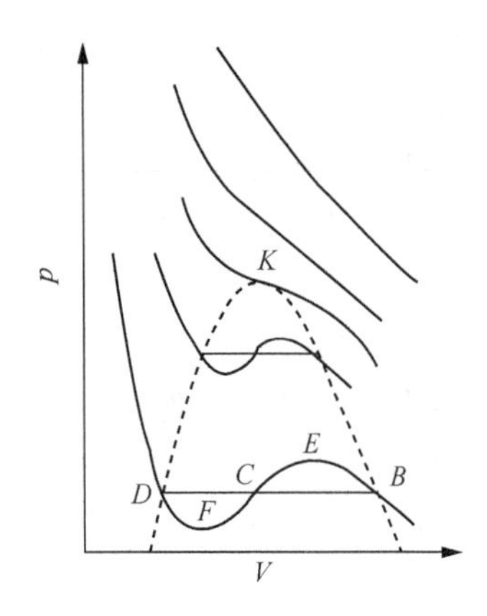

图 1-6 按范德华方程式计算得到的 CO_2 的 $p-V$ 等温线

根据此式作 $p-V$ 曲线，可以得到一系列等温曲线。图 1-6 的 CO_2 等温线是根据上式计算得到的。

将这个 $p-V$ 图与前面从实验得到的 $p-V$ 图比较，可以看出，它们是很相似的。与实际情况不符的地方是在临界温度以下，根据计算结果绘出的等温线上有一段是 S 形，而根据实验结果画出的等温线为一段直线。

因为重排后得到的是 V 的三次方程式，所以在指定的 p、T 下，V 有三个根。由代数学得知，三个根可以是三个实根或一个实根和两个虚根。从图形上说，在临界点之下某一压力，都可在等温线上寻找出三个实根(例如图 1-6 中的 D、C、B 点)。温度升高时，气液共存区域内等温线逐渐缩短，V 的三个根的值逐渐接近。在临界点，三个根合而为一，即临界体积：

$$V_1 = V_2 = V_3 = V_c$$

出现三个重根的条件是

$$(V_1 - V_c)^3 = 0$$

或

$$V^3 - 3V_cV^2 + 3V_c^2V - V_c^3 = 0$$

另一方面，在临界点的范德华方程式应为

$$V^3 - \left(b + \frac{RT_c}{p_c}\right)V^2 + \frac{a}{p_c}V - \frac{ab}{p_c} = 0$$

令上两式中的相对系数相等，并做简单的计算，即得

$$\left.\begin{aligned} a &= \frac{27}{64} \cdot \frac{R^2T_c^2}{p_c} \\ b &= \frac{1}{8} \cdot \frac{RT_c}{p_c} \\ R &= \frac{8}{3} \cdot \frac{p_cV_c}{T_c} \end{aligned}\right\} \qquad (1-20)$$

或

$$\left.\begin{aligned} V_c &= 3b \\ p_c &= \frac{a}{27b^2} \\ T_c &= \frac{8a}{27Rb} \end{aligned}\right\} \qquad (1-21)$$

上面两组公式是将临界参变量与范德华方程式中的 a、b 联系起来的公式。将由实验得到的临界参变量代入式(1-20)，即可计算范德华方程式的 a、b 常数。

将 a、b、R 与临界参变量的关系式代入范德华方程式并加以整理，即得

$$\left[\frac{p}{p_c} + 3\left(\frac{V_c}{V}\right)^2\right]\left[3\left(\frac{V}{V_c}\right) - 1\right] = 8\frac{T}{T_c}$$

令

$$p_r = \frac{p}{p_c},\ V_r = \frac{V}{V_c},\ T_r = \frac{T}{T_c}$$

可得

$$\left(p_r + \frac{3}{V_r^2}\right)(3V_r - 1) = 8T_r \tag{1-22}$$

式中，p_r、V_r、T_r 分别称为对比压力、对比体积和对比温度，总称为对比状态参变量。式(1-22)称为范德华对比状态方程式。从式(1-22)可以看出，凡是符合范德华方程式的气体，在相同的对比温度和对比压力下，就有相同的对比体积。

用对比状态参数整理大量气体实验数据的结果，发现各种真实气体若它们的对比温度和对比压力相等，则它们具有的对比摩尔体积基本相同。也就是说，若不同的气体有两个对比状态参数彼此相等，则第三个对比状态参数基本上具有相同的数值。这一经验规律称为对应状态原理。这个规律反映了不同物质之间是有内在联系的。利用这个规律，可以由一些气体的 p、V、T 性质推算另一些气体的 p、V、T 性质。

第四节　压缩因子与实际气体计算

范德华方程式引入两个改正项改正 $pV = nRT$ 公式，使它能用于实际气体 p、V、T、n 的计算。设想只用一个改正因子代替范德华方程式中的两个改正项，改正 $pV = nRT$ 公式，使它能用于实际气体 p、V、T、n 的计算。事实证明这个设想是正确的。通常把这个改正因子称为压缩因子，以符号 Z 表示。改正后的公式为

$$pV = ZnRT \tag{1-23}$$

下面讨论一下 Z 的物理意义和如何由实验求出。

由式(1-23)得

$$Z = \frac{pV}{nRT} \tag{1-24}$$

式(1-24)中的 pV 值是实际气体的数值，可用 $(pV)_{实际}$ 表示。

由于 $(pV)_{理想} = nRT$，所以

$$Z = \frac{(pV)_{实际}}{(pV)_{理想}}$$

可见 Z 的数值可表示实际气体 pV 值对理想气体 pV 值偏差的大小，用来说明真实气体偏离理想行为的程度。

对于符合范德华方程式的实际气体，令 $n=1$，将式(1-24)改写一下并将式(1-20)的 R 值代入，得

$$Z = \frac{pV}{RT} = \frac{\dfrac{p}{p_c} \times \dfrac{V}{V_c}}{R \times \dfrac{T}{T_c}} \times \frac{p_c V_c}{T_c} = \frac{p_c V_c}{RT_c} \times \frac{p_r V_r}{T_r}$$

$$= \frac{p_c V_c}{\dfrac{8}{3} \cdot \dfrac{p_c V_c}{T_c} \cdot T_c} \cdot \frac{p_r V_r}{T_r} = \frac{3}{8} \cdot \frac{p_r V_r}{T_r} \tag{1-25}$$

根据式(1-22)和式(1-25)，可计算实际气体的压缩因子。若已知气体的临界参变量 T_c 、p_c 和气体所处的温度 T 和压力 p ，则 T_r 、p_r 可求。将 T_r、p_r 代入式(1-22)求出 V_r ，再代入式(1-25)求出压缩因子 Z 。

实际气体 Z 的数值通常是由压缩因子图查得。根据对应状态原理，处于同一对比状态下的各种气体具有相同的压缩因子。因此可根据一些气体的数据，计算它们在不同对比状态下的压缩因子，就可作成压缩因子图。其他气体，只要它们符合对应状态定律，就可利用压缩因子图求 Z 。图 1-7 是根据几种常见的有机气体和无机气体的数据作成的压缩因子图。用此图计算时，一般误差不超过 5%。

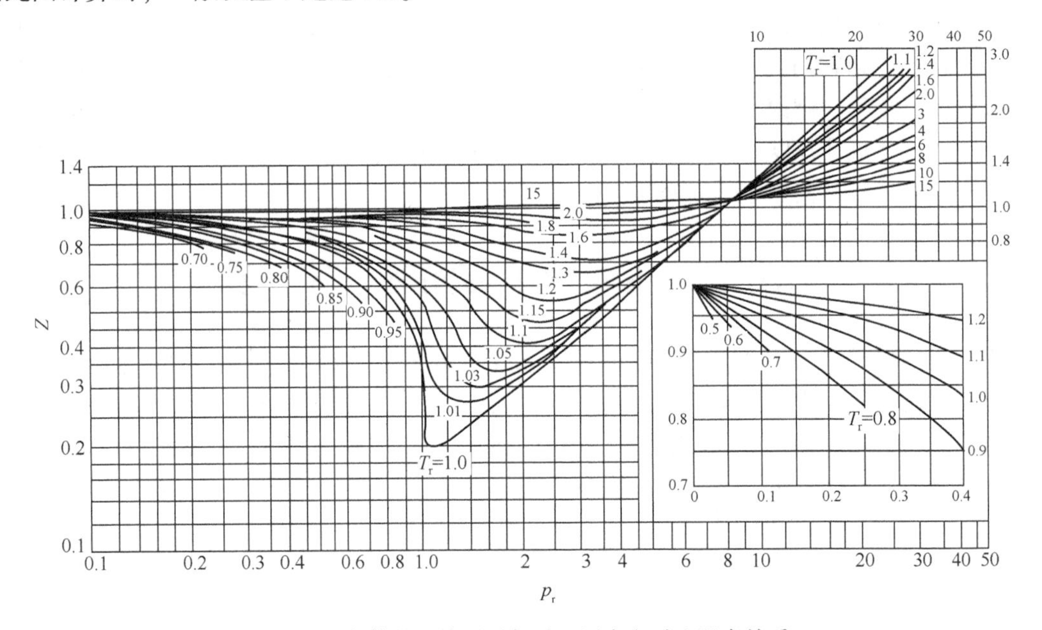

图 1-7　气体的压缩因子与对比压力和对比温度关系

例 1　求 $t=300℃$ 及 $p=20.3\text{MPa}$ 时 1mol 甲醇所占的体积。已知甲醇的 $T_c=513.2\text{K}$，$p_c=7.97\text{MPa}$。

解：甲醇所处的对比状态是

$$p_r=\frac{20.3\text{MPa}}{7.97\text{MPa}}=2.54$$

$$T_r=\frac{300℃/℃+273.15}{513.2\text{K/K}}=1.12$$

查图 1-7，当 $T_r=1.12$，$p_r=2.54$ 时，$Z=0.45$。由于

$$T=(t/℃+273.15)\text{K}=(300℃/℃+273.15)\text{K}=573.15\text{ K}$$

和

$$V=ZnRT/p$$

所以

$$V=\frac{0.45\times 1\text{mol}\times 8.314\text{Pa}\cdot\text{m}^3\cdot\text{K}^{-1}\cdot\text{mol}^{-1}\times 573.15\text{K}}{20.3\times 10^6\text{Pa}}=1.06\times 10^{-4}\text{m}^3=0.106\text{L}$$

例 2　计算将 6.08MPa、350℃、0.800L 的甲醇蒸气压缩到 250℃、0.0907L 所需的压力。已知甲醇的 $T_c=513.2\text{K}$，$p_c=7.97\text{MPa}$。

解：最初的对比状态是

$$p_{r_1}=\frac{6.08\text{MPa}}{7.97\text{MPa}}=0.763$$

$$T_{r_1}=\frac{350℃+273.15}{513.2\text{K}}=1.21$$

由图 1-7 查出，$Z_1=0.85$。

最终的对比状态是

$$p_{r_2}=\frac{p_2}{7.97\text{MPa}}$$

$$T_{r_2}=\frac{250℃+273.15}{513.2\text{K}}=1.02$$

由于 $p_1V_1=Z_1nRT_1$，$p_2V_2=Z_2nRT_2$，所以

$$\frac{p_1V_1}{p_2V_2}=\frac{Z_1T_1}{Z_2T_2}$$

或

$$Z_2=\frac{p_2V_2Z_1T_1}{p_1V_1T}$$

$$=\frac{p_2\times0.0907\text{L}\times0.85\times(350℃/℃+273.15)\text{K}}{6.08\text{MPa}\times0.800\text{L}\times(250℃/℃+273.15)\text{K}}=0.0189p_2/\text{MPa}$$

即

$$Z_2=0.0189p_2/\text{MPa}=0.0189\times7.97\text{MPa}\cdot\frac{p_2}{p_c}/\text{MPa}=0.150p_{r_2}$$

上式说明 Z_2 与 p_{r_2} 之间有直线关系，此外还要满足 $T_{r_2}=1.02$ 的条件。在图 1-7 上作与上式对应的直线，并使此直线与 $T_{r_2}=1.02$ 的线相交。交点为最终的对比状态。图 1-8 说明这一计算过程。图中的直线由 $p_{r_2}=3$，$Z_2=0.45$ 及 $p_{r_2}=2$，$Z_2=0.30$ 两点决定。这直线与 $T_{r_2}=1.02$ 处的等温线的交点在 $p_{r_2}=2.8$，$Z_2=0.42$ 处。因此，所求压力

$$p_2=p_{r_2}\times p_c=2.8\times7.97\text{MPa}=22.3\text{MPa}$$

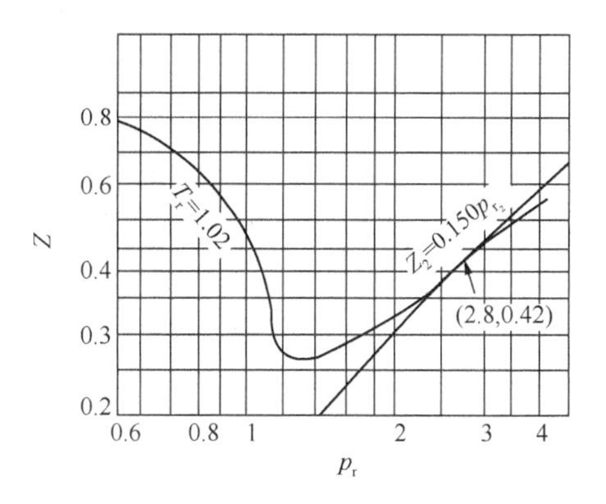

图 1-8　图解法求最终对比状态

利用压缩因子图可以计算很多气体的 $p-V-T$ 关系，但在工程生产和计算中，处理的体系大都是多组分的真实气体混合物，目前虽然有一些纯物质的 $p-V-T$ 数据和压缩因子，但混合物的实验数据很少，为了满足工程设计计算的需要，必须求助于计算、关联设置估算的方法，用纯物质的 $p-V-T$ 关系预测或推算混合物的性质和压缩因子。

实际气体混合物 $p-V-T$ 关系和压缩因子也可以用对比态原理表述和计算。

确定其压缩因子时，需要计算虚拟对比参数 T_{pr} 和 p_{pr}，就必然涉及如何解决混合物的临界参数问题。可以将混合物视为假想的纯物质，将虚拟纯物质的临界参数作为虚拟临界参数。这样便可以把适用于纯物质的对比态原理应用到混合物上。为此，不同人提出了许多混

合规则，其中最简单的是 Kay 规则。该规则将混合物的虚拟临界参数表示成：

$$T_{pc}=\sum_{i} y_i T_{ci} \qquad p_{pc}=\sum_{i} y_i p_{ci}$$

式中，T_{pc}、p_{pc}分别为虚拟临界温度和虚拟临界压力；T_{ci}、p_{ci}分别为混合物中 i 组分的临界温度和临界压力；y_i为 i 组分在混合物中的摩尔分数。例如，对于天然气可以利用 Standing 和 Katz 建立的双参数压缩因子图版(图 1-9)得到压缩因子。

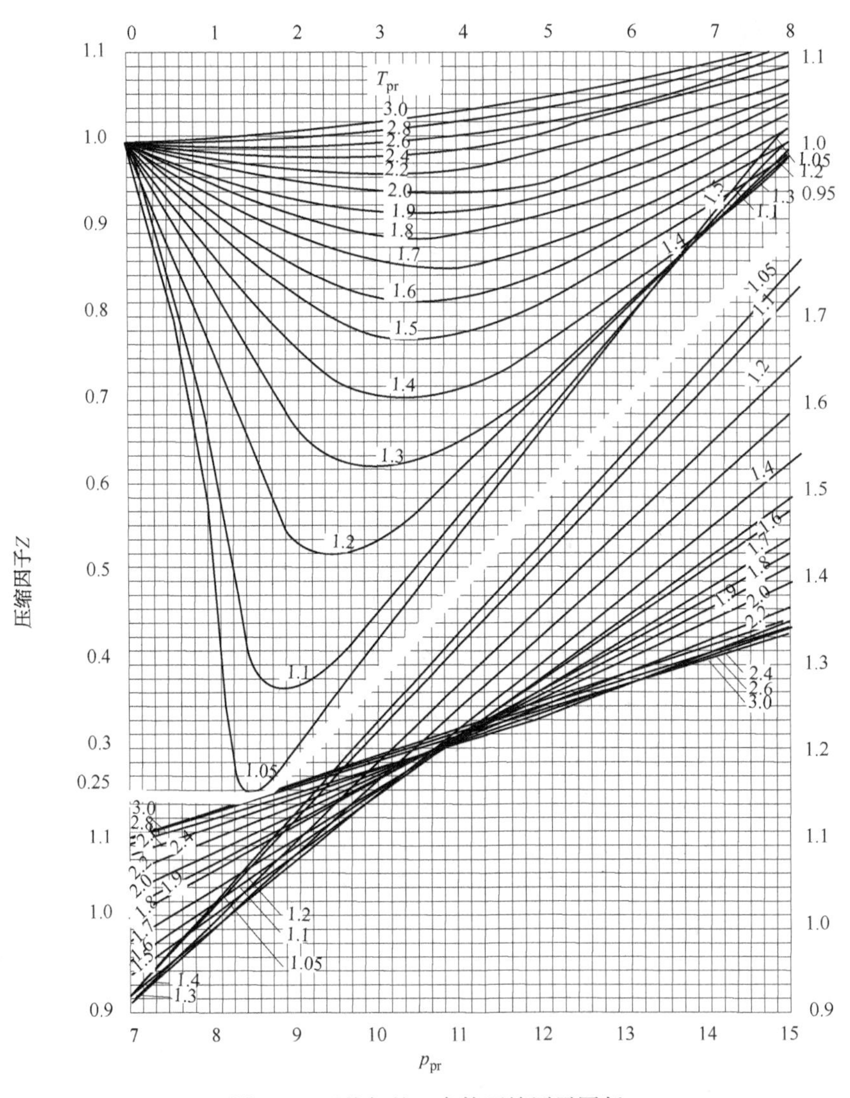

图 1-9　天然气的双参数压缩因子图版

需要说明的是，虚拟临界温度和虚拟临界压力并不是混合物真实的临界参数，它们仅仅是数学上的参数，为了使用纯物质的 $p-V-T$ 关系进行计算时采用的参数，没有任何物理意义。用这些虚拟临界参数计算混合物 $p-V-T$ 关系时，所得结果一般较好。实践证明，若混合物中所有组分的临界温度和临界压力之比在以下范围内：

$$0.5<\frac{T_{ci}}{T_{cj}}<2 \qquad\qquad 0.5<\frac{p_{ci}}{p_{cj}}<2$$

则 Kay 规则与其他复杂的规则相比，所得数值的差别不到 2%。目前，对于实际气体混合物，寻找适当的混合规则，计算状态方程中的常数项，使其能准确地反映组成对混合物 p-V-T 性质的影响，常常是计算真实气体混合物 p-V-T 性质的关键，已经提出了很多改进和修正的混合规则，可参考文献[4]和[5]。

思 考 题

1. 气体常数 R 是否随气体种类而变，为什么？

2. 在其中有两隔板的容器中分别放有 N_2、H_2、O_2三种气体。这三种气体的温度 T、压力 p 和体积 V 均相同。若将两隔板同时抽开，使气体均匀混合，则 N_2分压力应为________，H_2分压力应为________，O_2分压力应为________；N_2分体积应为________，H_2分体积应为________，O_2分体积应为________。

3. 试用范德华方程式解释 pV-p 图中实际气体等温线的变化趋势。

4. 能否说理想气体状态方程式是范德华方程式和 $pV = ZnRT$ 公式在 $p \to 0$ 时的极限情形？

5. 能否说压缩因子 $Z = 1$ 时的气体必为理想气体？

6. 能否从 CO_2的 p-V 图中看出下列事实并用分子间作用力观点加以解释？

(1) 气体在液化开始以后和液化结束之前，压力始终保持不变。

(2) 温度越高，气体开始液化所需压力越大。

(3) 随着温度增加、压力减小，CO_2趋向理想气体。

(4) 气体压缩性比液体大得多。

7. 处于对应状态下的两种气体是否具有相同的状态？处在临界点上的两种气体，能否说它们正处于对应状态？

8. 若已知气体的 p、V、T，则如何用压缩因子图求气体物质的量。

9. 若已知气体的 $n = 1$，试用压缩因子图考虑：

(1) 已知 T、p，求 V；

(2) 已知 V、T，求 p；

(3) 已知 p、V，求 T。

习 题

1. 在 25℃下，某氮气钢瓶内的压力为 538kPa，若放出压力为 100kPa 的氮气 160 L，钢瓶内的压力降为 132 kPa，试估计钢瓶的体积。设气体近似作为理想气体处理。

2. 0℃时，CO_2在不同压力下的密度数据如下：

p/kPa	101.3	67.53	50.65	33.77
ρ/g·L^{-1}	1.9768	1.3149	0.9851	0.6560

求 CO_2的相对分子质量。

3. 一密闭刚性容器中充满了空气，并含有少量的水。当容器于 300K 条件下达平衡时，容器内压力为 101.325kPa。若把该容器移至 373.15 K 的沸水中，试求容器中到达新的平衡时应有的压力。设气体符合理想气体，容器中始终有水存在，且可忽略水的任何体积变化。

300K 时水的饱和蒸气压为 3567 Pa。

4. 用范德华方程式计算 1 kg CH_4在 0℃，40 MPa 下的体积。

5. 已知某气体的状态方程式为：

$$pV_m = RT\left(1 + \frac{B}{V_m} + \frac{C}{V_m^2}\right)$$

式中，B、C 为常数。给出该气体的对比状态方程式。

6. 设有 1mol CH_4，在 100℃时的体积为 10 L，试用理想气体状态方程式和范德华方程式计算其压力。

7. 计算一个 125 cm^3刚性容器，在 50℃ 下 18.745MPa 下能贮存甲烷多少克(实验值为 17g)？分别用理想气体状态方程式和范德华状态方程式计算。

8. 分别用理想气体状态方程式和范德华状态方程式计算 273.15K 时将 CO_2压缩到 550.1$cm^3 \cdot mol^{-1}$所需要的压力。实验值为 3.090MPa。

9. 试用压缩因子图计算 −88.0℃ 及 45.3 MPa 时 1 mol O_2的体积。

10. 在 25℃ 下将氧气充入 40 L 的氧气瓶中直至压力为 20 MPa，试用压缩因子图计算瓶中氧气的质量。

11. CH_4的压力为 14.0 MPa，若要求它的密度为 $9.63\times10^{-2}kg \cdot L^{-1}$，试用压缩因子图求它的温度。

12. 348 g C_4H_{10}在 10 L 容器内的温度为 100℃，试用理想气体状态方程式、范德华方程式及压缩因子图求其压力。

参 考 文 献

[1] 赵福麟. 化学原理(II)[M]. 山东东营：中国石油大学出版社，2006.

[2] Atkins P W. Physical Chemicatry[M]. UK Oxford：Oxford University Press，1998.

[3] Standing M B.，Katz D L. Density of Natural Gases. In Transactions of the American Institute of Mining and Metallurgical Engineers，No. 142，SPE-942140-G，140 – 149. New York：American Institute of Mining and Metallurgical Engineers Inc. 1942.

[4] 马沛生. 化工热力学[M]. 北京：化学工业出版社，2006.

[5] 秦积舜，李爱芬. 油层物理学[M]. 山东东营：中国石油大学出版社，2006.

第二章　溶液与相平衡

由两种或两种以上物质均匀混合所构成的体系叫溶液。溶液可分为气态溶液(如天然气)、液态溶液(如地层水)和固态溶液(如钴与镍的合金)。通常所说的溶液是指液态溶液，本章也只讨论液态溶液。

相平衡是研究平衡状态下相与相间的各种关系。例如在一定条件下，若天然气、地层油和地层水处在相平衡状态，则每种物质在各相中的浓度必然符合分配常数所规定的数值。条件变了，相平衡就发生变化，每种物质在各相中的浓度也会发生相应的变化，会在新条件下达到新的相平衡。由于条件变化引起相平衡的变化称为相平衡移动。油气开采时，由于压力下降引起天然气的不断脱出，各物质在各相中的浓度发生相应的变化，就是相平衡移动的一个例子。

本章主要讲溶液和相平衡所遵循的局部规律(例如拉乌尔定律、亨利定律)和普遍规律(例如相律)，以及表示这些规律的图线(相图)。认识油层，以及混相驱油和原油稳定中都需要用到这些规律和图线。

第一节　溶液组成的表示法

在液态溶液中常常用到溶剂和溶质两个概念。气体或固体溶解在液体中时，不管彼此间的相对含量如何，通常把液体当作溶剂，而把溶解的气体或固体当作溶质。当液体溶解在液体中时，含量较多的液体通常称为溶剂，含量较少的液体称为溶质。

溶液的组成有各种表示法。在表示法中除特别指明外，B 通常指溶液中任一物质。

下面是溶液组成的各种表示法：

(1) B 的浓度(c_B)

它是指 B 的物质的量除以溶液的体积，单位为摩尔每立方米($mol \cdot m^{-3}$)或摩尔每升($mol \cdot L^{-1}$)。

(2) 溶质 B 的质量摩尔浓度(b_B)

它是指溶液中溶质 B 的物质的量除以溶剂的质量，单位为摩尔每千克($mol \cdot kg^{-1}$)或毫摩尔每千克($mmol \cdot kg^{-1}$)。

(3) B 的物质的量分数(x_B或 y_B)

它是指 B 的物质的量与溶液物质的量之比，即

$$x_B(\text{或 } y_B) = n_B / \sum n_i$$

显然

$$\sum x_i(\text{或 } y_i) = 1$$

B 的物质的量分数又称 B 的摩尔分数。

(4) B 的质量分数(w_B)

它是指 B 的质量与溶液质量之比，即

$$w_B = m_B / \sum m_i$$

显然

$$\sum w_i = 1$$

第二节　溶液中的基本定律

溶液中有两个重要的经验定律，即拉乌尔定律和亨利定律，这两个定律都是由实践经验总结得到的。另外还有一个由亨利定律推导得到的分配定律。这些定律在溶液热力学的发展过程中发挥了重要作用。

一、拉乌尔(Raoult)定律

拉乌尔定律是一个关于稀溶液中溶剂蒸气压下降的定律。纯溶剂在一定温度下有一定的蒸气压，如果在溶剂中加入少量溶质，必然会降低溶液中溶剂的物质的量分数，因而减小了溶剂的蒸气压力。因此，溶剂在溶液上方的饱和蒸气压总是小于纯溶剂上方的饱和蒸气压。

1887 年，拉乌尔从稀溶液性质的研究中得到一个经验规律，即拉乌尔定律。该定律认为：在定温定压下的稀溶液中，溶剂 A 的蒸气压 p_A 等于纯溶剂的蒸气压 p_A^* 乘以溶剂的物质的量分数 x_A。用公式表示为：

$$p_A = p_A^* x_A \tag{2-1}$$

拉乌尔定律指出，一定温度和压力下，溶液中某一组分 A 的蒸气压，仅取决于它在溶液中所占物质的量分数 x_A，而与其他因素无关。这可定性地解释为：如果溶质与溶剂分子间的相互作用的差异可以不计，而且当溶质与溶剂形成溶液时 $\Delta_{mix}V=0$，相当于形成了液体混合物，则由于在纯溶剂中加入溶质后减少溶液单位体积和单位表面上溶剂分子数目，因而也减少了单位时间内可能离开液相表面而进入气相的溶剂分子数目，以致溶剂与其蒸气在较低蒸气压力下即可达到平衡，所以溶液中溶剂的蒸气压较纯溶剂的蒸气压为低。

若溶液由溶剂 A 和溶质 B 组成，由于 $x_A = 1 - x_B$，所以式(2-1)也可写为：

$$\frac{p_A^* - p_A}{p_A^*} = x_B \tag{2-2}$$

此为拉乌尔定律的另一种形式。在表 2-1 中，以甘露醇水溶液为例，列举了根据此定律所算出的和由实验所测得的蒸气压下降值，以检验拉乌尔定律的正确性。

表 2-1　甘露醇水溶液的蒸气压下降(20℃)

溶质的物质的量分数	蒸气压下降/Pa	
	实验值	计算值
1.769×10^{-3}	4.09	4.15
5.307×10^{-3}	12.29	12.41
8.817×10^{-3}	20.48	20.60
1.234×10^{-2}	28.83	28.83
1.580×10^{-2}	37.23	37.23

从表 2-1 可以看到，在实验的溶质的物质的量分数范围内，计算值和实验值是相当符合的。但从另一些实验证明，随着溶质的物质的量分数增加，拉乌尔定律的计算值对实验值

的偏差就越来越大，所以拉乌尔定律只适用于稀溶液。对稀溶液的性质，如溶液的沸点上升、凝固点下降、溶液的渗透压力等，拉乌尔定律都能给出定量的说明。此外，它还可用于推导相平衡公式和制作相平衡图线。

二、亨利(Henry)定律

亨利定律是关于气体在液体中溶解度的定律。气体在液体中都有一定的溶解度。为了了解溶解度的概念，可先描述一下等温下气体(例如氮)在水中的溶解过程。气体溶解时，由于气体分子的热运动不断碰撞水面而溶入水中，同时溶入水中的气体又因分子热运动而逸出水面回到气相。溶解开始时，由于气体的压力较大，而它在水中的物质的量分数很小，所以气体的溶入速度大于逸出速度。总的结果是气体不断溶解在水中。由于溶解，气体的压力逐渐减小，而它在水中的物质的量分数逐渐增加，于是气体的溶入速度也逐渐接近逸出速度，直至最后达到溶解动平衡，即气体的溶入速度与逸出速度相等，这时气体在气相中的压力和在液相中的物质的量分数不再改变。通常把这时的压力称为平衡压力，并把相应的物质的量分数称为气体在该温度下的溶解度。气体在液体中的溶解度与气体和液体的性质有关，同时也与温度和气体的压力有关。

1803 年，亨利从稀溶液性质的研究中得出一个关于气体在液体中溶解度的经验规律，称为亨利定律。这个定律认为：在一定温度下，气体 B 在液体中的溶解度 x_B 和该气体的平衡压力 p_B 成正比。用公式表示为：

$$p_B = k_x x_B \tag{2-3}$$

式中，k_x 称为亨利常数，决定于温度、溶质和溶剂的性质，它的数值由实验测得。

当溶液很稀时，$n_A \gg n_B$

$$x_B = \frac{n_B}{n_A + n_B} \approx \frac{n_B}{n_A} = \frac{n_B}{(m_A/M_A)} = M_A \cdot \frac{n_B}{m_A} = M_A b_B$$

式中，M_A 和 m_A 分别为溶剂的摩尔质量和质量，而 n_B/m_A 相当于 1kg 溶剂中所溶解溶质(B)的物质的量，即为质量摩尔浓度“b_B”，作出上述近似处理后，上式可改写成

$$p_B = k_b b_B \tag{2-4}$$

式(2-4)是亨利定律的另一种表示形式，式中 $k_b = k_x \cdot M_A$

从微观上看，当溶液很稀时，每个溶质分子的周围几乎都被溶剂分子所围绕着，环境是均匀的。因而，单位时间内溶质分子自液相逸入气相的倾向仅取决于溶液中溶质分子所占分子数比例，故其气相平衡压力与它在溶液中的物质的量分数成正比。

表 2-2 为一些气体在水和苯中的亨利常数。

表 2-2　一些气体的亨利常数(25℃)

气体	k/GPa	
	溶剂为水	溶剂为苯
H_2	7. 12	0. 367
N_2	8. 68	0. 239
CO	5. 79	0. 163
CO_2	0. 166	0. 0114
CH_4	4. 18	0. 0569

由于亨利定律是由稀溶液和低压气体实验总结出来的定律，所以只适用于稀溶液和低压气体。使用亨利定律必须注意以下几点：

① 如果气体为混合气体(例如天然气、空气)，在压力不大时亨利定律对每种气体都能分别适用。这时式中的压力是该气体的分压力而不是液面上的总压力。

② 在应用亨利定律时，还要注意溶质在气相和在溶液中的分子状态是否相同。例如HCl溶于苯中，在气相和液相都是HCl分子状态，所以可以使用亨利定律。但如果把HCl溶于水中，则气相中是HCl分子而在液相中是H^+和Cl^-，这时亨利定律就不适用了。

③ 大多数气体溶于水时，溶解度随温度的升高而降低，随压力的降低而降低，因此升高温度和(或)降低该气体的分压都能使溶液的浓度更稀，更能符合亨利定律。

亨利定律与拉乌尔定律是描述稀溶液的两个重要的经验定律，需要注意的是亨利定律只适用于稀溶液中的溶质，而拉乌尔定律则只适用于溶剂。其次是拉乌尔定律中的比例常数p_A^*是纯溶剂的饱和蒸气压，而亨利定律中的比例常数k_x则与溶质和溶剂的性质有关，其数值需通过实验来确定。

三、分配定律与萃取

1. 分配定律

有时一种物质可同时溶解在两种互不相溶的溶剂中。这时，物质在两种溶剂中的溶解度服从分配定律，即一种溶质在两种互不相溶溶剂中的溶解度之比在定温下是常数。分配定律可用亨利定律证明如下：

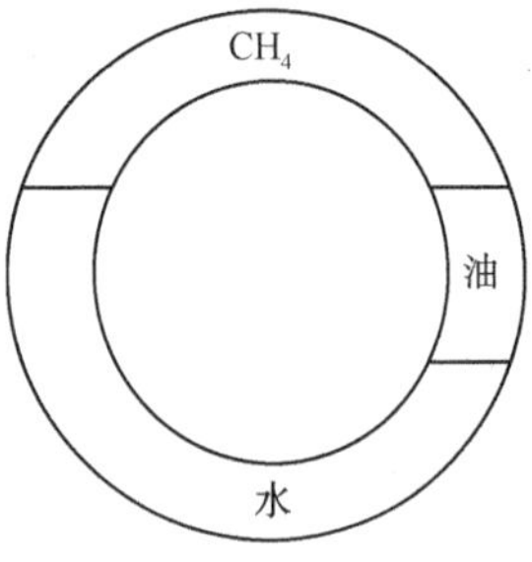

图2-1　CH_4在水和油中溶解

设两种互不相溶的溶剂分别是水和油，而可同时溶于水和油的溶质是CH_4，参考图2-1。

若CH_4在油、水中的溶解度可用亨利定律计算，则得

$$p(CH_4)=k_1x(CH_4，在油中)$$

$$p(CH_4)=k_2x(CH_4，在水中)$$

当溶解达到平衡时，上两式中的$p(CH_4)$相等，所以

$$k_1x(CH_4，在油中)=k_2x(CH_4，在水中)$$

或

$$\frac{x(CH_4，在油中)}{x(CH_4，在水中)}=\frac{k_2}{k_1}=K_x \tag{2-5}$$

式(2-5)是分配定律的表达式，式中K_x称为分配常数。由于分配定律由亨利定律导出，故使用的条件和亨利定律一致。

2. 萃取

选用与溶液中的溶剂不互溶而对溶液中溶质的溶解度较大的另一种溶剂，从该溶液中来分离提取某一溶质的过程称为萃取。萃取的方法在实验中和工业生产中应用甚广。根据分配定律可以计算出经过萃取操作后被提取物质的量。

假定含有某种物质m_{g0}的溶液为V_a mL，用V_b mL的某种溶剂进行萃取，其中未被提取而残留于原来溶液中的物质为m_{g1}，则：

$$(m_{g1}/V_a)/[(m_{g0}-m_{g1})/V_b]=K$$

整理可得：

$$m_{g1} = m_{g0} \frac{KV_a}{KV_a + V_b}$$

如果再用 V_b mL 的溶剂对剩余溶液作第二次萃取，则经第二次萃取后残余溶液中剩余的物质的质量为 m_{g2}，单位为 g，于是

$$m_{g2} = m_{g1} \frac{KV_a}{KV_a + V_b} = m_{g0}\left(\frac{KV_a}{KV_a + V_b}\right)^2$$

如果每次都用 V_b mL 溶剂，共萃取 n 次，则最后在剩余溶液中残留的溶质量为 m_{gn}，单位为 g，为：

$$m_{gn} = m_{g0}\left(\frac{KV_a}{KV_a + V_b}\right)^n$$

例 1 在 1L 水中含有某物质 100g，现以 1L 乙醚进行萃取：

问：(1) 如用 1L 乙醚萃取一次。

(2) 如用 1L 乙醚分成两次萃取。

(3) 如用 1L 乙醚分成 10 次萃取。

已知：$K=C_s^{H_2O}/C_s^{C_4H_{10}O}=1/2$

求萃取出来的物质的质量各为多少？

解：(1)设一次萃取，剩余溶液中残留的溶质量为 m_{g1}，则

$$\frac{m_{g1}/1000}{(100 - m_{g1})/1000} = \frac{1}{2}$$

解得 $m_{g1}=33.3$g，所以萃取出来的物质的质量等于 100−33.3=66.7g。

(2) 设萃取两次后在水中剩下物质的质量为 m_{g2}，则

$$m_{g2} = 100\left(\frac{1/2 \times 1000}{1/2 \times 1000 + 500}\right)^2 = 25\text{g}$$

所以被萃取物质的质量为 100−25=75g

(3) 设萃取 10 次后，残留物质的质量为 m_{g10}

$$m_{g10} = m_{g0}\left(\frac{KV_a}{KV_a + V_b}\right)^{10} = 100\left(\frac{1/2 \times 1000}{1/2 \times 1000 + 100}\right)^{10} = 16.15\text{g}$$

被萃取物质的质量为 100−16.15=83.85g

由此例可见，如用相同量的溶剂，分多次萃取的效率比用全部溶剂一次萃取的效率高。

溶液的基本定律就是拉乌尔定律、亨利定律和分配定律这三个，试从下面例题中综合考虑它们的应用。

例 2 25℃时，在装有苯和水的容器中，通入 H_2S 气体，充分混合达平衡后，呈现水、苯、气三相。已知：25℃时，p^*(苯)= 11.96kPa，$p^*(H_2O)$= 3.18kPa；25℃时，当 H_2S 分压力为 101.33kPa 时，H_2S 在水中的溶解度(物质的量分数)为 1.84×10^{-2}；25℃时，H_2S 在水和苯中之分配常数

$$K = \frac{x(\mathrm{H_2S}，\text{在水中})}{x(\mathrm{H_2S}，\text{在苯中})} = 119$$

若平衡时，气相中 H_2S 分压力为 506.63kPa，求：(1)气相的总压力是多少？(2)气相中 H_2S 的物质的量分数是多少？

解：分以下几步进行计算：

① 计算 H_2S 在水中的亨利常数

$$k=\frac{p(H_2S)}{x(H_2S,\text{在水中})}=\frac{101.33\text{kPa}}{1.84\times10^{-2}}=5507.1\text{kPa}$$

② 计算 $p(H_2S)=506.63\text{kPa}$ 时 H_2S 在水中的物质的量分数

$$x(H_2S,\text{在水中})=\frac{p(H_2S)}{k}=\frac{506.63\text{kPa}}{5507.1\text{kPa}}=0.0920$$

③ 计算平衡时 H_2S 在苯中的物质的量分数

从 $K=\dfrac{x(H_2S,\text{在水中})}{x(H_2S,\text{在苯中})}=1.19$，得

$$x(H_2S,\text{在苯中})=\frac{x(H_2S,\text{在水中})}{K}=\frac{0.0920}{1.19}=0.0773$$

④ 计算苯、水在气相中的分压力

根据拉乌尔定律，可得

$$p(\text{苯})=p^*(\text{苯})x(\text{苯},\text{在苯中})=p^*(\text{苯})[1-x(H_2S,\text{在苯中})]$$
$$=11.96\text{kPa}\times(1-0.0773)=11.04\text{kPa}$$

$$p(\text{水})=p^*(\text{水})x(\text{水},\text{在水中})=p^*(\text{水})[1-x(H_2S,\text{在水中})]$$
$$=3.18\text{kPa}\times(1-0.0920)=2.89\text{kPa}$$

所以(1)体系的总压力

$$p=\Sigma p_i=506.63\text{kPa}+11.04\text{kPa}+2.89\text{kPa}=520.56\text{kPa}$$

(2) H_2S 在气相中的物质的量分数

$$y(H_2S)=\frac{p(H_2S)}{p}=\frac{506.63\text{kPa}}{520.56\text{kPa}}=0.973$$

第三节　相　　律

相律是相平衡所遵循的普遍规律，它可以说明一个相平衡体系到底有几个独立的影响因素。下一节讲到相图，相律还可以指导制备相图和解释相图。

一、基本概念

在推导相律之前，应熟悉几个基本概念，即相数、组分数、自由度数、总组成和相组成。

1. 相数(P)

相是指体系中具有相同物理性质和化学性质的任何均匀部分。这些均匀部分的数目就称为相数。相与相之间有分界面，可以用机械方法将它们分开。例如一杯水，各部分具有相同的物理性质和化学性质。对整杯水来说，它是均匀的。因此，不论水的量是多少，水就是一个相。在杯中加入一块冰，则水与冰共存。虽然水与冰具有相同的化学性质，但物理性质却不一样。水与冰有分界面，可以用机械方法把它们分开。因此这个体系中的水和冰就是两个相。同理水、冰和水蒸气组成的体系，就有三个相了。食盐水溶液虽然有两种物质，却是一

相，若饱和溶液中析出食盐晶体，则为两相；水和苯混合成为两个液相；空气是许多气体的混合物，但它是一个相。铁粉和硫粉，即使混合很均匀，仍是两个相，用磁铁很容易把它们分开。

一般来说，气体能以任何比例混合(高压除外)，所以总是一相。液体能以任何比例完全互溶形成单一溶液的，则为一相；若不能完全互溶的，则有几种液体，就是几相。

2. 独立组分数(C)

组分是指体系中分离出来且能独立存在的每种化学物质。体系中所具有组分的数目叫独立组分数，简称组分数。例如 NaCl 水溶液中有 H_2O 分子，Na^+、Cl^-、H^+和 OH^-等离子，但除 H_2O 分子外，Na^+、Cl^-、H^+和 OH^-等离子都不算组分，因它们都不能独立分离出来。显然，这体系的组分是 H_2O 和 NaCl，所以组分数为 2。

(1) 有化学反应条件时的组分数

例如，由 Fe(s)、FeO(s)、C(s)、CO(g)和 CO_2(g)组成的系统在一定条件下存在下列平衡：

$$FeO(s)+CO(g) \rightleftharpoons Fe(s)+CO_2(g) \quad (\text{i})$$

$$FeO(s)+C(s) \rightleftharpoons Fe(s)+CO(g) \quad (\text{ii})$$

$$CO_2+C(s) \rightleftharpoons 2CO(g) \quad (\text{iii})$$

表面上看，有 5 种物质和三个化学平衡，实际上其中只有两个平衡是独立的，因为由反应(ⅱ)减去反应(ⅲ)即得反应(ⅰ)，其中任何一个平衡可根据另外两个平衡推导出来。因此系统只存在两个独立的化学平衡关系式。此时组分数应减去 2 个独立的化学平衡关系数，即 $C=5-2=3$。由此可见，在计算系统的组分数时，如果有化学平衡存在，应扣去独立的化学平衡关系式数目。

(2)有浓度限制条件时的组分数

假定系统中有 N_2、H_2 和 NH_3 三种物质在反应的温度、压力下达到平衡，$N_2(g)+3H_2(g) \rightleftharpoons 2NH_3(g)$，其组分数 $C=2$。但若开始投放的 N_2 和 H_2 的物质的量比满足反应式化学计量比 1:3，或者开始只投放 NH_3，分解得 N_2 和 H_2 物质的量比也是 1:3。这样，当已知其中某一组分的平衡分压力，便可由比例关系和平衡常数计算其他两种组分的分压力，系统的组分就可以确定，于是组分数变为 1，而不是原先的 2。以此推论，系统中有多少个独立的浓度限制条件，组分数就相应地减少多少个。应当强调，浓度限制条件只能适用于同一相，因为同一相才存在浓度制约，否则就会产生错误。比如，碳酸钙的热分解，产生的气体 CO_2 和固体 CaO，虽说其物质的量之比为 1:1，但两者各处不同的相中，相互不存在浓度制约，故不能作为浓度限制条件。也就是说，$CaCO_3$ 热分解，系统的组分数仍然为 2，而不是 1。

3. 自由度数(F)

自由度数是相平衡体系可独立改变的强度性质的变量(如温度、压力、组成)数目。强度性质的变量是指那些与体系物质数量无关的变量。这些变量在一定范围内的独立变化，不会改变体系原有的相数。例如对液态水，系统的温度和压力在一定范围内可任意改变，而不会产生新相，即仍能保持单相，这意味着它有两个独立可变因素，故自由度 $F=2$。如果水达到液-气两相平衡，T、p 两变量中只有一个可以独立变化。例如 100℃下水的饱和蒸气压只能是 101.325kPa，温度若变化，压力也需要相应调整才能重新达到平衡，因此 $F=1$。这就是说，如果温度作为变量可以改变，压力就不能随意变动；反之，若指定平衡压力，温度就不能随意选择，否则将导致两相平衡状态的破坏。当冰、水、水蒸气三相平衡共存时，系统的温度是 0.00980℃，压力为 610.62Pa，温度和压力都不能随意改变，否则就会导致一相或两相消失，因此系统的自由度是 0。

4. 总组成和相组成

对于均相体系，例如气体，当表示物质的相对数量时，只需组成这个概念就够了。但对于多相体系，就必须引入总组成和相组成的概念。例如 CH_4 在水中溶解，体系中有两个相（气相和液相），每个相都有 CH_4。假如只说 CH_4 的组成等于多少，就不知道指的是气相、液相还是整个体系的 CH_4。这时，就必须分清什么是相组成？什么是总组成？对于 CH_4 溶于水的体系，相组成有两个，即

$$\text{气相组成}\quad y(CH_4)=\frac{n(CH_4,\text{在气相中})}{n(CH_4,\text{在气相中})+n(H_2O,\text{气相中})}$$

$$\text{液相组成}\quad x(CH_4)=\frac{n(CH_4,\text{在液相中})}{n(CH_4,\text{在液相中})+n(H_2O,\text{在液相中})}$$

但总组成只有一个，即

$$z(CH_4)=\frac{n(CH_4,\text{在气相中})+n(CH_4,\text{在液相中})}{n(CH_4,\text{在气相中})+n(CH_4,\text{在液相中})+n(H_2O,\text{在气相中})+n(H_2O,\text{在液相中})}$$

在多相体系，除特殊情况外，相组成不等于总组成。在一个体系中，总组成不变，但由于条件的变化，相组成会发生相应的变化。因此，后面讲到多相体系的组成时，都是指相组成，而不是总组成。

二、相律推导

先分析几个具体例子，再推导相律：

① 在活塞中放入气体 CO_2，这个体系的相数是 1，组分数是 1，由 CO_2 的 $p-V$ 图（参考图 1-5）看出，这个体系的自由度数是 2。

② 将上面的活塞等温加压，直到体系中有 CO_2 液体和 CO_2 蒸气共存，这时体系的相数是 2，组分数是 1，自由度数由图 1-5 看出应为 1。

③ 根据亨利定律，在一定温度、一定平衡压力下，气体在液体中有一定的溶解度。对于这个体系，相数是 2，组分数是 2，自由度数是 2。

④ 在活塞中放入 N_2 和 O_2，这时体系的相数是 1，组分数是 2，为了确定自由度数，可先列出体系的全部变量。体系变量总共有 6 个，即 T、p、$p(N_2)$、$p(O_2)$、$y(N_2)$、$y(O_2)$。当对上面 6 个变量做具体分析时可以知道独立变量只有 3 个。例如已知 T、p、$p(N_2)$，则可由

$$p(N_2)=py(N_2)$$

求出 $y(N_2)$；由

$$y(O_2)=1-y(N_2)$$

求出 $y(O_2)$；由

$$p(O_2)=py(O_2)$$

求出 $p(O_2)$。因此，只需知其中 3 个变量，则其他变量都可知。因此体系的自由度数是 3。

将上面的例子做一归纳，得表 2-3。

表 2-3　组分数、相数和自由度数的关系

例	组分数 C	相数 P	自由度数 F
1	1	1	2
2	1	2	1
3	2	2	2
4	2	1	3

由上表得到：

① 当相数相同时(如例 2、3 或例 1、4)，组分数增加 1，自由度数增加 1；

② 当组分数相同时(如例 1、2 或例 3、4)，相数增加 1，自由度数减小 1。

既然 C 与 P 对自由度数 F 的影响互相抵消，所以在寻找 F 与 C、P 的关系时，可简化为寻找 F 与 $C-P$ 的关系。表 2-4 列出它们的关系。

表 2-4　F 与 $C-P$ 的关系

F	$C-P$
2	0
1	-1
2	0
3	1

从上表的关系中可以发现，F 与 $C-P$ 之差，始终是 2，即

$$F-(C-P)=2$$

或

$$F=C-P+2 \tag{2-6}$$

上式就是相律的数学表示式。它还可以用文字叙述如下：

处在相平衡的体系，它的自由度数等于体系的组分数减去相数再加上 2。

相律清楚地表示出前面归纳例子时所得到的规律，即自由度数随组分数的增加而增加，随体系相数增加而减小。

相律实际上是吉布斯于 1875 年根据热力学原理推导出来的，故又称为吉布斯相律，是物理化学中最具普遍性的规律之一。

在只包括液、固相，而不包含气相的凝聚系，压力对系统的影响甚小，可以忽略不计，相律可写成：

$$F^*=C-P+1$$

此时的自由度称为条件自由度。

例 1　试用相律解释为什么当温度、压力确定以后，纯气体的黏度即被确定。

解：因是纯气体，所以组分数是 1，相数也是 1，代入相律

$$F=C-P+2=1-1+2=2$$

得自由度数是 2，即这体系的独立变量数是 2。因此当温度、压力确定以后，条件自由度为 0，气体的其他强度性质的变量，例如密度、压缩系数等随之被确定。黏度也是强度性质的变量，所以它也被确定。

例 2　试用相律解释第二节例题 2 的体系，具有几个独立变量。

解：由于该体系相数为3，组分数为3，因此

$$F=C-P+2=3-3+2=2$$

该题给的独立变量数也是两个，即温度和 H_2S 的分压力。

第四节　相　　图

表示相平衡关系的图线叫相图。相律虽是相平衡的普遍规律，但它也有局限性，表现在相律只能说明相平衡体系有几个独立变量，但没有说明这些变量的具体数值是多少。要知道这些变量的具体数值，就必须通过实验进行具体测定。这里讲到的相图，补充了相律的不足。

最简单的相图是一组分体系相图，因此先从这种相图讲起。

一、一组分体系相图

前面看到的 CO_2 的 $p-V$ 图(图 1-5)，就是一组分体系相图。这个相图表示 CO_2 体系在等温下的压力与体积的关系。但一组分体系的相图还常常用来表示气液相、气固相共存时蒸气压与温度的关系。为了掌握这些相图，应先了解蒸气压的概念。

1. 蒸气压概念

如果在一定温度下在一个已抽真空的容器中放入液体或固体，则在液相或固相中具有足够能量的分子不断逸出界面到达气相。同时逸到气相的分子，由于热运动也不断碰撞界面回到液相或固相中来，最后双方达到动平衡，液相或固相的数量不再改变，气相的压力也不再改变。这时的压力就称为该温度下液体或固体的饱和蒸气压或简称蒸气压。

蒸气压是一个强度性质的变量，它的数值不随物质的数量而改变，也不随容器的大小和形状而改变。蒸气压的影响因素主要有下面几个：

(1) 物质的性质

不同物质有不同的蒸气压。物质蒸气压的大小主要决定于分子间的吸引力。分子间吸引力越大，蒸气压越小。由于吸引力的相对大小可用范德华气体方程式常数 a 值表示，因此物质的蒸气压随着物质的 a 值增大而减小。表 2-5 表示的就是这个规律。

表 2-5　蒸气压与范德华气体方程式常数 a 的关系

物质	$a/\mathrm{Pa\cdot m^6\cdot mol^{-2}}$	$b/\mathrm{m^3\cdot mol^{-1}}$	$p^*(25℃)/\mathrm{kPa}$
n-C_4H_{10}	1.39	1.164×10^{-4}	172.56
n-C_5H_{12}	1.93	1.460×10^{-4}	68.09
n-C_6H_{14}	2.48	1.740×10^{-4}	13.37
n-C_7H_{16}	3.11	2.050×10^{-4}	6.92

(2) 外加压力

设在一个气液共存的相平衡体系中，通入一种不溶于液体的气体，使体系压力增加。随着压力的增加，气体分子间的距离缩短，分子间的吸引力加大。当然靠近液面的气体分子，对液体分子的吸引力也加大，因而有利于液体分子的气化。所以外加压力越大，物质的蒸气压随着增加。

（3）体系温度

温度增加，意味着液体或固体中有足够能量从而能逸出相界面的分子数目增加，所以升高温度可以增加物质的蒸气压。蒸气压与温度的关系可以用图或者用公式表示出来。

2. 克劳修斯-克拉佩龙(Clausius-Clapeyron)公式

这公式简称克-克公式。它是表示相平衡体系中温度与平衡压力的关系式，可用在气⇌液或气⇌固平衡时求出不同温度下物质的蒸气压。

由热力学导出的克-克公式如下：

$$\frac{dp}{dT}=\frac{\Delta H}{T\Delta V} \tag{2-7}$$

式中　dp/dT——相平衡压力随温度的变化率；

ΔH——相变热(或相变焓)；

ΔV——相变时的体积变化(注意其物质的量与 ΔH 相同)；

T——相变温度。

式(2-7)是克-克公式的微分式。现把此公式用于气⇌液(或气⇌固)相平衡：

$$\frac{dp}{dT}=\frac{\Delta H}{T(V_{气}-V_{液})}$$

对于1摩尔物质而言，上式 ΔH 是摩尔气化热，$V_{气}$、$V_{液}$ 分别表示气、液的摩尔体积。由于 $V_{气} \gg V_{液}$，所以 $V_{液}$ 可从上式中略去。若理想气体定律适用于气体，即 $V_{气}=RT/p$。这样就得到如下的形式：

$$\frac{d\ln p}{dT}=\frac{\Delta H}{RT^2} \tag{2-8}$$

将式(2-8)进行不定积分，并在温度不大的范围内，将 ΔH 看作常数，得

$$\ln p=-\frac{\Delta H}{RT}+C \tag{2-9}$$

式中，C 是积分常数。在应用公式时需注意 R 与 ΔH 的单位要一致。式(2-9)是克-克公式的不定积分式。若以 $\ln p$ 对 $1/T$ 作图，得一直线。直线的斜率为 $-\Delta H/R$。因此可以用作图法，由直线的斜率求相变热。从式(2-9)可以看到，温度越高，蒸气压越大。

将式(2-8)进行定积分，即从 T_1 到 T_2 的范围内(压力相当于 p_1 到 p_2 的范围)积分，则可得到

$$\ln\frac{p_2}{p_1}=-\frac{\Delta H}{R}\left(\frac{1}{T_2}-\frac{1}{T_1}\right) \tag{2-10}$$

式(2-10)是克-克公式的定积分式。这个公式有两个用途：

① 已知 p_1、ΔH，由公式求 T_2 温度下的 p_2；

② 已知 p_1、p_2，由公式求气化热或升华热。

例1　乙醇在20.0℃和30.0℃时的蒸气压各为5.86kPa与10.51kPa，求乙醇的摩尔气化热。

解：$T_1=(20.0℃/℃+273.15)K=293.15K$

$T_2=(30.0℃/℃+273.15)K=303.15K$

$p_1=5.86kPa$

$p_2=10.51kPa$

由式(2-10)将 ΔH 解出：

$$\Delta H=-R\ln\frac{p_2}{p_1}\Big/\left(\frac{1}{T_2}-\frac{1}{T_1}\right)=-8.314\text{J}\cdot\text{mol}^{-1}\ln\frac{10.51}{5.86}\Big/\left(\frac{1}{301.15\text{K}}-\frac{1}{293.15\text{K}}\right)$$

$$=4.32\times10^{4}\text{J}\cdot\text{mol}^{-1}=43.2\text{kJ}\cdot\text{mol}^{-1}$$

每一个公式都有一定的使用条件，试从式(2-9)和式(2-10)的推导中归纳一下它们都有哪些适用条件。

3. 水的相图

水的相图是由实验得出。在实验之前，需考虑要测定几个变量？对一组分体系，相律中的 $C=1$，所以

$$F=1-P+2=3-P$$

因为 P 的数值最小是 1，所以自由度数最多是 2。

自由度数最多是 2 说明：

① 在实验时最多需要测定两个变量；

② 一组分体系相图可以用二度空间的图形画出。

如果选定温度和压力作独立变量，由实验得到如下数据(表 2-6)。

表 2-6　水的相平衡数据

t/℃	体系的饱和蒸气压/kPa		平衡压力/kPa
	水-水蒸气	冰-水蒸气	水-冰
-20	—	0.103	193.5×10^3
-15	—	0.165	156.0×10^3
-10	—	0.260	110.4×10^3
-5	—	0.414	59.8×10^3
0.00980	0.610	0.610	0.610
20	2.338	—	—
100	101.325	—	—
200	1554.4	—	—
300	8590.3	—	—
374	22060	—	—

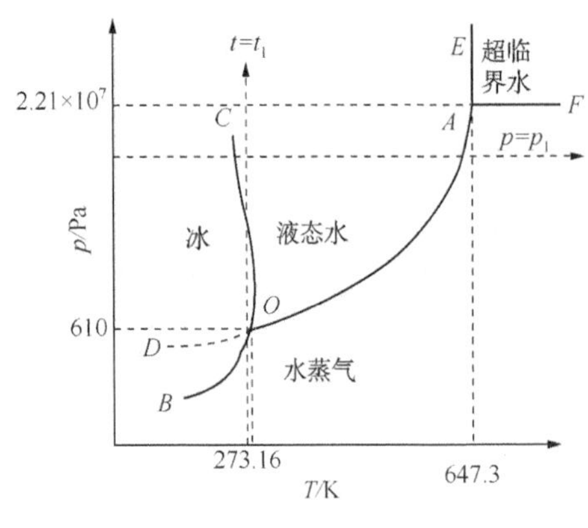

图 2-2　水的 $p-T$ 相图

将表 2-6 的数据作图，可得水的 $p-T$ 相图(图 2-2)。

现讨论一下这个相图：

(1) 相区域

① 在“液态水”“冰”“水蒸气”三个区域内，体系都是单相，$P=1$，所以 $F=2$。在该区域内，可以有限度地独立改变温度和压力，而不会引起相的变化，所以是双变量区。要确定体系的状态，必须同时指定温度和压力两个变量。

② 图中三条实线是两个区域的交界线。在这些线上，$P=2$，$F=1$，系统处于两相平衡。在温

度和压力两个变量中，任意确定其中一个，另一个就不能随意改变了。

OA 线为水蒸气-液态水两相平衡线，不能无限制地延伸，它止于临界点 *A*，相应的温度和压力分别称为临界温度和临界压力，用 T_c 和 p_c 表示。水的 $T_c = 647.3\text{K}$，$p_c = 2.21\times10^7\text{Pa}$。在临界点时，液态水的密度和水蒸气的密度相同，两相界面消失。高于此温度，不论加多大压力，水蒸气都不会凝结为液体水，物质处于超临界流体状态。如从 *A* 点向上对 *T* 轴作垂线 *AE*，从 *A* 点向右作平行线 *AF*，则 *EAF* 区为超临界流体区。

OC 线为冰-液态水的两相平衡线，或称冰的熔点曲线，也不能随意延长，大约 $2.03\times10^8\text{Pa}$ 和 253.15K 开始，相图变得比较复杂，有不同结构的冰生成，这种现象称为同质多晶型。由 *OC* 曲线可以看出，冰的熔点随压力的升高而下降，这是冰的一种不正常行为，因为冰的密度比水小，多数情况下，熔点将随压力的增加而有所升高。

OB 线为冰-水蒸气的两相平衡线，也称冰的饱和蒸气压曲线，理论上可以延长到绝对零度附近。

图中的虚线 *OD* 是 *OA* 的延长线，是水和水蒸气的介稳平衡线，即过冷水的饱和蒸气压与温度的关系曲线。过冷状态是非稳定状态，一旦向其中投入少量冰作引发，系统会迅速变为冰。

③ *O* 点是三条线的交点，称为三相点(triple point)。在该点气、液、固三相共存，即 $P=3$，$F=0$。因此，该点为定态，系统的压力和温度都不能改变。该点的 $T=273.16\text{K}$，$p=610.62\text{Pa}$。这里需要说明的是，水的冰点(273.15K，101325Pa)与三相点(273.16K，610.62Pa)是不同的。三相点是严格的单组分系统，而水的冰点是在水中溶有空气和外压力为 101325Pa 时测得的。冰点比三相点温度低 0.01K 是由两种因素造成的：一是因外压增加，使冰点下降 0.00748K；二是因水中溶有空气，使冰点下降 0.00241K。两者共同使水的冰点比三相点下降了 0.00989K，约 0.01K。

（2）相图的应用

若体系在 p_1 压力下等压升温，体系的相将发生如下的变化：

固相→固液共存→液相→液气共存→气相

试考虑当体系在 t_1 温度下等温加压，体系的相将发生怎样的变化？

若体系在 p_1 下等压升温，体系的自由度数将发生如下变化：

2→1→2→1→2

试考虑当体系在 t_1 下等温升压，体系的自由度数将发生怎样的变化？

（3）用克-克公式解释相图

因克-克公式是表示相平衡体系中温度与相平衡压力的关系式，所以它能解释水的 *p-T* 相图。例如可用克-克公式解释图 2-2 的 *OA*、*OB*、*OC* 的斜率为什么有这个趋势，*OB* 的斜率为什么比 *OA* 的斜率大等。

4. CO_2 的相图

图 2-3 为二氧化碳的 *p-T* 相图。二氧化碳相图与水的相图类似，其相图的分析方法以及点、线、面的物理意义也是类似的。不同点是固液平衡线 *OC* 与水的相图不同，它的斜率大于零，因为干冰的密度大于液态二氧化碳的密度。

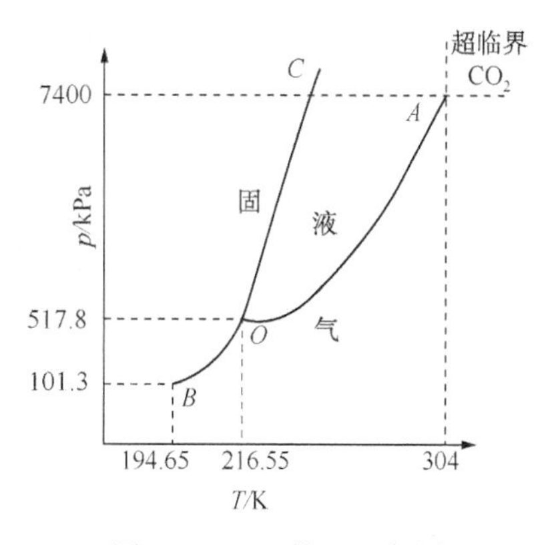

图 2-3　CO_2 的 *p-T* 相图

O 点是三相点，它的温度为 216.55K，压力为 517.8kPa，由于该三相点的温度低于常温，而压力高于大气压力，在常温常压下，二氧化碳为气体，而在低温下只看到它的固态，很难看到它的液态，除非加压到 517.8kPa 以上。

在 OA 线上 A 点是临界点，温度为 304K，压力为 7400kPa，这个温度和压力在工业上很容易达到，所以二氧化碳的超临界流体较容易制备，它在超临界萃取中有广泛的应用。超临界二氧化碳具有液体的密度，因此它的溶解能力强，同时具有气体的性质，黏度小，扩散速度快。它可以迅速渗透各种微孔，而且毒性低，若减压很快与被萃取物分离，无残留，可以重复利用，是一种绿色环保型的萃取剂。

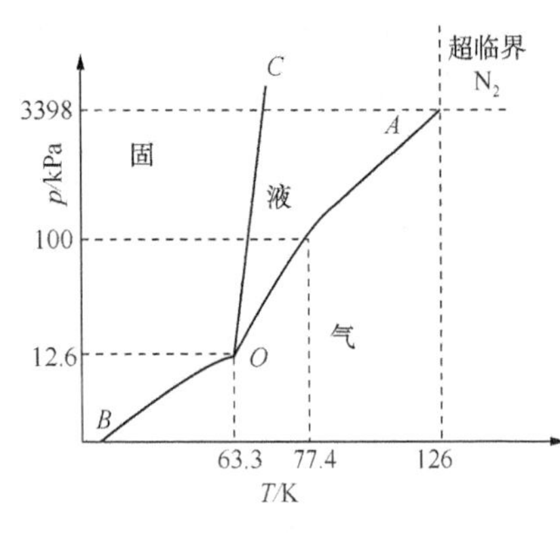

图 2-4 N_2 的 $p-T$ 相图

5. N_2 的相图

图 2-4 为氮气的 $p-T$ 相图，O 点是三相点，它的温度为 63.3K，压力为 12.6kPa。在常压下，温度为 77.4K 时，氮气将变成无色透明的液体；温度为 63.3K 时，将凝析成雪状的固体。氮气是化学性质极不活泼的惰性气体，其临界温度为 126K，临界压力为 3398kPa。

二、二组分体系相图

对二组分体系，相律中的 $C=2$，所以

$$F=C-P+2=2-P+2=4-P$$

由于 P 的最小值是 1，F 的最大值是 3，所以要用三度空间表示二组分体系的相图。若固定其中一个独立变量，二组分体系的相图才能用二度空间表示出来，此时 $F^*=2-P+1=3-P$，这样的相图有三种：①$p-x$ 图，即 T 恒定；②$T-x$ 图，即 p 恒定；③$T-p$ 图，即组成恒定。

在二组分构成的体系中常以溶液的形式出现，包括完全互溶双液系统、部分互溶双液系统和完全不互溶的双液系统。在这里我们主要讨论的是完全互溶双液系统。两个纯液体可按任意比例互溶，每个组分都服从拉乌尔定律，这样组成了理想的完全互溶双液系，如苯和甲苯、正己烷与正庚烷等结构相似的化合物可形成这种双液系。

1. 理想溶液等温下的 $p-xy$ 图

在一定温度和压力下，液态混合物中的任一组分在全部组成范围内都服从拉乌尔定律，称为理想液态混合物，常常也称为理想溶液。

理想溶液与理想气体的概念不同，理想气体的分子之间无相互作用，可视每个分子周围无任何其他分子存在。而理想溶液的分子因间距较小，不能认为分子间无相互作用。因此理想溶液模型包括三点：①溶液中各组分的分子体积大小非常接近；②不同组分分子间的相互作用力与同一组分分子间的相互作用力基本相等；③与之平衡的气相为理想气体。理想溶液之所以具有这些特点，是由于分子间吸引力和分子间的距离在理想溶液中以及在各物质单独存在时完全相同。所以理想溶液有两个特点，即在构成混合物时，一无体积的额外变化，二无热效应发生。满足这个条件的物质必然是那些结构相似的物质，例如，同位素化合物 $^{12}CH_3I$ 和 $^{13}CH_3I$ 的混合系，同系物 C_6H_6 和 $C_6H_5CH_3$ 的混合系；又如，冶金中某些熔体，Fe-Cr、Nd-Pr、$Fe_2SiO_4-Mn_2SiO_4$ 等体系都可近似当成理想溶液。

等温下的压力-组成相图可用于观察等温下由于压力变化所引起相组成的变化。理想溶液等温下的 p-xy 相图可直接由实验测定 p、x、y 数据画出，也可间接由纯物质蒸气压的实验数据，通过公式，将 p、x、y 数据算出，然后画出相图。这里用后一种方法。

若理想溶液中有 A、B 两种物质，根据拉乌尔定律，则

$$p_A = p_A^* x_A$$
$$p_B = p_B^* x_B \tag{2-11}$$

x_A在 0~1，x_B在 1~0 的范围内都符合上面的关系式。溶液上方的总压力 p，按分压力定律

$$p = p_A + p_B = p_A^* x_A + p_B^* x_B$$

由于 $x_B = 1 - x_A$，所以

$$p = p_B^* + (p_A^* - p_B^*) x_A \tag{2-12}$$

式(2-11)、式(2-12)都是直线方程式。在一定温度下，物质的蒸气压 p_A^*、p_B^* 是确定的，因此可用图线将式(2-11)、式(2-12)表示出来。在作图时要注意物质的量分数坐标的表示法。在物质的量分数坐标中的 A 点表示纯 A，离 A 越远的点 x_A越小，最远的是 B，$x_A = 0$。对 B 点的情况也一样，如图 2-5 所示。

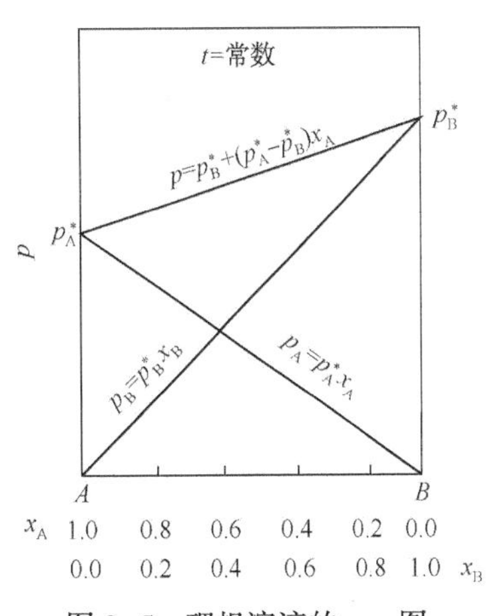

图 2-5 理想溶液的 p-x 图

式(2-12)表示了体系的总压力与溶液组成的关系，可称它为液相等温式(为什么叫等温式?)。由它画出的直线叫液相线(或称泡点线)。

假设溶液上方的气体符合道尔顿分压力定律，则可推导出体系的总压力与气相组成的关系式。

由拉乌尔定律

$$p_A = p_A^* x_A \qquad p_B = p_B^* x_B$$

由道尔顿分压力定律

$$p_A = p y_A \qquad p_B = p y_B$$

联合上两式得

$$p_A^* x_A = p y_A \qquad p_B^* x_B = p y_B$$

或

$$x_A = \frac{p y_A}{p_A^*} \qquad x_B = \frac{p y_B}{p_B^*}$$

上两式相加，得

$$\frac{p y_A}{p_A^*} + \frac{p y_B}{p_B^*} = 1$$

整理得

$$\frac{1}{p} = \frac{y_A}{p_A^*} + \frac{(1 - y_A)}{p_B^*} \tag{2-13}$$

这个方程式表示了体系的总压力与气相组成的关系，可称它为气相等温式。由它画出的曲线叫气相线(或称露点线)，它是处于液相线下方的一条曲线(见图 2-6)。

根据式(2-12)和式(2-13)，就可利用某温度下纯物质的蒸气压数据，作等温下的 $p-xy$ 相图。

例 2 已知 50℃时 C_5H_{12} 的蒸气压为 160.1kPa，C_6H_{14} 的蒸气压为 53.30kPa，试作 50℃时 $C_5H_{12}-C_6H_{14}$ 的 $p-xy$ 相图。

解：要作 $p-xy$ 相图，必须知道 p、x、y 数据。这些数据确定的方法如下：

令 $x(C_5H_{12})$ 等于某一数值(例如 0.200)，并将题给的蒸气压数据代入式(2-12)，得

$$p=p^*(C_6H_{14})+[p^*(C_5H_{12})-p^*(C_6H_{14})]x(C_5H_{12})$$
$$=53.30\text{kPa}+(160.1\text{kPa}-53.30\text{kPa})\times0.200=74.66\text{kPa}$$

再将 p 的数值和蒸气压数据代入式(2-13)，得

$$\frac{1}{74.66\text{kPa}}=\frac{y(C_5H_{12})}{160.1\text{kPa}}+\frac{1-y(C_5H_{12})}{53.30\text{kPa}}$$

解出

$$y(C_5H_{12})=0.428$$

同理，令 $x(C_5H_{12})=0.400$、0.600 或 0.800，可以计算出相应的 p 和 $y(C_5H_{12})$ 的数值。表 2-7 是计算的结果。

表 2-7 由 $x(C_5H_{12})$ 算出相应的 p 和 $y(C_5H_{12})$

p/kPa	$x(C_5H_{12})$	$y(C_5H_{12})$
53.30	0.000	0.000
74.66	0.200	0.428
95.95	0.400	0.645
117.33	0.600	0.819
138.61	0.800	0.924
160.09	1.000	1.000

根据上表的数据作出 50℃下，$C_5H_{12}-C_6H_{14}$ 的 $p-xy$ 相图(图 2-6)。

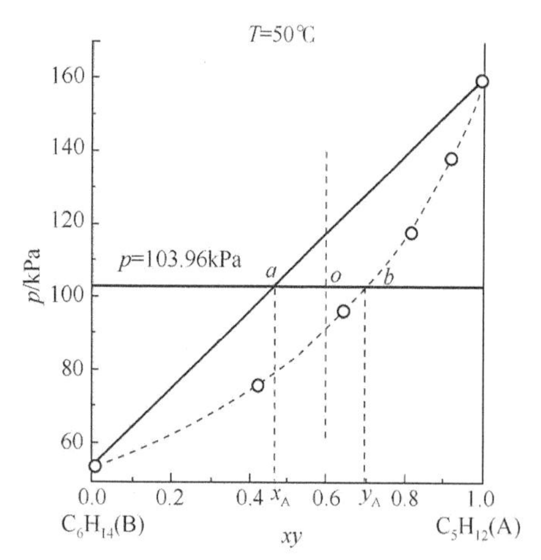

图 2-6 50℃下 $C_5H_{12}-C_6H_{14}$ 的 $p-xy$ 相图

下面讨论一下这个相图：

在液相线上方为液相区(1 相)，在气相线下方为气相区(1 相)，在气液相线之间为气液共存区(2 相)。在单相区应用相律，$F=C-P+1=2-1+1=2$，表明压力和组成可任意改变，而不会有相数和相态的变化。两相区中，$F=C-P+1=2-2+1=1$，即压力和组成只有一个可独立改变。

相图中表示整个系统组成状态的点称为物系点，表示各相组成和状态的点称为相点。因此，处于气相和液相单相中的任何点既是物系点也是相点。两相区中，系统分为气、液两相，它们的温度、压力相同，但组成不同，气相的摩尔分数为 y_B，液相的组成为 x_B。因此，落在两相区内的点是物系点，而代表每个相状态的点称为相点，处于相同 T、p 两相的边界上。如图 2-6 所示，如果系统的物系点落在压力-组成图的两相共存区之内，则系统呈两相平衡共存。此时两个

相点即为通过物系点的水平线与两相线的交点。如，组成为 0.6 在温度为 50℃时的物系点为 O，此时系统呈气-液两相平衡，相点 a 的液相组成为 x_A，相点 b 的气相组成为 y_A。

在储油构造中的地层油，虽然不是二组分体系，不能直接使用等温下的 p-xy 相图。但在实际问题中，常将地层油中相对分子质量较低的烃类看作是一个组分（轻组分），而把相对分子质量较高的烃类看作是另一组分（重组分），从而利用等温下的 p-xy 相图分析由于地层压力变化可能引起气液相物质的量分数的变化。

图 2-7 表示的是 $x(C_5H_{12})=0.60$ 的溶液在等温减压过程中所经历的变化。从这个过程可以看到，溶液减压变化和纯物质减压变化不一样。纯物质是在一个压力下气化完毕，而溶液从开始气化到结束气化，它的压力是在变化着的（图 2-7 是由 117.33kPa 到 89.06kPa）。

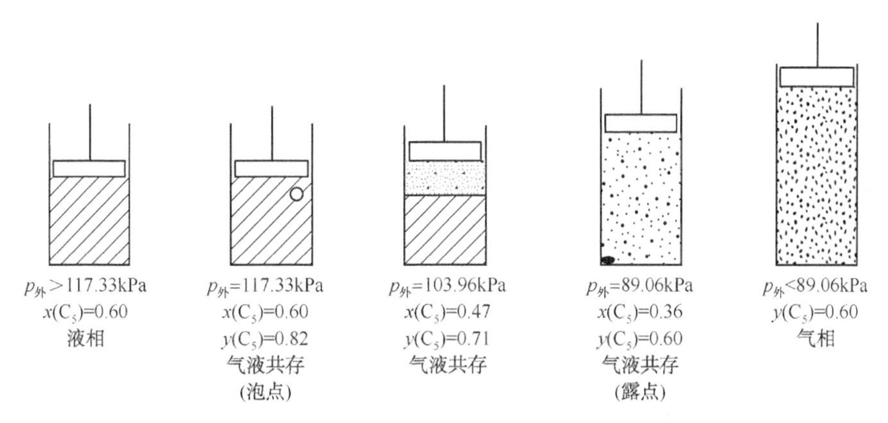

图 2-7 C_5H_{12}-C_6H_{14}体系在 $x(C_5H_{12})=0.60$ 时等温减压所经历的变化

从这个过程还可以看到，随着压力的变化，不仅气液相组成发生变化，而且气液相物质的量也发生变化。

气液相物质的量可用杠杆规则求出。杠杆规则可证明如下：

由物料平衡，可得

$$n_{总}=n_{液}+n_{气} \tag{2-14}$$

$$n_{总}z_A=n_{液}x_A+n_{气}y_A \tag{2-15}$$

式中 $n_{总}$——总体系中物质的量；

$n_{液}$——体系液相中物质的量；

$n_{气}$——体系气相中物质的量；

z_A——体系中物质 A 的物质的量分数（总组成）；

x_A——体系液相中物质 A 的物质的量分数（液相组成）；

y_A——体系气相中物质 A 的物质的量分数（气相组成）。

将式（2-14）两边同乘 z_A，得

$$n_{总}z_A=n_{液}z_A+n_{气}z_A \tag{2-16}$$

由式（2-15）和式（2-16）得

$$n_{液}x_A+n_{气}y_A=n_{液}z_A+n_{气}z_A \tag{2-17}$$

将式（2-17）整理得

$$n_{液}(x_A-z_A)=n_{气}(z_A-y_A) \tag{2-18}$$

根据图 2-8，式（2-18）显然可改写为

$$n_{液}\cdot l_{oa}=n_{气}\cdot l_{ob} \tag{2-19}$$

式中　l_{oa}——oa 线段的长度；

l_{ob}——ob 线段的长度。

式(2-19)说明，相图中物质的量与相应物质的量分数间距离的关系表现如杠杆中力与力臂的关系，这关系叫杠杆规则。气液相中物质的量可用杠杆规则求出。

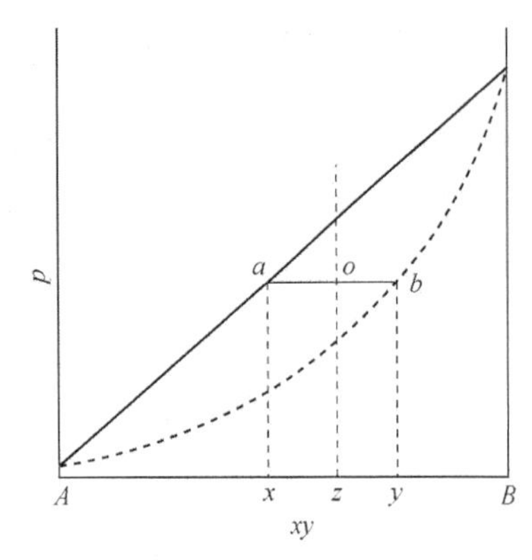

图 2-8　杠杆规则的证明

下面例题是说明怎样使用杠杆规则的。

例 3　取 6mol C_5H_{12}和 4molC_6H_{14}构成溶液，问当压力为 103.96kPa 时，气液相中物质的量各多少？

解：体系中 C_5H_{12}的物质的量分数

$$z(C_5H_{12})=\frac{6}{6+4}=0.6$$

在图 2-8 中，过 $z(C_5H_{12})=0.6$ 作垂线与 $p=103.96\text{kPa}$ 的水平线交于 o 点。l_{oa}与 l_{ob}可由相图直接量出，为已知值。若气液相中物质的量分别用 $n_{液}$、$n_{气}$表示，体系的物质的量用 $n_{总}$表示，则根据杠杆规则，可得

$$n_{液}\cdot l_{oa}=n_{气}\cdot l_{ob}$$

又

$$n_{总}=n_{液}+n_{气}$$

由上两式，即可求出气液相中物质的量：

当 $p=103.96\text{kPa}$ 时，$l_{oa}=7.0\text{mm}$，$l_{ob}=6.0\text{mm}$，得

$$\frac{n_{液}}{n_{气}}=\frac{l_{ob}}{l_{oa}}=\frac{6.0\text{mm}}{7.0\text{mm}}=0.86$$

而题给体系物质的量为 10mol，即

$$n_{液}+n_{气}=10\text{mol}$$

解出

$$n_{液}=4.6\text{mol},\quad n_{气}=5.4\text{mol}$$

例 4　设 C_6H_6 和 $C_6H_5CH_3$ 组成理想溶液。20℃时纯苯的饱和蒸气压是 9.96kPa，纯甲苯的饱和蒸气压是 2.97kPa。把由 1mol C_6H_6(A)和 4mol $C_6H_5CH_3$(B)组成的溶液放在一个带有活塞的圆筒中，温度保持在 20℃。开始时活塞上的压力较大，圆筒内为液体。若把活塞上的压力逐渐减小，则溶液逐渐气化。(1)求刚出现气相时蒸气的组成及总压；(2)求溶液几乎完全气化时最后一滴溶液的组成及总压；(3)在气化过程中，若液相的组成变为 $x_A=0.100$，求此时液相及气相的数量。

解：(1) $p=p_A^*x_A+p_B^*x_B=(9.96\times0.2+2.97\times0.8)\text{kPa}=4.37\text{kPa}$

$$y_A=\frac{p_A^*x_A}{p}=\frac{9.96\times0.2}{4.37}=0.456$$

$$y_B=1-y_A=0.544$$

(2) $\dfrac{x_A}{1-x_A}=\dfrac{y_A}{y_B}\cdot\dfrac{p_B^*}{p_A^*}=\dfrac{0.2}{0.8}\times\dfrac{2.97}{9.96}=0.0745$

$x_A=0.069$，$x_B=1-x_A=0.931$

$$p=\frac{p_A^* x_A}{y_A}=\frac{9.96\text{kPa}\times 0.069}{0.2}=3.44\text{kPa}$$

(3) $p=p_A^* x_A+p_B^* x_B=(9.96\times 0.100+2.97\times 0.900)\text{kPa}=3.67\text{kPa}$

$$y_A=\frac{p_A^* x_A}{p}=\frac{9.96\times 0.100}{3.67}=0.271$$

$$\frac{n_{气}}{n_{液}}=\frac{0.2-0.1}{0.271-0.2}=1.41$$

$$n_{气}=\frac{1.41}{1+1.41}\times 5\text{mol}=2.92\text{mol}$$

$$n_{液}=5-2.92=2.08\text{mol}$$

2. 稀溶液的依数性

当由非挥发性溶质和挥发性溶剂构成稀溶液时，溶液上方的蒸气压将比同温下纯溶剂的饱和蒸气压低。由于这个原因，溶液的沸点比相同外压下纯溶剂的沸点高，凝固点要比相同外压下纯溶剂的凝固点低。这些现象都只与溶质分子的数量有关而与溶质的本性无关，称之为稀溶液的“依数性”。

(1) 沸点升高

液体的蒸气压等于外压时的温度就是沸点。当外压 $p^0=1.01325\times 10^5\text{Pa}$ 时的沸点称为正常沸点，或简称沸点。在纯溶剂中加入非挥发性的溶质，溶液的沸点就会比纯溶剂的高些。这是因为含有非挥发性溶质的溶液的蒸气压比同温度的纯溶剂的蒸气压低，因此，要使它等于外压，就必须提高温度。所以溶液的沸点比纯溶剂的沸点高，这种关系可用图 2-9 来表示。

图 2-9 中的两条曲线分别表示纯溶剂和溶液的蒸气压随温度变化的关系，如果外压 $p^0=1.01325\times 10^5\text{Pa}$，则纯溶剂的沸点为 T_b^*，而溶液的沸点为 T_b。显然 $(T_b-T_b^*)$ 就是溶液沸点的上升值。换言之，溶液的沸点要比纯溶剂的沸点高。很明显，其升高的数值与溶液的蒸气压下降多少有关；而稀溶液中，蒸气压降低与溶液的物质的量分数成正比，因此沸点升高也应和溶液的物质的量分数成正比。

(2) 凝固点下降

固体溶剂与溶液平衡时的温度称为溶液的凝固点。根据多相平衡条件，在凝固点时固态纯溶剂的蒸气压应当与溶液中溶剂的蒸气压相等。由于含有非挥发性溶质的溶液蒸气压比同温度时纯溶剂的蒸气压低，故含有非挥发性溶质的溶液的凝固点就要比纯溶剂的凝固点低一些。这种性质可利用图 2-10 来说明。

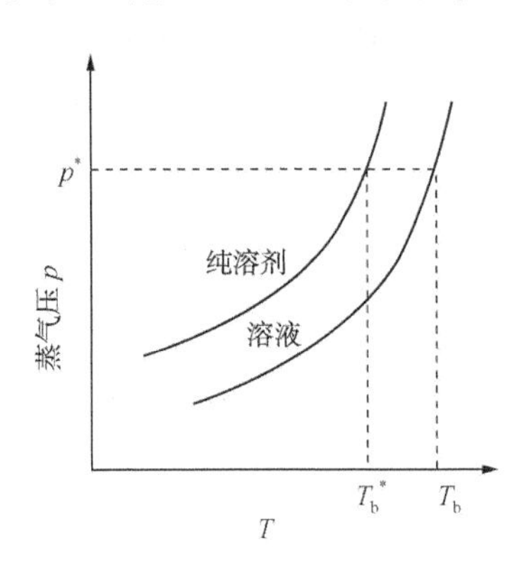

图 2-9　稀溶液沸点上升

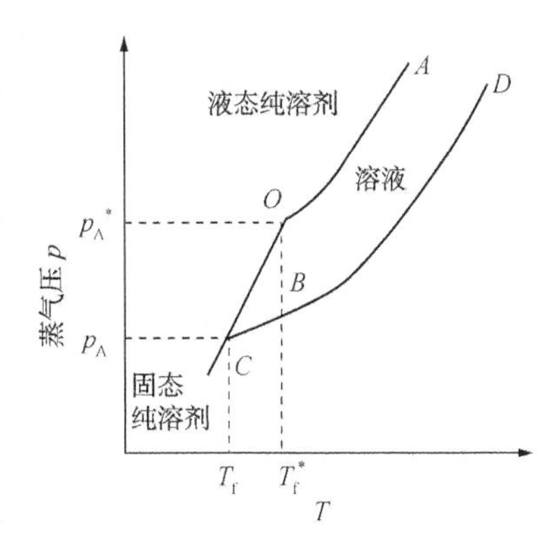

图 2-10　稀溶液凝固点下降

在图 2-10 中，OA 线为液态纯溶剂的蒸气压曲线，OC 线为固态纯溶剂的蒸气压曲线，CD 线为溶液的蒸气压曲线，OA 线和 OC 线相交于 O 点。此点所对应的温度 T_f^* 即为纯溶剂的凝固点；在此温度下，液态纯溶剂和固态纯溶剂的蒸气压均为 p_A^*。当溶剂中加入非挥发性溶质以后，根据拉乌尔定律，溶液中的溶剂的蒸气压小于液态纯溶剂的蒸气压。溶液在 T_f^* 时不会凝固，必须将温度降到 T_f，溶液才开始析出固态纯溶剂，故 C 点所对应的温度 T_f 就是溶液的凝固点。在此温度时，液态和固态纯溶剂的蒸气压均为 p_A，显然，$(T_f^*-T_f)$ 就是溶液凝固点的下降值。由于溶液的凝固点降低也是溶液的蒸气压降低所引起的，因此凝固点的降低也与溶液的物质的量分数成正比。

凝固点降低效应是抗冻剂的作用基础。最常用的抗冻剂是乙二醇(沸点 197℃，凝固点 -13℃)。将等体积的乙二醇和水组成溶液，凝固点为-36℃。采用乙二醇做抗冻剂是由于它具有高沸点、高化学稳定性以及水从溶液结出时形成淤泥状而不是冰块状等优点。如果不加抗冻剂，水结冰时体积膨胀 11%，产生的力足以使散热泵、甚至金属发动机破裂。

3. 理想溶液等压下的 T-xy 相图

等温下的 p-xy 相图可用于分析等温下由于压力变化所引起相组成的变化。但实际上遇到的往往是等压下由于温度改变所引起相组成的变化，这时就需要用到等压下的 T-xy 相图。

等压下的 T-xy 相图可以直接由实验得出，也可以间接由一系列不同温度下的 p-xy 相图得出。这里讲的是后面的一种方法。

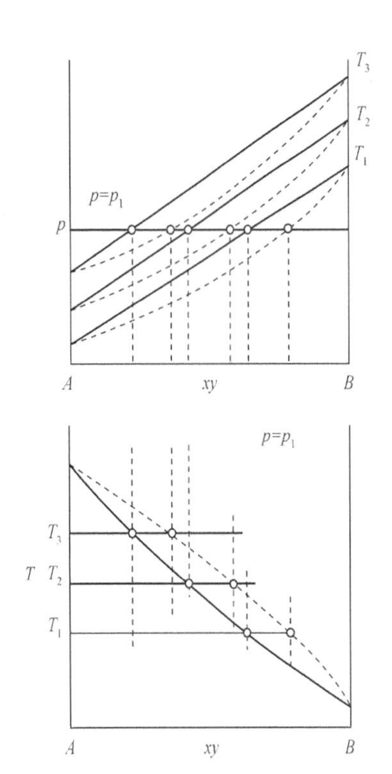

图 2-11 由一系列不同温度的 p-xy 相图作 T-xy 相图

为了作 $p=p_1$ 的 T-xy 相图，需先作一系列不同温度的p-xy相图。在图 2-11 中以 T_1、T_2、T_3 作代表，然后取 $p=p_1$ 的水平线，交不同温度的气液相线于(x_{T_1}, y_{T_1})、(x_{T_2}, y_{T_2})、(x_{T_3}, y_{T_3})，将这些点标于 T-xy 相图上，就可得到等压下的 T-xy 相图。

试比较一下等温下的 p-xy 相图和等压下的 T-xy 相图：

① p-xy 相图是在等温下作的，T-xy 相图是在等压下作的，前面已用相律分析过其中的原因。

② 由于物质的蒸气压越高沸点越低，故 p-xy 相图与 T-xy 相图的倾向相反。

③ p-xy 相图的液相线在上，气相线在下；T-xy 相图则相反。由此产生 p-xy 相图与 T-xy 相图的液相区和气相区互换位置。

用相律对 T-xy 相图各区域的解释，以及 T-xy 相图的应用问题，都和 p-xy 相图相同。

(1) 简单蒸馏原理

在有机化学实验中常使用简单蒸馏，其原理如图 2-12 所示。设起始溶液组成为 x_1，加热到 T_1 时开始沸腾，此时与其共存的气相组成为 y_1。由于气相中含有低沸点组分 B 多，即 $y_1>x_1$，一旦有气相生成，液

相组成将沿 OC 线向上变化，相应沸点也要升高。如果将 $T_1 \sim T_2$ 温度区间的馏分冷却，则馏出物组成在 y_1 与 y_2 之间，其中含组分 B 较原始混合物中多。显然留在蒸馏瓶中的混合物中含沸点较高的组分 A 比原始溶液多。简单蒸馏只能粗略地把多组分系统相对分离，分离效果差。欲完全分离，需要采用精馏方法。

(2) 精馏原理

如图 2-13 所示，若原有一组成为 x 的混合液，物系点为 O 点，此时气、液两相的组成分别为 y_4 和 x_4。若将组成为 x_4 的溶液移出，并加热到 T_5，则溶液部分气化，分成两相，液相组成为 x_5，其中难挥发组分 A 的含量较 x_4 有所增加。若继续上述步骤将液相 x_5 加热至 T_6，这时又部分气化分成两相，液相组成为 x_6，其中难挥发组分 A 的含量继续增大。由图可以看出，液相经多次部分气化后，液相组成沿液相线不断向 A 移动，最终可得纯的难挥发组分 A。

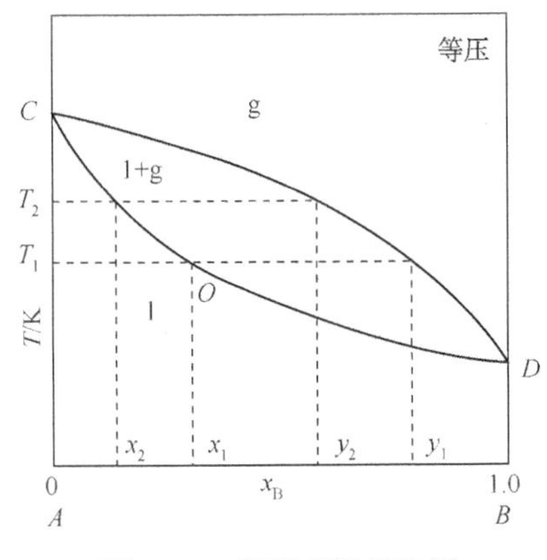

图 2-12　简单蒸馏示意图

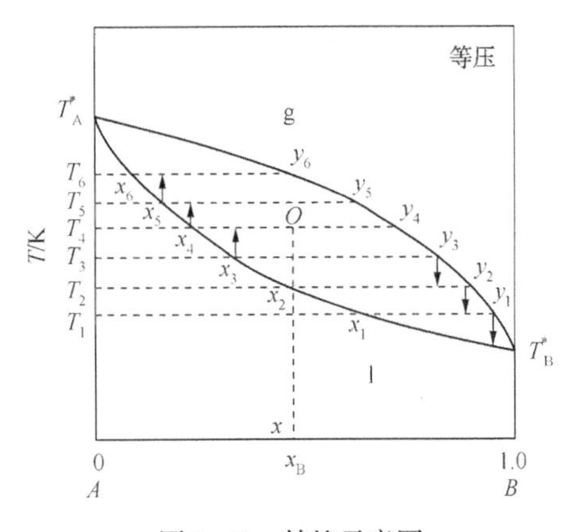

图 2-13　精馏示意图

另外，若将组成为 y_4 的气相部分冷凝至温度为 T_3，得到组成为 x_3 的液相和组成为 y_3 的气相。这时气相中 B 组分的含量较 y_4 有所提高。将组成为 y_3 的气相冷凝至温度为 T_2，再次发生部分冷凝，又得两相 x_2 和 y_2。重复下去，气相含 B 的组分逐渐增大。气相经多次部分冷凝后，气相组成沿气相线下降，向纯 B 方向变化。因此，最终可得纯的易挥发组分 B。

由此可见，混合物经反复多次部分气化和部分冷凝后可达到 A 和 B 分离的目的。在化工生产中，这种分离是在精馏塔(图 2-14)中连续进行完成的。精馏的结果，低沸点组分由塔顶流出，高沸点组分流入塔底。

4. 理想溶液在等组成下的 p-T 相图

在油气田开采时，需要用 p-T 相图分析油气田(例如凝析气田)的特性，所以这里介绍一下 p-T 相图。

p-T 相图同样可以直接由实验得出或间接由 p-xy 相图或 T-xy 相图得出。当由 p-xy 相图画 p-T 相图时，先画出不同温度下 p-xy 相图，然后过某一组成作一条垂直于组成坐标的等组成线，交不同温度下的气相线和液相线。再把相应的压力对温度作图，即得 p-T 相图。与 p-xy 相图和 T-xy 相图不同，p-T 相图上每一条图线都是在等组成下作出的。

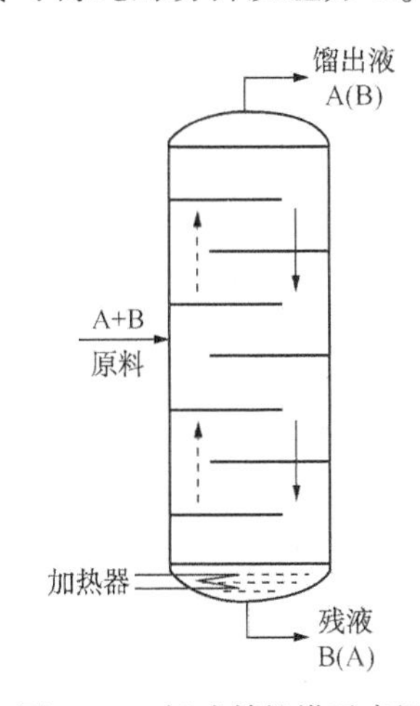

图 2-14　板式精馏塔示意图

以 C_3H_8 与 i-C_5H_{12}(异戊烷)为例，由 $p-xy$ 相图作 $p-T$ 相图。体系的组成 $z(C_5H_{12})=0.607$。为了得到更高温度下的 $p-T$ 数值，就需要用到更高温度下的 $p-xy$ 等温线。图 2-15 的 $p-xy$ 相图画出了这些等温线。这些等温线与前面 $p-xy$ 相图中所看到的等温线的样子相似。唯一的差别是，当体系的温度大于临界温度(例如 C_3H_8 的 $T_c=96.8$℃，$p_c=4.26$MPa)时，$p-xy$ 等温线就要离开该组分 $x=1$ 的轴。并随着温度升高，$p-xy$ 等温线离开该组分 $x=1$ 的轴越远。图中用虚线标出了这个变化的轨迹。

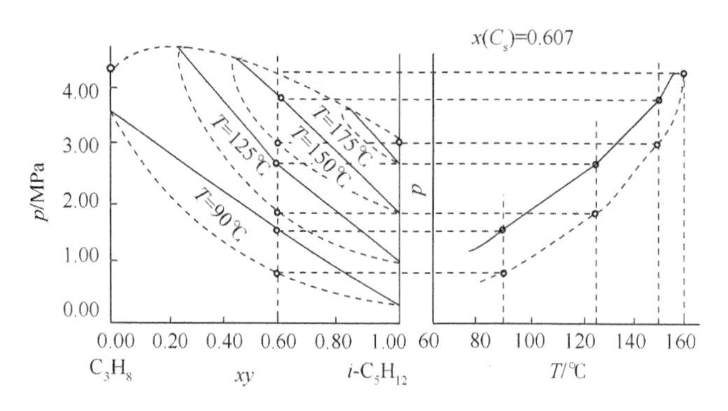

图 2-15　由 $p-xy$ 相图作 $p-T$ 相图

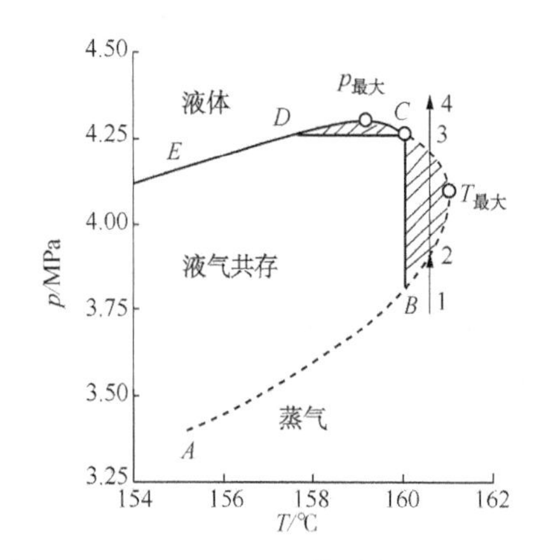

图 2-16　C_3H_8-i-C_5H_{12}体系在 $z(C_5H_{12})=0.607$ 时的 $p-T$ 相图(临界点附近放大图)

为了分析 $p-T$ 相图的相区域，需要将 $p-T$ 曲线上部放大。图 2-16 是 $p-T$ 曲线上部的放大图。

从图 2-16 可以看到：

① 在 ABC 曲线以右是气相区。在 CDE 曲线以上是液相区。在 $ABCDE$ 曲线以内是气液共存区。

② ABC 曲线与 CDE 曲线的交点 C 称为这一体系组成的临界点。和纯物质不同，溶液临界点的位置与体系组成有关(参考图 2-17)。当 $z(C_5H_{12})=0.607$ 时，临界点 C 的位置属图 2-17中间的情形。

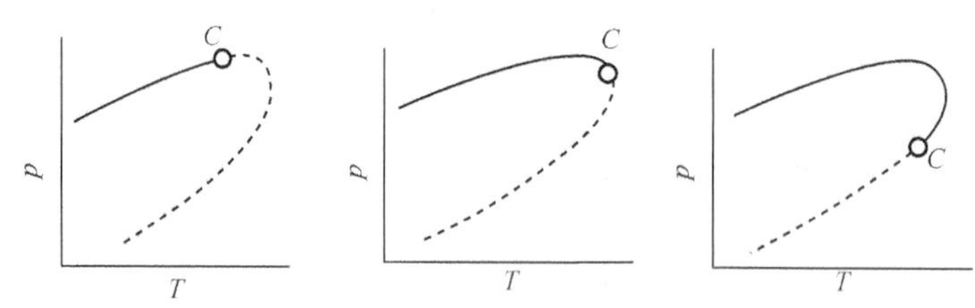

图 2-17　溶液临界点的位置随组成的变化

图 2-18 是 C_2H_6-n-C_7H_{16}体系在不同体系组成下的 $p-T$ 相图。在这个相图中，C_1、C_6 分别为 C_2H_6 和 n-C_7H_{16} 的临界点(C_2H_6 为 4.95MPa，32.1℃；n-C_7H_{16} 为 2.72MPa，268.8℃)，C_2、C_3、C_4、C_5 分别为 $z(C_2H_6)$ 等于 0.887、0.771、0.580 和 0.265 时溶液的临界点。从图 2-18 可以看到溶液临界点的位置随体系组成的变化。

试用相律解释等组成下的 $p-T$ 相图。

从物理学知识可知：在任一物系内等温加压引起凝结，而等温减压导致蒸发。这只在一定温度、压力范围内是正确的，超过此范围会出现逆蒸发和反凝结现象，即物系的等温加压导致蒸发，等温减压引起凝结。凝析气藏中的油气就是这样的一种物系，即液态的油在地下高温高压条件下反而蒸发为气体，而当压力降低以后又凝结为液态石油。这种现象就是逆蒸发和反凝结现象，统称为反转现象。

从简单的二组分体系的 $p-T$ 相图(图 2-16)可以看到逆蒸发现象的存在。在图 2-16 的 T_c 与 $T_{最大}$ 之间选择一个温度(例如 160.4℃)，等温升压，使体系由点 1→点 2→点 3→点 4。在这个过程中，可以看到图 2-19 所示的一系列现象。

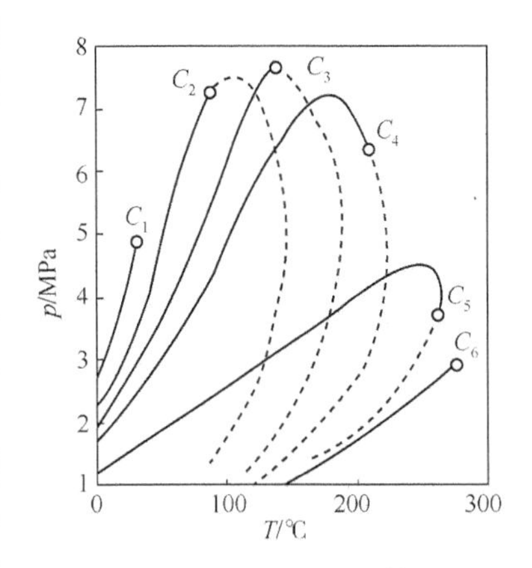

图 2-18　C_2H_6-n-C_7H_{16} 体系在不同体系组成下的 $p-T$ 相图

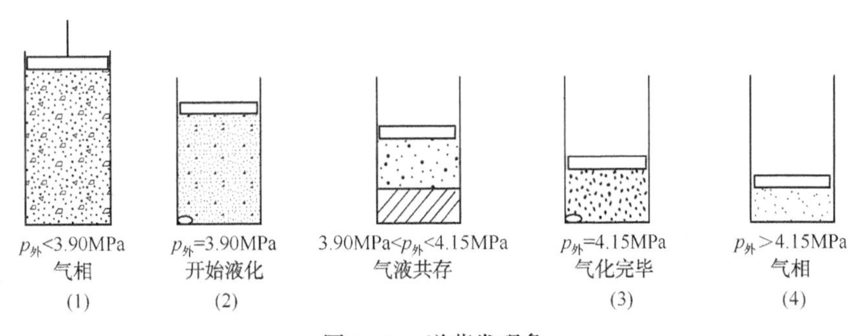

图 2-19　逆蒸发现象

逆蒸发现象的存在说明随着压力的改变，一定有两个相反的因素(即有利于液化的因素和有利于气化的因素)在起作用。

下面说明这两个相反的因素是如何随压力的增加而发生变化的。

当体系由点 1 开始加压时，由于压力增加，分子间的距离缩短，分子间的吸引力加大。当压力增加到点 2 时，较重分子(例如 i-C_5H_{12})之间的吸引力作用足以引起它的液化，然后较轻分子溶于其中。所以在开始加压时是有利于液化的因素起主要作用。随着体系压力的增加，溶液的数量也增加。但当压力继续增加，有利于气化的因素就逐渐增长。有利于气化的因素主要有两个：

① 当压力继续增加时，气体分子间吸引力也继续增加，与此同时也增加了气体分子对液相分子的吸引力，这种吸引力有利于液相分子气化。

② 当压力继续增加时，较轻分子在溶液中的组成越来越大。由于较轻分子的分子间吸引力比较重分子的分子间吸引力小，所以较轻分子组成的增加必将减小较重分子间的吸引力而有利它的气化。

因此，随着压力的继续增加，有利气化的因素终将取代有利液化的因素而起主导作用。当有利气化的因素起主导作用时，溶液的数量就逐渐减少。达到点 3，液相就全部消失了。

试根据上述的观点说明等温减压过程的反凝结现象。

同样，当压力在 p_c 与 $p_{最大}$ 之间等压升温也将观察到液相→气液共存→液相的另一种反凝结现象。

气藏和油藏的含气部分凡能确认在气层中具有反凝结或逆蒸发现象的就是凝析气藏。凝析气藏是介于油藏和气藏之间的一种气藏。虽然凝析气藏也产油(凝析油)，但凝析油在地下以气相存在。而常规油藏乃至轻质油藏在地下以油相存在，虽然其中含有气，但这种伴生气在地下常常溶解于油，成为单一油相。一般气藏(湿气藏、干气藏)在开采过程中很少产凝析油。

我国黄骅坳陷板桥气田和四川盆地黄瓜山气田所产出的无色及浅黄色轻质凝析油都是典型的例子，近几年在塔里木盆地发现了塔中隆起奥陶系和石炭系凝析气藏、塔北吉拉克三叠系凝析气藏等众多不同时代的凝析气藏。近十几年来，在世界各国的许多产油气区域内发现，在深约 3000~4000m 或更深的圈闭中多形成凝析气藏及干气藏，而缺乏液态石油。因此凝析气藏的形成机理和分布规律的研究是十分重要的。

凝析气藏的开采与普通天然气藏的开采不一样。如采用常规衰竭式开采，开采时会导致压力下降，发生反凝结，导致凝析气以凝析油形成析出，吸附在岩石表面，难以采出。要想提高凝析气藏的采收率，最有效的办法是循环注气，就是将凝析气采到地面后分离出凝析油和轻烃液化气，然后重新将不含凝析油的天然气压缩增压后注入地下，使凝析油一直溶解在地下气体中随气体采出。

5. 实际溶液

经常遇到的实际体系绝大多数是非理想溶液，它们的行为与拉乌尔定律有一定的偏差。

实际溶液对拉乌尔定律产生偏差的微观解释为：两组分形成混合物后，分子间引力发生变化。若 A-B 间引力小于 A-A 和(或)B-B 间的引力，当 A 与 B 形成溶液后，就会减少 A 和(或)B 分子所受到的引力，A 和(或)B 变得容易逸出，则产生正偏差。如组分 A 和(或)B 单独存在时为缔合分子，当形成混合物溶液后，该组分发生解离或缔合度变小，导致蒸气压增大，产生较大正偏差，且系统伴随有吸热及体积变大现象。

相反，若 B-A 间引力大于 A-A 和(或)B-B 间的引力，则形成溶液后，A 和(或)B 组分的蒸气压会产生负偏差。如形成混合物溶液后，组分间发生分子间缔合产生氢键，导致蒸气压减小，产生较大负偏差，且伴随有放热及体积变小现象。

根据正负偏差的大小，实际溶液通常可分为三种类型。

(1) 正偏差(负偏差)都不是很大的体系

正偏差溶液是指总压力和分压力都大于拉乌尔定律计算值的溶液。图 2-20 给出的是有正偏差的气液平衡相图。图(a)中，虚线是符合拉乌尔定律的情况，实线代表实际情况。图(b)同时画出了气相线和液相线。在图(b)中，液相线不是直线。图(c)则是相应的 $T-x$ 图。

负偏差溶液是指总压力和分压力都小于拉乌尔定律计算值的溶液，对于负偏差的体系，其情况与正偏差体系类似，见图 2-21。

无论是正偏差溶液还是负偏差溶液，在 $p-x$ 图中都有一共同现象，即在低物质的量分数范围，对溶质有一小段成直线关系，对溶剂也有一小段几乎与理想溶液的虚线重合。这个共同现象清楚地表示出稀溶液中溶质和溶剂的特点，即稀溶液中溶质符合亨利定律，溶剂符合拉乌尔定律。这样，就把相图与前面的溶液基本定律联系起来了。

(2) 正偏差很大的体系

如图 2-22 中(a)，虚线代表理想情况，实线代表实际情况。由于 p_A、p_B 偏离拉乌尔定律都很大，因而在 $p-x$ 图上有最高点。在图(b)中同时画出了液相线和气相线。图(c)是 $T-x$ 图。蒸气压高，沸点就低，因此在 $p-x$ 图上有最高点，在 $T-x$ 图上就有最低点，该最低点称为最低恒沸点(azeotropic point)。恒沸点处气相组成和液相组成相同，自由度为零，恒沸

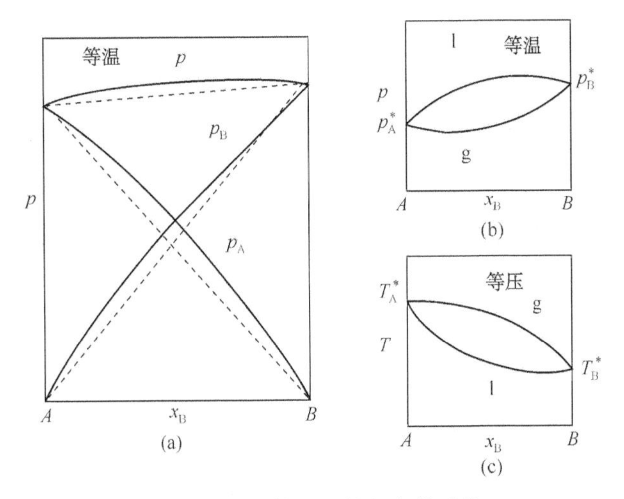

图 2-20　正偏差不是很大的系统

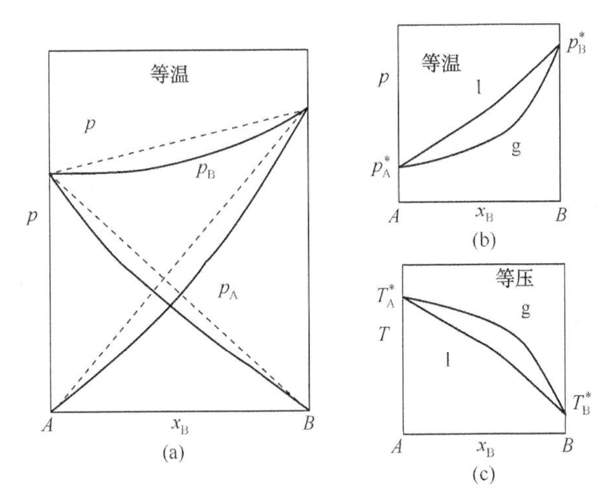

图 2-21　负偏差不是很大的体系

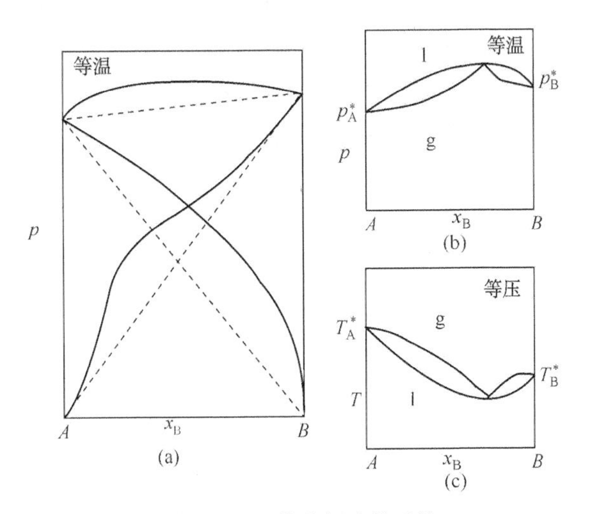

图 2-22　正偏差很大的系统

点处所对应的系统称为恒沸混合物。

属于这一类的系统有 $H_2O-C_2H_5OH$，$CH_3OH-C_6H_6$，$C_2H_5OH-C_6H_6$ 等。

（3）负偏差很大的体系

如图 2-23，这类体系在 $p-x$ 图上有最低点，在 $T-x$ 图上则相应地有最高点，此点称为最高恒沸点。

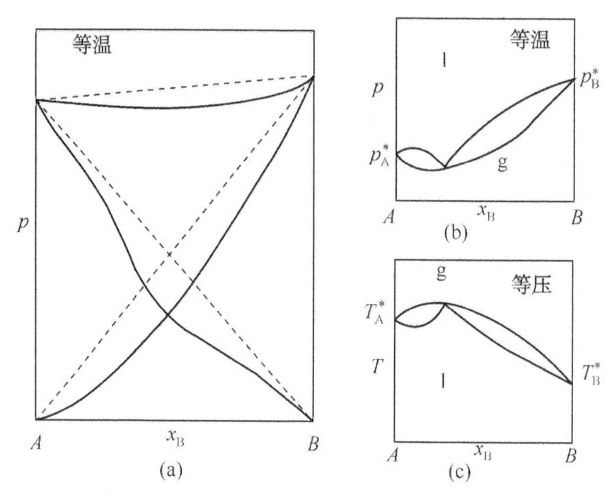

图 2-23　负偏差很大的体系

属于这一类的系统有 H_2O-HNO_3，$HCl-(CH_3)_2O$，H_2O-HCl 等。需要强调的是，恒沸物是混合物而不是化合物，因为恒沸混合物的组成在一定的范围内随外压的连续改变而改变。

在一定的压力下恒沸混合物的组成是一定的。盐酸和水的恒沸混合物甚至可以用来作为定量分析的标准溶液。

（4）恒沸混合物

图 2-22 和图 2-23 中的最高点和最低点所对应的恒沸混合物，沸腾过程类似于纯液体。在沸腾过程中温度不变，但仍是混合物。对于一定系统而言，在一定外压下，恒沸点的组成和温度固定不变，但当外压改变时，恒沸点也发生改变，甚至还可能消失。如表 2-8 中压力为 9.332kPa 时乙醇-水系统不存在恒沸点。

表 2-8　压力对乙醇-水系统恒沸点的影响

压力/kPa	恒沸温度/K	乙醇质量分数(恒沸物中)
9.332	—	1
12.05	306.5	0.995
17.29	312.35	0.9887
26.45	320.78	0.9773
53.94	336.19	0.9625
101.325	351.3	0.956
143.4	360.27	0.9535
193.5	368.5	0.9525

表 2-8 的数据说明，恒沸混合物并不是一种具有确定组成的化合物，它仅是两组分挥发能力暂时均等的体现。一些常见的恒沸混合物的恒沸温度及其组成见表 2-9。

表 2-9　常见恒沸混合物的恒沸温度及组成

溶液	压力/10^5Pa	恒沸温度/K	质量分数(恒沸物中)
$HCl-H_2O$	1.01325	382.0(最高)	0.202(HCl)
$HCl-H_2O$	0.9332	379.6(最高)	0.204(HCl)
HNO_3-H_2O	1.01325	393.6(最高)	0.680(HNO_3)
$H_2SO_4-H_2O$	1.01325	611.2(最高)	0.983(H_2SO_4)
$C_2H_5OH-H_2O$	1.01325	351.3(最低)	0.956(C_2H_5OH)
$CH_3COOC_2H_5-H_2O$	0.6666	332.6(最低)	0.925($CH_3COOC_2H_5$)

(5) 柯诺华洛夫规则

1881 年，柯诺华洛夫(Konovalov)在大量实验工作的基础上，总结出联系蒸气组成和溶液组成之间关系的两条定性规则：

① 在二组分溶液中，如果加入某一组分而使溶液的总蒸气压增加(即在一定压力下使溶液的沸点下降)的话，那么，该组分(等温下蒸气压较高的易挥发组分)在平衡蒸气相中的浓度大于它在溶液相中的浓度。

② 在溶液的蒸气压-组成图中，如果有极大点或极小点的存在，则在极大点或极小点上平衡蒸气相的组成和溶液相的组成相同。

三、三组分体系相图

化学驱和混相驱是提高原油采收率的重要方法，在应用这些方法时需用到三组分体系相图。

对三组分体系，相律中的 $C=3$，所以 $F=C-P+2=3-P+2=5-P$

因 P 的数值最小是 1，所以自由度数最多是 4。因此要用二度空间表示三组分相图，必须固定其中两个独立变量。在三组分体系中，通常固定的变量是温度和压力。

学习三组分体系相图，应掌握下列几个基本问题。

1. 三组分体系相图的表示法、重要规则

三组分体系相图，常用等边三角坐标表示。等边三角坐标是由等边三角形每边等分十等分(或百等分)，然后画平行线构成(图 2-24)。

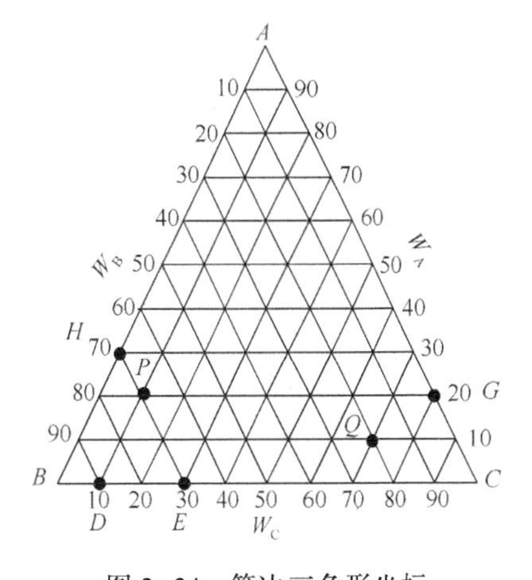

图 2-24　等边三角形坐标

在三角坐标上，A、B、C 三顶点表示纯物质，是一组分体系。*AB*、*BC*、*CA* 边上分别表示体系只含 A 和 B、B 和 C、C 和 A，是二组分体系。三角坐标内部表示体系含有 A、B、C 三种物质，是三组分体系。

如果已知某个三组分系统在三角形内的组成点位置，其组成可以通过平行线法来确定。例如图 2-24 中的 *P* 点的三个组分的含量可用下面的方法求得：经 *P* 点作 *A* 点对边 *BC* 边的平行线交 *AC* 边于 *G* 点，则 *CG* 就是 A 的含量，为 20%，再过 *P* 点作 *B* 点对边 *AC* 边的平行线交 *AB* 于 *H* 点，则 *AH* 就是 B 的相对含量，为 70%；再过 *P* 点作 *C* 点对边 *AB* 边的平行线交 *BC* 边于 *D* 点，则 *BD* 就是 *C* 的含量，为 10%，三者之和为 100%。

可以证明，对于三角坐标图内部的任一个物系点，通过该点分别作两个侧边的平行线，与底边相交，底边被分成三段。中间一段的长度表示上顶点组分的含量。右边一段的长度表示左顶角组分的含量，左边一段的长度表示右顶角组分的含量。对于系统 P，在底边 BC 上 BD 段表示 10%C，CE 段表示 70%B，则 DE 段为 20%A。

反过来，若已知 $w_A=10\%$，$w_B=20\%$，$w_C=70\%$，试在三角坐标中找出这点。找法如下：过 A 与 C 之间的 10 作一平行 BC 边的线，再过 A 与 B 之间的 20 作另一平行 CA 的线，这两线的交点 Q 即所求的点。Q 点的 w_C 必为 70%，可作为 Q 点正确性的验证。

试在三角坐标中找出下列各点：

$$R\begin{cases}w_A=50\%\\w_B=20\%\\w_C=30\%\end{cases}\qquad S\begin{cases}w_A=80\%\\w_B=10\%\\w_C=10\%\end{cases}\qquad T\begin{cases}w_A=30\%\\w_B=00\%\\w_C=70\%\end{cases}$$

除了会读点、找点外，在使用三角坐标表示三组分体系时，还要掌握几个重要规则。

用等边三角形表示组成，有下列几个规则：

（1）等含量规则

平行于三角形某一边的直线上各点，所含顶点所代表的组分的质量分数（或百分数）都相等。图 2-25 中 E、P、F 三点所含 A 的质量分数（或百分数）一定相同。

（2）等比例规则

通过任一顶点的直线上的各点，所含顶点组分的含量不同，而其他两个组分的含量的比例相同。如图 2-26 中，D 点和 G 点体系中，B 和 C 的含量之比 $w_B/w_C=GI/HG=DC/BD$。

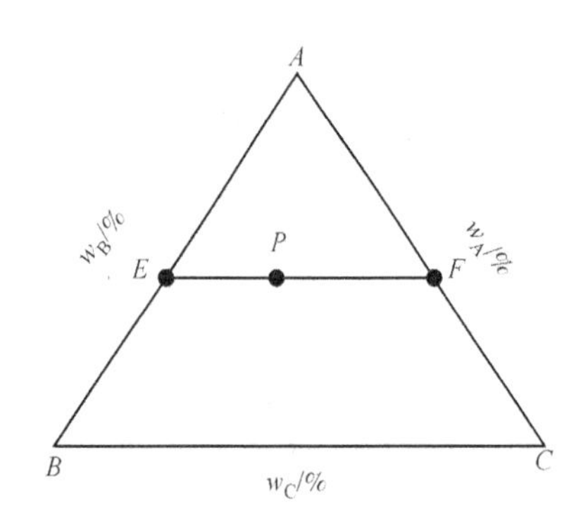

图 2-25　三组分系统组成表示法

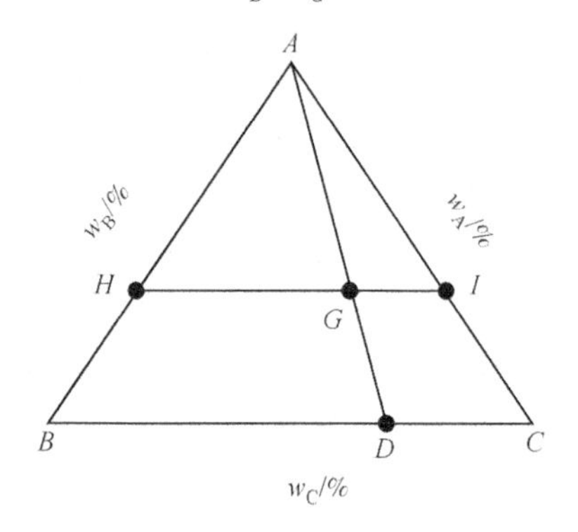

图 2-26　三组分系统组成表示法

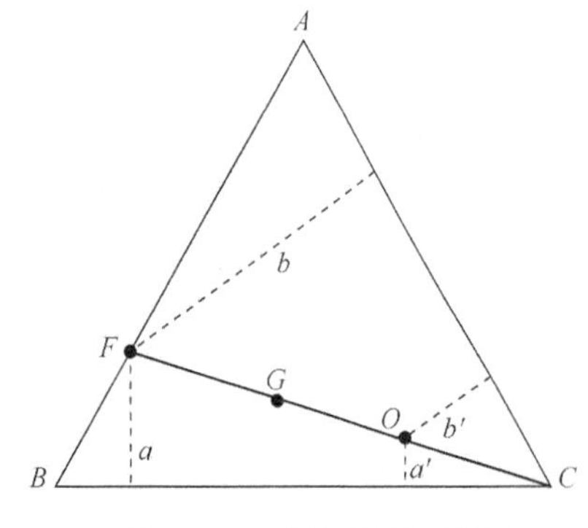

图 2-27　联线规则的证明

（3）联线规则

取 3kg（或 mol）物质 A 和 7kg（或 mol）物质 B 构成组成为 F 的溶液。若在 F 的溶液中不断加 C，问体系的组成如何改变？

可用图 2-27 证明体系的组成将沿 FC 的联线变化。因为在体系中加入 C 时，m_A 与 m_B 的比例始终为 3∶7，FC 上任一点（例如 O 点）都可根据相似三角形对应边成比例的几何原理证明符合 $m_A:m_B=3:7$ 的条件。所以当组成为 F 的体系加入 C 时，体系组成将沿 FC 的联线变化，这就是联线规则。联线规则用于任何两点上都是正确的。

（4）杠杆规则

联线规则虽然能说明体系组成的变化方向，但不能确定体系组成的具体位置。要确定它的具体位置需用杠杆规则。例如在上述体系中加入5kg（或mol）物质C，问体系组成的具体位置在哪？

设要确定的体系组成以G表示，由杠杆规则得

$$w_{F} \cdot l_{GF}=w_{C} \cdot l_{GC}$$

即

$$\frac{w_{C}}{w_{F}}=\frac{l_{GF}}{l_{GC}}=\frac{5}{10}=\frac{1}{2}$$

式中　l_{GF}——GF线段的长度；

l_{GC}——GC线段的长度。

按此比值，可在图2-27中标出体系组成G的具体位置。

2. 三组分体系相图的制作

以水-苯-乙醇为例讨论如何制作三组分体系相图。在这三组分中，水（C）与苯（B）是部分互溶，苯与乙醇（A）和水与乙醇都是完全互溶。

在等温、等压下做如下的实验：

① 将水和苯放入锥形瓶中，由于它们部分互溶，所以出现两液层，上层是苯层，下层是水层。以b、c分别表示苯层组成和水层组成，标于三角坐标上（如图2-28所示）。

② 在上面的锥形瓶中加入乙醇，乙醇分别溶入水层和苯层中，达平衡时，得到两个具有新的平衡组成的液层，以b_1、c_1分别表示苯层和水层的组成，也标在三角坐标上。b_1和c_1的联线叫连系线（或简称系线）。连系线是相互平衡的两相组成的联线。由于乙醇在苯层和水层中有不同的含量，故b_1c_1不平行BC底边。

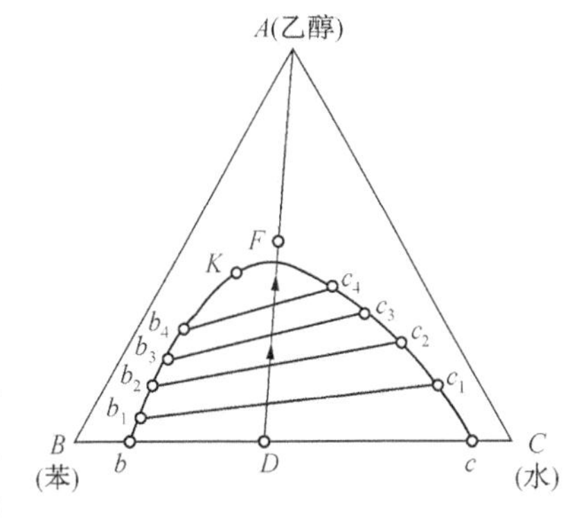

图2-28　三组分体系液液相图

③ 继续加入乙醇，可得到b_2c_2、b_3c_3、b_4c_4等一系列的连系线，从这些连系线的趋势可以看到连系线将最终会聚于一点K。K点称临界点。将各点联线就得到三组分体系的溶解度曲线。$bb_1b_2b_3$……是水在苯层中的溶解度曲线；$cc_1c_2c_3$……是苯在水层中的溶解度曲线。

下面讨论所得到的相图：

（1）相区域

在帽形区域以外为均相区，在帽形区域以内为液液两相区。

（2）用相律解释相图

在帽形区域以外：由于$P=1$，所以$F=5-P=5-1=4$。因实验选在等温等压下做的，故剩下的自由度数是2。

组成有变量w_A、w_B、w_C三个，即只要确定其中的两个就可确定体系的状态。

帽形区域以内：由于$P=2$，所以$F=5-P=5-2=3$。由于温度、压力已定，故剩下的自由度数是1。体系的变量有6个：

w（苯，在苯相中）

w（水，在苯相中）

w(乙醇，在苯相中)
w(苯，在水相中)
w(水，在水相中)
w(乙醇，在水相中)

只要给定其中一个，则体系其他变量都可确定。试考虑若给定 w(乙醇，在水相中)，则如何由图确定其他变量？

3. *混相原理*

一定条件下，两种不同的物质发生物理混合而达到相界面消失的现象就是混相。如乙醇和水、乙醇和苯在常温常压下完全互溶，它们都是可以以任意比例产生混相的物质；而苯和水则是部分互溶，它们混合时会出现分层，产生两相。如图 2-28 所示，物系点落在 D 点时，呈现苯层和水层两相。当往该体系中不断添加乙醇，物系点将沿直线 DA 向 A 点移动，当移动到帽形区域以外的某一点 F 时，体系就呈现一相了，也即实现了混相。乙醇可以称为混相剂。

外界条件(如温度，压力)发生变化，也可以实现混相。如上述水-苯-乙醇三组分体系，温度升高，溶解度增加，溶解度曲线变化，导致两相区缩小。图 2-29 表示了这一变化，图中的温度是 $t_3>t_2>t_1$。当温度为 t_1时，物系点 F 处于两相状态；温度升高至 t_2以上，则会变成一相，实现混相。

在采油中用到的三组分体系相图的两相区常是气液相相互平衡。通常为了表示多组分油藏流体的相态关系，可以把油藏的组分划分为三种拟组分，并在三角图形上近似地表示出来，这样的图叫作“拟三组分图”。如图 2-30 所示，挥发的拟组分，包括甲烷、二氧化碳、氮气或者它们的混合物，可记作 C_1 或 CO_2+C_1；中间拟组分，它由中间挥发性的乙烷、丙烷、丁烷、戊烷、己烷组成，记作 $C_2\sim C_6$；相对不挥发的拟组分，由相对分子质量大于己烷的烃组成，记作C_7^+。

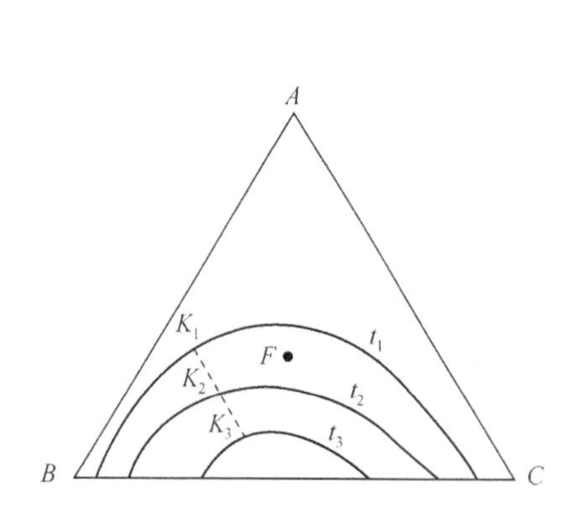

图 2-29　温度对三组分体系液液相图的影响

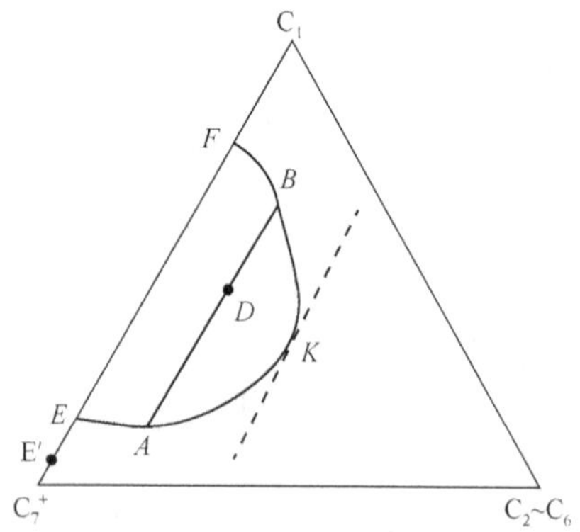

图 2-30　p、T 一定时的拟三组分气液相图

由图 2-30 可见，按混合物组成点在图中所处的位置，可确定混合物的相态。因为气体和液体是彼此平衡的，所以它们全是饱和的，也就是说，气体为凝析组分所饱和，因而它处在露点上；而液体为气化组分所饱和，并处在它的泡点上。按图 2-30 的相态关系，通过所有露点组成的露点曲线 FBK 线，与通过所有泡点组成的泡点曲线 EAK 线，在临界点 K 处相

接。在临界点，平衡气体和液体的组成和特性变为相同。如此确定的相界曲线把三角形图的单相区与两相区分隔开，所以 *EKF* 线又称相包络线。在图示的温度和压力下，任何一种拟三组分系统，只要它位于相包络线以内将形成两相，位于相包络线以外，将呈单相。*EAK*、*FBK* 线是由实验确定的。例如在油(C_7^+)为 100%的体系中加入少量的甲烷(C_1)，由于少量的甲烷可完全溶解于油(C_7^+)中，因而形成的混合物 *E′* 为单纯液相。当甲烷量增加到一定浓度 *E*(泡点)时，油中溶解甲烷的能力达到饱和，再增加甲烷(C_1)，则油中会分离出气泡，形成油气两相。当油中溶有一定量的 C_2 ~ C_6组分时，油中溶解甲烷(C_1)的能力增加，泡点向中央靠拢，由此而得到泡点线 *EAK*。同理，可得出露点线 *FBK*。如给定某一种混合物 D 落在两相区内，说明在该组成下系统中既有液相也有气相。当气液达到平衡时，其饱和液体相组成为 *A*，饱和蒸气相组成为 *B*，直线 *AB* 叫连系线。如果移动连系线到临界点 *K*，则趋向一条切线(过 *K* 点)，该切线称为极限连系线。

上述拟三组分相图密切地依赖于压力和温度。在石油开采过程中，对于一个具体的油层，温度基本上认为是一定的，而压力却有比较大的变化。因此，研究压力对相态的影响有很大实际意义。对于 CO_2-烃类体系，在一定温度下，拟三组分相图的两相区随压力增加而缩小。对于一定组成的原油来说，小的相包络线更有利于形成混相。图 2-31 所示，图中三条相包络线分别代表压力为 p_1、p_2、p_3的情况，且 $p_1>p_2>p_3$。当对油田进行 CO_2混相驱的筛选时，地层压力和原油组成是混相的关键。

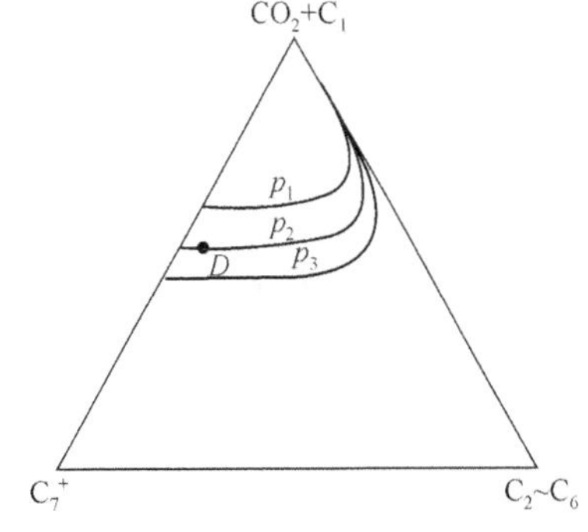

图 2-31　压力对相态的影响

思　考　题

1. 把一定量的苯放在容积为 1L 的真空容器中，定温下达到平衡时，测得压力为 p_1。在相同温度下，同样数量的苯放在容积为 2L 的真空容器中，达到平衡时，测得压力为 p_2。p_1 与 p_2相等吗？为什么？

2. 在一活塞筒中，盛有一定量的水和甲烷。设甲烷在水中的溶解度很小，可以忽略不计。定温下，将活塞加压使体积减小。问在加压过程中 $p(CH_4)$和 $p(H_2O)$如何改变？为什么？

3. 想一想，这是为什么？

(1) 在寒冷的国家，冬天下雪之前，在路上撒盐；

(2) 北方冬天吃冻梨之前，先将冻梨放入凉水浸泡一段时间，发现冻梨表面结了一层薄冰，而里面却已经解冻了。

4. 请说明下列说法是否正确：

(1) 纯液体的沸点决定于压力；

(2) 氯化钠溶液的蒸气压决定于温度及溶液的组成；

(3) 在一定压力和一定温度下固体在液体中的溶解度一定；

(4) 1mol NaCl(s)溶于一定量的水中，在 298K 时，只有一个蒸气压；

(5) 1mol NaCl(s)溶于一定量的水中，再加少量的 KNO_3(s)，在一定的外压下，当达到气–液平衡时，温度必有定值；

(6) 稀溶液的沸点一定比纯溶剂高；

(7) 在理想液态混合物中，拉乌尔定律与亨利定律相同；

(8) 对二组分液态完全互溶的体系，总是可以通过精馏的方法将两液体完全分开。

5. 在稀溶液中，沸点升高，凝固点降低等依数性质都出于同一个原因，这个原因是什么？能否把它们的计算公式用同一个公式联系起来？

6. 为什么亨利定律表达式中，浓度可以选取不同的表示方法，而拉乌尔定律表达式中的浓度只能用溶剂的摩尔分数？

7. 能否用市售的60°烈性白酒，经多次蒸馏后，得到无水乙醇？

8. 在水、苯、苯甲酸系统中，若任意指定下列事项，则系统中最多可能有几相共存？并各举一例说明。

(1) 指定温度；(2) 指定温度与水中苯甲酸浓度；(3) 指定温度、压力与水中苯甲酸浓度。

9. 纯水在三相点处，自由度为零。在冰点时，自由度是否也为零？为什么？

10. 一定量一定组成的苯与甲苯溶液放在容积为 1L 的真空容器内，在一定温度下达到平衡的总蒸气压力为 p_1。同样数量，同样组成的苯与甲苯溶液，放在另一 2L 的真空容器内，在同样温度下达到平衡时总蒸气压为 p_2。问 p_1 是否等于 p_2？若不等，哪个大些？

11. 下图中 a、b 两点是否代表同一体系？两点的状态是否相同？c、d 两点所表示的状态是否相同？总组成及相组成是否相同？

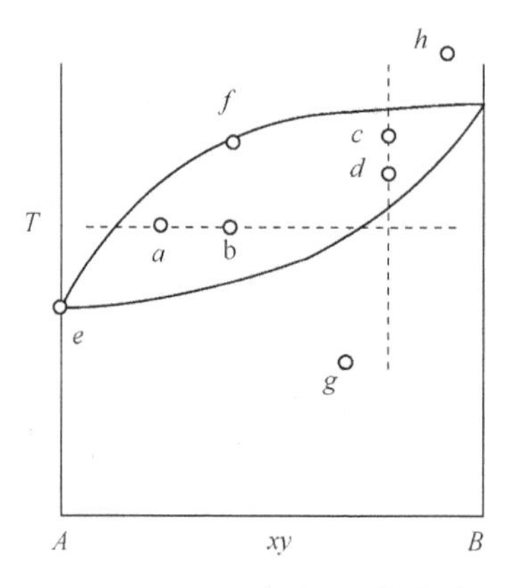

12. 说明题 11 图中所示之 d、e、f、g、h 各点的自由度数。

13. 用相律分析 CO_2 $p-V$ 相图中各个区域。若在体积为 1mL 的厚壁玻璃管中封入 0.25g CO_2，试说明升温过程所经历的变化。

14. 用相律解释 $C_3H_8-i\text{-}C_5H_{12}$ 的 $p-T$ 相图各区域。问在 4.26MPa 下恒压升温，体系将经历怎样的变化？

15. 在 A、B、C 三组分体系中，B 与 C 部分互溶。溶解度曲线和连系线如下图所示。若在 A 与 B 形成的溶液中加入 C，总组成以 O 点表示，相组成是否分别以 M、N 两点表示？a 点溶液中加入 C，而且 a 点溶液中物质的量与 C 的物质的量相同。总组成以哪点表示？

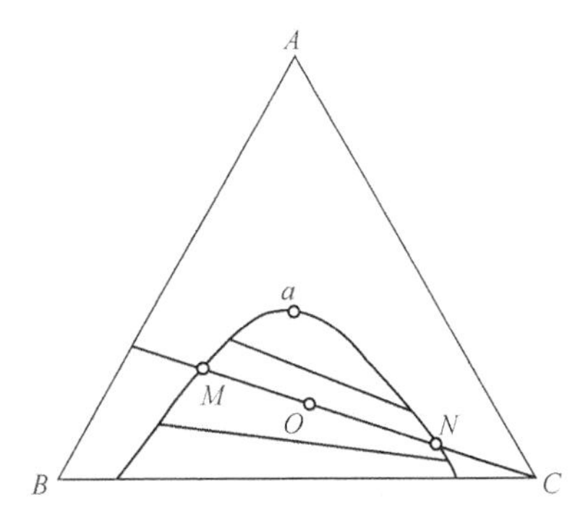

16. CO_2混相驱具有较高的提高采收率能力，原因是CO_2在地层与原油发生混相后，没有相界面，驱替效率高。参照图2-31，若物系点落在D点，压力分别为p_1、p_2、p_3时能否实现混相，该体系最小混相压力是多少？若继续往体系中注入CO_2，体系的最小混相压力是升高还是降低？

习　　题

1. 在20℃时将100g乙醇溶于500g水中，得到溶液的体积为580.6mL，求算：

(1) 乙醇的浓度；

(2) 乙醇的质量摩尔浓度；

(3) 乙醇的物质的量分数；

(4) 密度；

(5) 乙醇的质量分数。

2. 氯化氢的氯乙苯溶液服从亨利定律。稀溶液的亨利常数$k_x = 44.38$kPa。若平衡时$w(HCl)$为0.01，问此溶液氯化氢分压力是多少？

3. 在25℃时，氮溶于水的亨利常数k_x为8.68×10^3MPa。若将氮与水平衡时所受之压力从0.667MPa减至0.100MPa，问从1kg水中释放出多少氮气？设该温度下水的分压力可以忽略。

4. 在25℃时，将相对分子质量为125的一种不挥发性液体10g溶于75g丙酮中。在此温度时，纯丙酮的蒸气压为30.6kPa。计算此溶液的蒸气压。

5. 在25℃下，NH_3溶于CH_3Cl，当$b(NH_3)$为$0.10mol\cdot kg^{-1}$时，NH_3的蒸气压为4.44kPa。同温下，NH_3溶于水，当$b(NH_3)$为$0.05mol\cdot kg^{-1}$时，NH_3的蒸气压为0.0887kPa。求此温度下，NH_3在水与CH_3Cl中的分配常数。

6. 在100mL水中含碘0.01276g，若(1)用10mL CCl_4一次提取，(2)用5mL CCl_4连续两次提取，问碘的提取百分率各为若干？

已知

$$K=\frac{c(I_2，在水中)}{c(I_2，在CCl_4中)}=\frac{1}{85}$$

7. 二乙基醚在正常沸点(100kPa下的沸点)34.6℃时气化热为$285.1J\cdot g^{-1}$，试求：

(1) 压力为98.7kPa时二乙基醚的沸点；

(2) 36.5℃时二乙基醚的蒸气压。

8. 由表 2-6 的数据求水的气化热和冰的升华热，单位以 $J \cdot mol^{-1}$ 表示。

9. 某种溜冰鞋下面的冰刀与冰接触面的长为 7.62cm，宽为 2.45×10^{-3} cm。若某运动员体重为 60kg，试求：(1)运动员施加于冰面的总压力；(2)在该压力下冰的熔点。已知冰的摩尔熔化热为 $6.01kJ \cdot mol^{-1}$，冰的正常熔点为 273K，冰和水的密度分别为 $920kg \cdot m^{-3}$ 和 $1000kg \cdot m^{-3}$。

10. 在 306K 时，水(A)与异丁醇(B)部分互溶，异丁醇在水相中的摩尔分数 $x_B = 0.021$。已知水相中的异丁醇符合亨利定律，亨利常数 $k_x = 1.58\times10^6 Pa$。试计算与之平衡的气相中，水与异丁醇的分压。已知水的摩尔气化热为 $40.66kJ \cdot mol^{-1}$，且不随温度而变化。设气体为理想气体。

11. 甲醇和乙醇所形成的溶液为理想溶液。在 20℃ 时，甲醇的饱和蒸气压为 7.82kPa，乙醇为 5.94kPa。若平衡时乙醇的气相组成 $y(C_2H_5OH) = 0.300$，求：

(1) 体系的总压力和甲醇、乙醇的分压力；

(2) 甲醇在液相中的物质的量分数。

12. 在活塞中放等物质的量的苯和甲苯溶液，在 90℃ 下保持温度不变，减小压力。试用 p-xy 相图回答下列问题：

(1) 在哪个压力下开始有蒸气产生，蒸气的组成是多少？

(2) 在哪个压力下全部气化完毕？最后一滴液体组成是多少？

(3) 在哪个压力下气液相的物质的量相等？气相和液相的组成又是多少？

已知 90℃ 时苯和甲苯的蒸气压分别为 134.7kPa 和 54.0kPa。

13. 苯和甲苯可看作理想溶液，它们单独存在时的蒸气压数据如下：

t/℃	饱和蒸气压/kPa	
	苯	甲苯
80.6	101.33	—
85.0	116.93	46.00
90.0	134.67	54.01
100.0	179.15	74.27
105.0	204.28	86.03
110.0	233.06	99.10
110.7	—	101.33

试绘制 101.33kPa 下的 T-xy 相图，并根据相图回答下列问题：

(1) 在 101.33kPa 下将等物质的量的苯与甲苯溶液加热到什么温度开始气化？气相的组成是多少？在什么温度气化完毕，最后一滴液体的组成是多少？

(2) 若上述溶液中物质的量为 10mol，问在 96℃ 时，气液相的物质的量各占多少？气液相中各物质的量又是多少？

(3) 如将 96℃ 蒸出的蒸气移走，单独将剩余的溶液加热到 100℃，问此时气液相的组成是多少？气液相的物质的量各占多少？

14. 在 413K 时，纯 $C_6H_5Cl(l)$ 和纯 $C_6H_5Br(l)$ 的蒸气压分别为 125.24kPa 和 66.10kPa。假定两种液体形成某理想溶液，在 101.33kPa 和 413K 时沸腾，试求：(1)沸腾时理想溶液的组成；(2)沸腾时液面上蒸气的组成。

15. 已知液体 A 与液体 B 可形成理想混合物，液体 A 的正常沸点为 338.2K，其摩尔气化热为 $\Delta_{vap}H_m$(A，338.2K) = 35kJ · mol^{-1}，由 1mol A 和 9mol B 形成的溶液的沸点为 320.2K。

(1) 若将含 A 的摩尔分数 x_A=0.4 的溶液置于一带活塞的气缸内，在 320.2K 下逐渐降低活塞上的压力，求液体内出现第一个气泡时，气相的组成及总压力。

(2)若继续降低活塞上的压力，使溶液不断气化，求剩下最后一滴液体的组成及平衡压力。

16. 100g 苯和 200g 甲苯形成的理想液态混合物在 100℃、101.325kPa 下达到气液平衡，试求平衡蒸气的组成和液相组成以及它们各自的量。已知数据见下表：

	M/g · mol^{-1}	正常沸点 T_b/℃	$\Delta_{vap}H$/J · g^{-1}
甲苯 $C_6H_5CH_3$	92.14	110.0	368.2
苯 C_6H_6	78.11	80.00	385.0

17. 在 298K 时，水(A)和丙酮(B)的二组分液相系统的蒸气压与组成的关系如下表所示，总蒸气压在 x_B=0.4 时出现极大值。

x_B	0	0.05	0.20	0.40	0.60	0.80	0.90	1.00
p_B/Pa	0	1440	1813	1893	2013	2653	2584	2901
$p_总$/Pa	3168	4533	4719	4786	4653	4160	3668	2901

(1) 请画出 p-xy 相图，并指出各点、线和面的含义和自由度；

(2) 将 x_B=0.56 的丙酮水溶液进行精馏，精馏塔的顶部和底部分别得到什么产品？

18. 在标准压力下，乙醇(A)和乙酸乙酯(B)二元液相系统的组成与温度的关系如下表所示：

T/K	351.5	349.6	346.0	344.8	345.0	348.2	350.3
x_B	0	0.058	0.290	0.538	0.640	0.900	1.000
y_B	0	0.120	0.400	0.538	0.602	0.836	1.000

乙醇和乙酸乙酯的二元液相系统有一个最低恒沸点。请根据表中数据：

(1) 画出乙醇和乙酸乙酯的二元液相系统的 T-xy 图；

(2) 将纯的乙醇和纯的乙酸乙酯混合后加到精馏塔中，经过足够多的塔板，在精馏塔的顶部和底部分别得到什么产品？

19. 在一定温度和压力下，乙醇-苯-水三组分体系的溶解度数据如下：

实验序号	苯相			水相		
	w(乙醇)	w(苯)	w(水)	w(乙醇)	w(苯)	w(水)
1	0.0161	0.9714	0.0125	0.2807	0.0010	0.7183
2	0.0855	0.8863	0.0282	0.4809	0.0691	0.4500
3	0.1277	0.8392	0.0381	0.5154	0.1584	0.3262
4	0.1914	0.7548	0.0538	0.4680	0.3164	0.2156
5	0.2234	0.7249	0.0517	0.4549	0.3549	0.1902
6	0.2585	0.6794	0.0631	0.4179	0.4471	0.1350

(1) 作三组分体系相图；

(2) 在 1kg 乙醇中需加入多少水与苯质量比为 9∶1 的混合物，才能使体系达到混浊，此时所形成的溶液的组成如何？

参考文献

[1] 赵福麟．化学原理(Ⅱ)[M]. 山东东营：中国石油大学出版社，2006.

[2] 王正烈，周亚平．物理化学(上)[M]. 北京：高等教育出版社，2009.

[3] 蓝克．物理化学[M]. 北京：冶金工业出版社，2005.

[4] 韩德刚，高执棣，高盘良．物理化学[M]. 北京：高等教育出版社，2001.

[5] 傅献彩，沈文霞，姚天扬，侯文华. 物理化学(第五版)上册[M]. 北京：高等教育出版社，2006.

[6] 孙世刚，陈良坦，李海燕，黄令．物理化学(上)[M]. 厦门：厦门大学出版社，2008.

[7] 胡英，吕瑞东，刘国杰，黑恩成．物理化学(第五版)[M]. 北京：高等教育出报社，2007.

[8] 岳湘安，王尤富，王克亮．提高石油采收率基础[M]. 北京：石油工业出版社，2007.

[9] 金继红，何明中，王君霞．物理化学学习指导与题解(上册)[M]. 2011.

[10] 李士伦，张正卿，冉新权，等．注气提高石油采收率技术[M]. 成都：四川科学技术出版社，2001.

第三章　电化学基础

传统上，电化学主要研究电能和化学能之间的相互转化及转化的规律。能量的转化是在一定的条件下进行的。化学能转变成电能通过原电池来完成，电能转变成化学能则是通过电解池来完成。电化学在工业上具有重要的应用，如金属的电化学腐蚀与防护一直是材料领域的一项重要研究内容。

第一节　氧化还原反应的基本概念

化学反应基本上可分为两大类：一类是参加反应的各种物质在反应前后没有电子的得失或偏移，如酸碱中和反应和沉淀反应等；另一类是参加反应的物质应前后有电子的得失或偏移。后者称为氧化还原反应，例如：

$$H_2+Cl_2 = 2HCl$$

通常把失电子的过程称为氧化，得电子的过程称为还原。由于氧化还原同时发生相伴存在，故称之为氧化还原反应。然而在氢与氯生成氯化氢的过程中，并没有发生电子的得失，只是氯化氢分子中的共用电子对偏向了电负性大的氯一方，因而也就难于判断氧化和还原作用。为此，提出了氧化数的概念，用以解释这类问题。

一、氧化数

氧化数的概念是为了说明氧化还原反应、氧化剂、还原剂等有关问题而提出的。氧化数是假设将化合物中成键电子都归电负性较大的原子，从而求得原子所带的电荷数，此电荷数即为原子在该化合物中的氧化数。例如在 MgO 中，氧的电负性比镁大，形成氧化镁时，镁失去两个电子，氧得到两个电子，所以镁的氧化数为+2，氧的氧化数为-2。又如在氯化氢分子中，氯原子和氢原子共用一对电子，由于氯的电负性比氢大，共用电子对为氯原子所有，故氢的氧化数为+1，氯的氧化数为-1。确定元素氧化数值的规则有：

① 单质的氧化数为零。

② 在化合物中各元素氧化数的代数和等于零。在多原子离子中各元素氧化数的代数和等于离子所带的电荷数。

③ 氢在化合物中的氧化数一般为+1，但在活泼金属的氢化物（如 NaH、CaH_2等）中，氢的氧化数为-1。

④ 氧在化合物中的氧化数一般为-2，但在过氧化物（如 H_2O_2、BaO_2等）中，氧的氧化数为-1；在超氧化物（如 KO_2）中，氧的氧化数为-1/2；在氟化氧（OF_2）中，氧的氧化数为+2。

在表示氧化数时，为区别于离子的电荷符号，应将正、负号置于其数的前面。元素的氧化数与化合价不同，由于氧化数与物质的结构无关，所以它可以是整数也可以是分数。

根据氧化数的概念，氧化、还原定义为：氧化数升高的过程称为氧化，氧化数降低的过程称为还原。元素的原子或离子的氧化数在反应前后发生了变化的反应称为氧化还原反应。

二、氧化剂与还原剂

在氧化还原反应中，常将发生氧化的反应物称为还原剂，还原剂具有使另一种物质还原的能力，而它本身被氧化。发生还原的反应物称为氧化剂，氧化剂具有使另一种物质氧化的能力，而它本身被还原。例如在下面的反应中：

$$2KMnO_4+10FeSO_4+8H_2SO_4 = 2MnSO_4+5Fe_2(SO_4)_3+K_2SO_4+8H_2O$$

其中，$KMnO_4$是氧化剂，锰原子的氧化数从+7 降至+2，它本身被还原而使硫酸亚铁氧化。而 $FeSO_4$是还原剂，铁原子的氧化数从+2 升至+3，它本身被氧化，而使高锰酸钾还原。硫酸虽然参加了反应，但分子中各元素的氧化数没有改变，通常称为介质。

三、氧化还原电对

氧化还原反应是由一个氧化反应和一个还原反应组成。例如：

$$Cu^{2+}+Zn = Cu+Zn^{2+}$$

是由下列两个反应组成：

还原反应 $Cu^{2+}+2e = Cu$

氧化反应 $Zn = Zn^{2+}+2e$

通常把氧化反应和还原反应称为氧化还原反应的半反应。每一个半反应均表示某一元素的两种氧化数物质之间的转化。常将氧化数高的物质称为氧化态(或氧化型)，将氧化数低的物质称为还原态(或还原型)。同一元素的氧化态物质和还原态物质组成氧化还原电对，简称“电对”，表示方法如下：

$$Cu^{2+}/Cu| \ Zn^{2+}/Zn$$

氧化态与还原态之间的关系为：

[氧化态+ne = 还原态]

由于氧化还原反应是由氧化和还原两个半反应组成，因此，一个氧化还原反应最少有两个电对。例如：

$$MnO_4^-+5Fe^{2+}+8H^+ = Mn^{2+}+5Fe^{3+}+4H_2O$$

其中：　氧化反应 $Fe^{2+} = Fe^{3+}+e$

还原反应 $MnO_4^-+8H^++5e = Mn^{2+}+4H_2O$

对应的电对为：

还原剂电对：Fe^{3+}/Fe^{2+}

氧化剂电对：MnO_4^-/Mn^{2+}

所以，氧化还原反应也可以看作是在两个电对之间传递电子的反应。

由此可见，氧化还原反应中的氧化剂是由氧化剂电对中的氧化态充当，而还原剂则由还原剂电对中的还原态担任。

第二节　原　电　池

一、原电池的基本概念

若将金属锌片放在蓝色的硫酸铜溶液中，经过一段时间可以观察到：溶液的颜色逐渐变浅，锌片部分溶解，并且锌片上有红色的铜析出。这是由于锌和硫酸铜溶液发生了氧化还原反应。反应使电子由锌片(还原剂)移向 Cu^{2+}(氧化剂)。从电学上我们知道，电荷按照一定方向流动即是电流，那么我们能否利用氧化还原反应产生电流呢？要解决这个问题的关键是创造电子定向流动的条件。在上述氧化还原反应中，锌片和 Cu^{2+} 直接接触，锌的电子从各个方向转移给 Cu^{2+}，这时电子移动是无秩序的，反应进行时化学能变为热能。如果把上述氧化还原反应放在一个适当的装置内进行，使 Cu^{2+} 不是直接在锌片上获得电子，而是通过一段导线，这样就可以使电子沿导线定向流动而形成电流。

如图 3-1 所示，将锌片放在硫酸锌溶液中，将铜片放在硫酸铜溶液中，再用金属导线连接锌片和铜片，并在导线中串联一检流计，这时可以看到检流计指针立即向一方偏转，说明导线中已有电流通过。如果此过程延续一段时间，还可以观察到铜片上有金属铜沉积，锌片溶解。

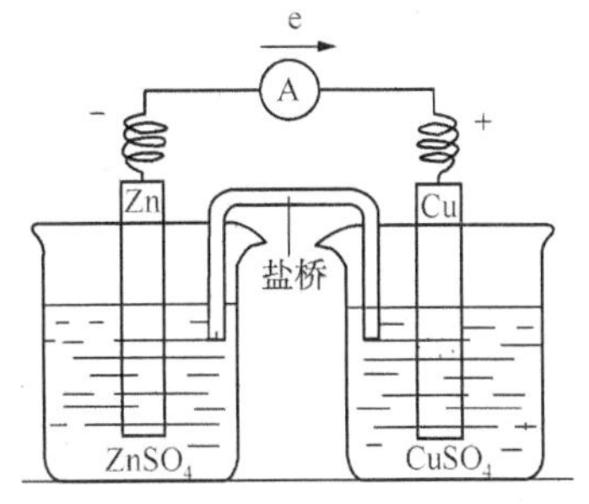

图 3-1　用盐桥构成的原电池

利用上述现象，可以说明这种装置产生电流的原因。锌片溶解，说明 Zn 失去电子，变成 Zn^{2+} 进入溶液，是 Zn 的氧化过程。

$$Zn = Zn^{2+} + 2e$$

锌片上的电子沿导线流向铜片。在铜片上，Cu^{2+} 获得电子，变成金属铜而沉积在铜片上，是 Cu^{2+} 的还原过程。

$$Cu^{2+} + 2e = Cu$$

该装置中，Zn 给出电子，是还原剂，而 Cu^{2+} 得到电子，是氧化剂。还原剂 Zn 给出的电子不是直接转移给氧化剂 Cu^{2+}，而是经过金属导线传递过去。这就实现了电子的定向流动，从而产生了电流。这种将化学能转变成电能的装置就称为原电池。在外电路接通的情况下，反应可以自发进行。

若两只烧杯中的溶液用盐桥(装满用饱和 KCl 溶液和琼胶做的胶冻的 U 形玻璃管，在胶冻中离子可以自由移动)连接起来，则可以产生持续不断的电流。盐桥是装有饱和 KCl 琼脂溶胶的 U 形管，离子可以在其中自由移动，盐桥中的 K^+ 和 Cl^- 可以自由地、不断地向溶液扩散，Cl^- 比 K^+ 向 $ZnSO_4$ 溶液扩散得多，K^+ 比 Cl^- 向 $CuSO_4$ 溶液扩散得多，分别中和两种溶液中过剩的正、负电荷，而使溶液保持电中性，因此，反应得以继续进行，从而使电流不断产生。如果把原电池中的盐桥取出，则检流计的指针又回至零点，说明无盐桥不能产生电流。这是由于随着反应的进行，在 $ZnSO_4$ 溶液中，因 Zn 转变为 Zn^{2+} 进入溶液，使溶液带正电荷，会阻止电子的流出。在 $CuSO_4$ 溶液中，由于 Cu^{2+} 转变为 Cu，使溶液带负电荷，也会阻止电子继续流入，所以反应很快停止，电流中断。而盐桥的存在，可以保持两种溶液的电中性，使电流不断产生。

在上述铜锌原电池中，锌和锌盐溶液组成一个半电池，铜和铜盐溶液组成另一个半电池，两个半电池构成一个电池。每个电极与它所接触的电解质溶液组成半电池。氧化和还原反应是在电极上进行的，电极是提供电化学反应接受或供给电子的场所。在电极上进行的反应称为电极反应。电化学中，把发生氧化反应的电极称为阳极，把发生还原反应的电极称为阴极。因此，在 Zn 电极上失去电子，发生氧化反应，Zn 电极为阳极；而在 Cu 电极上得到电子，发生还原反应，Cu 电极为阴极。电子从 Zn 极流向 Cu 极，即从阳极流向阴极。而电流的方向和电子流动的方向相反。因此，如果按照正负极的概念，阴极(Cu 电极)为正极，阳极(Zn 电极)为负极。在产生电流的过程中，两个电极分别发生氧化反应和还原反应，电极反应为：

阳极反应 $Zn = Zn^{2+} + 2e$

阴极反应 $Cu^{2+} + 2e = Cu$

阴极和阳极两个电极反应之和称为电池反应：

$$Zn + Cu^{2+} = Zn^{2+} + Cu$$

原电池装置可以用符号表示(或称为原电池表达式)。铜锌原电池可表示为：

$$(-)Zn \mid ZnSO_4(c_1) \mid CuSO_4(c_2) \mid Cu(+)$$

盐桥连接成的原电池则表示为：

$$(-)Zn \mid ZnSO_4(c_1) \parallel CuSO_4(c_2) \mid Cu(+)$$

其中"‖"代表盐桥；"｜"表示两相之间的界面；(+)、(-)分别表示正极和负极，通常将正极写在右边，负极写在左边；c_1、c_2 分别表示 $ZnSO_4$和 $CuSO_4$的浓度。

这种电子导体(金属)与离子导体(溶液)相互接触，并有电子在两相之间迁移而发生的氧化还原反应，称为电化学反应。可见，电化学反应是在电极上进行的，其中的氧化反应和还原反应分别在阳极和阴极进行，氧化剂和还原剂通过产生的电流来得失电子，氧化剂和还原剂不直接接触。而化学氧化与还原反应的氧化反应和还原反应是在同一处进行的，氧化剂和还原剂需要直接接触，进行电子交换，反应才能进行。

二、电极的种类

电极是由同一元素的氧化态物质和还原态物质组成。例如铜锌原电池的两个半电池：

锌极 $Zn = Zn^{2+} + 2e$　　电对：Zn^{2+}/Zn

铜极 $Cu^{2+} + 2e = Cu$　　电对：Cu^{2+}/Cu

由此可以看出，电极的组成条件是一个电对和一个导电体。由于电对的类型不同，电极的类型也不同，现介绍几种常见的电极。

(1) 金属-金属离子电极

它是由金属置于含有同一金属离子的溶液中构成的电极。例如，Zn^{2+}/Zn、Cu^{2+}/Cu、Ag^+/Ag 等电对组成的电极就是这类电极。

电极反应为：$Zn^{2+} + 2e = Zn$

电极符号：$Zn \mid Zn^{2+}$

在这种电极中，金属既是电对中的还原态，又是导电体。

(2) 非金属-非金属离子电极

这是由非金属单质和它的离子组成的电极。例如 Cl_2/Cl^-、H^+/H_2、O_2/OH^- 等电对组成的电极就是这类电极。这类电极需外加一固体导电体，通常用铂或石墨等做导电体。

电极反应	电极符号
氯电极 $Cl_2 + 2e = 2Cl^-$	$(Pt)Cl_2 \mid Cl^-$
氢电极 $2H^+ + 2e = H_2$	$(Pt)H_2 \mid H^+$
氧电极 $O_2 + 2H_2O + 4e = 4OH^-$	$(Pt)O_2 \mid OH^-$

(3) 金属-金属难溶盐电极

这类电极是由金属和它的难溶盐组成的电极，如 Hg_2Cl_2/Hg、$AgCl/Ag$ 等构成的电极。一般是将金属表面涂以该金属的难溶盐，然后将它浸在与该盐具有相同阴离子的溶液中组成。例如将表面涂有 AgCl 的银丝插入 HCl 溶液中，组成氯化银电极。

电极反应为：$AgCl(s)+e \rightleftharpoons Ag+Cl^-$

电极符号：Ag | AgCl(s) | HCl

Hg、Hg_2Cl_2和 KCl 溶液组成的电极称为甘汞电极，它是实验室常用的电极。

电极反应：$Hg_2Cl_2(s)+2e \rightleftharpoons 2Hg+2Cl^-$

电极符号：Hg | $Hg_2Cl_2(s)$ | KCl

(4) 氧化还原电极

由同一元素不同氧化数的两种离子组成的电极称为氧化还原电极，例如 Fe^{3+}/Fe^{2+}、Sn^{4+}/Sn^{2+}等电对组成的电极。

电极反应：$Fe^{3+}+e \rightleftharpoons Fe^{2+}$

电极符号：Pt | Fe^{3+}，Fe^{2+}

由于 Fe^{3+}和 Fe^{2+}共存于同一溶液中，故用逗点分开，而不能用“ | ”。

三、电极电势和电池电动势

原电池能产生电流的事实，说明原电池两极的电极电势不等，两极之间存在着电势差。那么两极的电极电势是如何产生的呢？下面仅以金属电极为例来说明。

在金属晶体中存在着金属原子、金属正离子和自由电子。当把金属 M 插入它的盐溶液时，金属表面上的正离子受极性水分子的吸引，有一种进入溶液变成水合离子 $M^{n+}(aq)$的倾向，而相应的电子仍留在金属上。金属越活泼，溶液中金属离子的浓度越小，这种倾向越大。另一方面，盐溶液中的 $M^{n+}(aq)$又有一种从金属 M 表面获得电子而沉积到金属表面上的倾向，金属越不活泼，金属离子的浓度越大，这种倾向越大。这两种相反的倾向在某种条件下可达平衡状态。

显然，对不同的金属及不同金属离子浓度的溶液，达平衡时，情况也有所不同。若金属离子进入溶液的趋势大，沉积到金属表面上的趋势小，达平衡时，金属带负电荷，而溶液带正电荷。由于异性电荷相吸，正、负电荷都聚集在金属和溶液的界面，形成“双电层”[如图 3-2(a)]。这种产生在金属和它的盐溶液之间的电势差叫作电极电势。如果达平衡时，金属离子进入溶液的趋势小于溶液中金属离子沉积的趋势，则形成相反的“双电层”[如图 3-2(b)]。电极电势通常以 E 或 φ 表示。若将两个电极电势不同的电极以原电池的形式连接起来，就能产生电流。该原电池的电动势(E)等于这两个电极之间的电势差。若以 $E_正$表示正极的电极电势，以 $E_负$表示负极的电极电势，它们之间的关系为 $E=E_正-E_负$在铜锌原电池中，电子从锌极流向铜极，说明 Zn^{2+}/Zn 电极的电极电势比 Cu^{2+}/Cu 电极的电极电势低，铜极为正极，锌极为负极，两电极的电势差即为原电池的电动势 E：

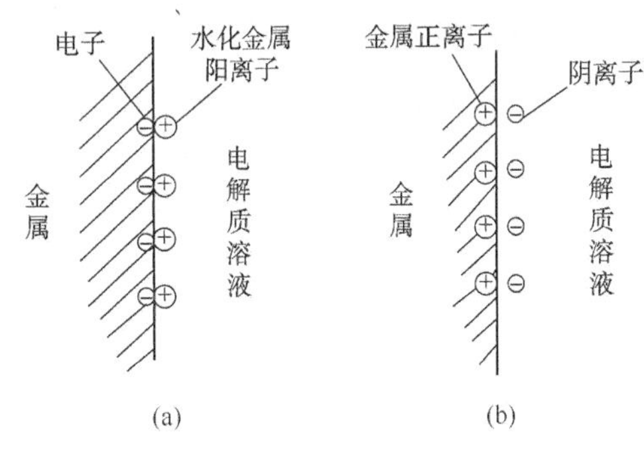

图 3-2　双电层示意图

$$E=E(Cu^{2+}/Cu)-E(Zn^{2+}/Zn)$$

电池电动势 E 为正值时，表示电池反应能自发进行。

四、电极电势的测定

理论上，若知道了电极电势，则可得到它们所构成的原电池的电动势。但是，到目前为止，还不能从理论上计算或实验测定电极的电极电势。电极电势的绝对值无法确定，但是电极组成的电池的总电动势是可以通过实验测得的，所以在实际应用中，我们通过将电极与某一选定作为标准的电极相比较的方法来确定其相对值，然后求出由这些电极所组成的电池的电动势。

通常选用“标准氢电极”作为标准电极。电极的氢标电势就是所给电极与同温下的氢标准电极所组成的电池的电动势。像标准氢电极这种作为测量其他电极电位时的参考与比较标准的电极就称为参比电极。

1. 标准氢电极

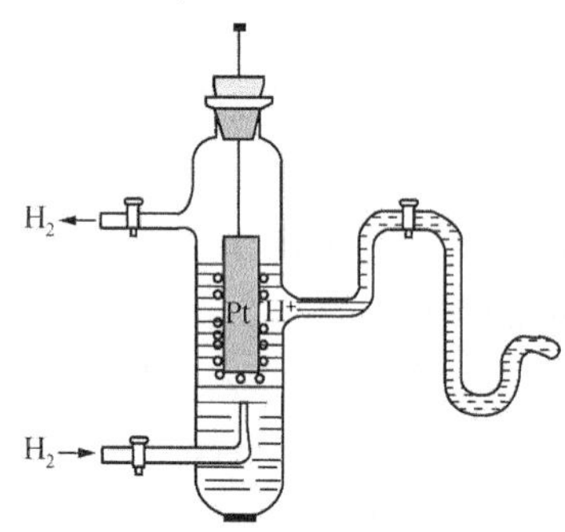

图 3-3　标准氢电极示意图

标准氢电极如图 3-3 所示，是将镀有一层蓬松铂黑的铂片插入氢离子浓度(严格说应为活度)为 $1mol \cdot dm^{-3}$的硫酸溶液中，并不断通入压力为 1.013×10^5Pa 的纯氢气，使铂黑吸附氢气达饱和。这样就形成了氢电极。

电极反应：$2H^+ + 2e = H_2$

电极符号：$(Pt)H_2(1.013\times10^5Pa) \mid H^+(1mol \cdot dm^{-3})$

在 298.15K 时，规定标准氢电极的电极电势为零(伏)。或 $E^{\ominus}(H^+/H_2) = 0.00(V)$。$E^{\ominus}$为标准电动势。在测定其他电极的电极电势时，是在 298.15K 和标准态下将其与标准氢电极组成原电池，测定该原电池的电动势，从而计算出被测电极的标准电极电势。此处所指的标准态是：组成电极的离子浓度为 $1mol \cdot dm^{-3}$，气体的分压为 1.01325×10^5 Pa，液体或固体都是纯物质。例如测定 Cu^{2+}/Cu 的标准电极电势，通常采用图 3-4 的装置，将铜电极通过盐桥与标准氢电极连接起来组成原电池，铜电极为正极，标准氢电极为负极。

$$(-)(Pt)H_2(1.013\times10^5Pa) \mid H^+(1mol \cdot dm^{-3}) \parallel Cu^{2+}(1mol \cdot dm^{-3}) \mid Cu(+)$$

测得该电池的标准电动势为 0.337V，由此可以计算出铜电极的标准电极电势：

$$E^{\ominus} = E^{\ominus}_{正} - E^{\ominus}_{负} = E^{\ominus}(Cu^{2+}/Cu) - E^{\ominus}(H^+/H_2)$$

$$E^{\ominus}(Cu^{2+}/Cu) = E^{\ominus} + E^{\ominus}(H^+/H_2) = 0.337 + 0 = 0.337(V)$$

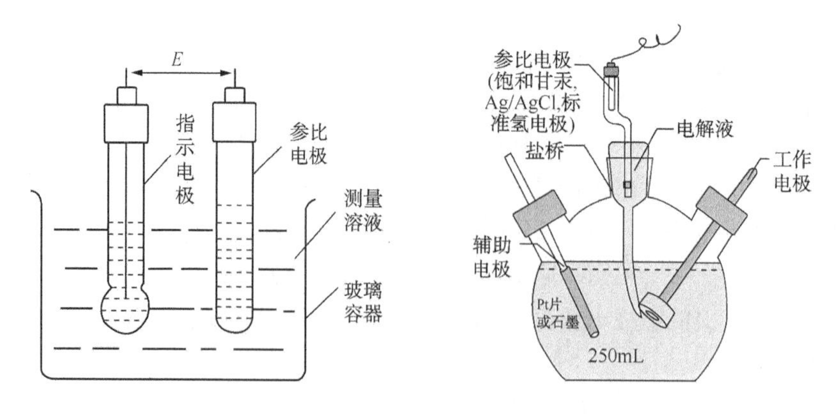

图 3-4　测定 Cu^{2+}/Cu 标准电极电势的装置

用同样的方法也可以测出 Zn^{2+}/Zn 电对的标准电极电势。但标准锌电极与标准氢电极组成原电池时，锌极为负极，氢电极为正极。

$$(-)Zn \mid Zn^{2+}(1mol \cdot dm^{-3}) \parallel H^{+}(1mol \cdot dm^{-3}) \mid H_2(1.0135\times10^5Pa)(Pt)(+)$$

测得的标准电动势为 0.763V，故锌电极的标准电极电势为：

$$E^{\ominus}=E^{\ominus}(H^{+}/H_2)-E^{\ominus}(Zn^{2+}/Zn)$$

$$E^{\ominus}(Zn^{2+}/Zn)=E^{\ominus}(H^{+}/H_2)-E^{\ominus}=0-0.763=-0.763(V)$$

2. 甘汞电极

氢电极作为标准电极测定电动势时，可以达到很高的精确度(±0.000001V)，但是氢电极的制备和纯化比较复杂，使用条件要求非常严格，因此在实验室测定时，更常用的是二级标准电极，甘汞电极就是其中最常用的一种。它的优点是稳定性好，容易制备，可逆程度高，使用方便。

甘汞电极的构造如图 3-5 所示。在容器底部依次是少量汞，以及由少量甘汞[Hg_2Cl_2(s)]、汞及氯化钾溶液制成的糊状物，最后装满饱和了甘汞的氯化钾溶液。所用氯化钾溶液的浓度不同，甘汞电极的电极电势也不同。

甘汞电极的电极反应：$Hg_2Cl_2(s)+2e \xlongequal{} 2Hg+2Cl^{-}$

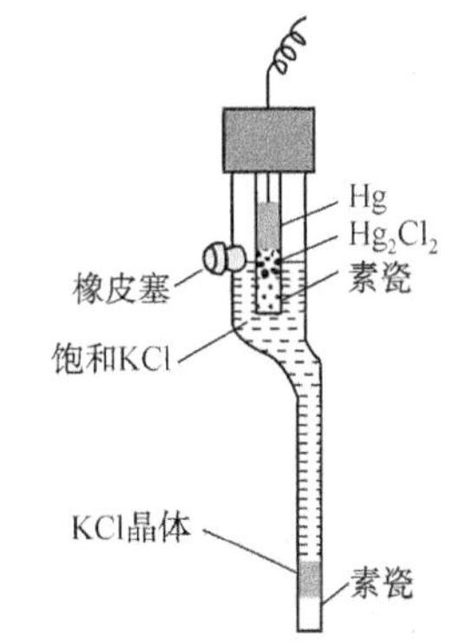

图 3-5　甘汞电极的结构图

五、能斯特方程

电极电势的大小，与电极的性质、温度、溶液中离子的浓度、气体的分压等因素有关。1889 年，德国人能斯特(W. Nernst)提出了电极电势与浓度之间的关系方程，即能斯特方程。能斯特方程实际上给出了化学能与电能的转换关系。

对于任一给定的电极，若电极反应为：

$$O+ne \longrightarrow R$$

则电极反应的电动势与参与电极反应的各组分浓度之间具有以下关系：

$$E=E^{\ominus}-\frac{RT}{nF}\ln\frac{[R]}{[O]}$$

这就是电极的能斯特方程。式中，E 为电对在某一浓度时的电极电势；$E^{\ominus}$ 为标准电极电势；[O]、[R]分别为氧化态和还原态的浓度；R 为摩尔气体常数，当电极电势单位为 V、浓度单位为 mol/L、压力单位为 Pa 时，$R=8.314J \cdot K^{-1} \cdot mol^{-1}$；$T$ 为热力学温度；F 为法拉第常数，$96485C \cdot mol^{-1}$；n 为电极反应中转移的电子数。当 $T=298.15K$ 时，能斯特方程可写为：

$$E=E^{\ominus}-\frac{0.0592}{n}\lg\frac{[O]}{[R]}$$

而对于任一电池反应

$$aA+bB \xlongequal{} cC+dD$$

则有

$$E=E^{\ominus}-\frac{RT}{nF}\ln\frac{[C]^c[D]^d}{[A]^a[B]^b}$$

这是电池的电动势与电极表面的溶液的浓度之间的关系的能斯特方程。

六、电极电势的应用——pH 值的测定

用对氢离子活度有电势响应的玻璃薄膜制成的膜电极，是最常用的氢离子指示电极。如图 3-6 所示，玻璃电极通常为圆球形，内置一定 pH 值的缓冲溶液或者 0. 1mol · L^{-1}盐酸和氯化银电极或甘汞电极(称为内参比电极)。使用前浸在纯水中使表面形成一薄层溶胀层，使用时将它和另一参比电极(甘汞电极)放入待测溶液中组成电池，电池电动势与溶液的 pH 值直接相关，这种利用玻璃电极测量溶液 pH 值的仪器就是 pH 计。但是不能由此电池电动势直接求得 pH 值。实际上每次使用时，需要先用已知 pH 值的标准缓冲溶液来“标定”，再测定未知溶液的 pH 值，在 pH 计上可直接读出数值。

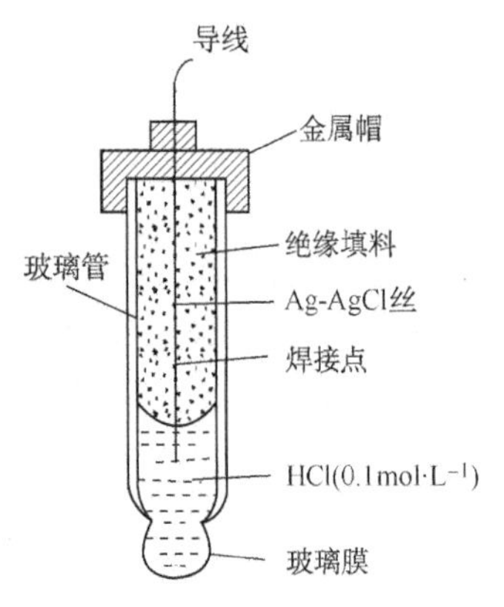

图 3-6　玻璃电极结构示意图

玻璃电极不受氧化剂、还原剂和其他杂质的影响，pH 测量范围宽广，得到广泛的应用。

七、化学电源

1. 伏打电池

前面我们介绍的原电池装置都是将两片金属分别放在它的盐溶液中，溶液之间用盐桥连接而构成。其实，将两种不同的金属片放在同一电解质溶液中也能组成原电池，这种电池叫伏打电池。例如将锌片和铜片放在稀硫酸溶液中，两金属片之间用导线连接，也有电流产生，由于化学反应，在 A、B 两电极附近产生了很薄的两个带电接触层 a、b。如图 3-7 所示。

两极反应：

$$Zn = Zn^{2+} + 2e$$

$$2H^{+} + 2e = H_2$$

电池反应：

$$Zn + 2H^{+} = H_2 \uparrow + Zn^{2+}$$

在这种原电池中，正极是氢电极，金属铜只起了导电体的作用。

如果用石墨棒代替铜片，同样也能组成原电池，其电极反应与电池反应都和上述电池相同。

2. 干电池

我们常用的干电池也与伏打电池相类似。正极的导电材料是石墨棒，负极的材料是金属锌筒，两极之间的电解质溶液用糊状的(为携带方便)$ZnCl_2$、NH_4Cl 和 MnO_2代替，如图 3-8 所示。

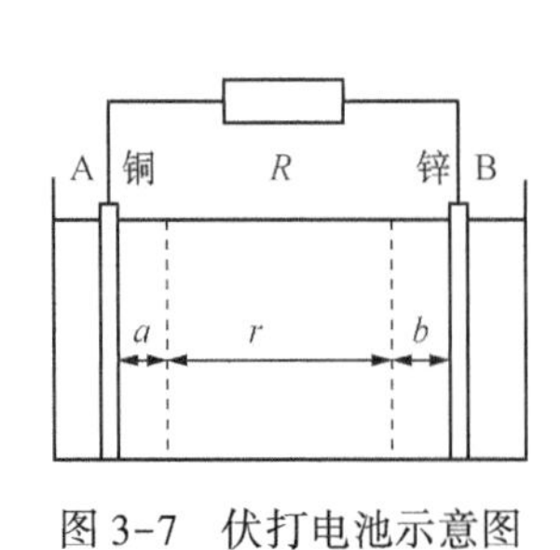

图 3-7　伏打电池示意图

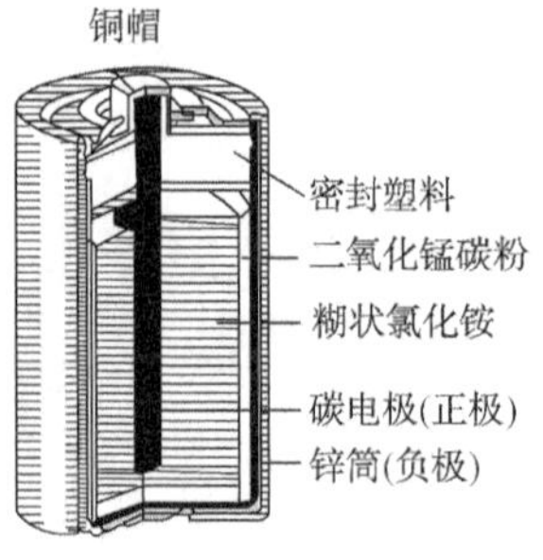

铜帽
密封塑料
二氧化锰碳粉
糊状氯化铵
碳电极(正极)
锌筒(负极)

图 3-8　锌锰干电池示意图

这种原电池称为锌锰干电池，当接通外电路时，两极的反应为：

$$Zn = Zn^{2+} + 2e$$

$$2MnO_2(s) + 2NH_4^+ + 2e = Mn_2O_3(s) + 2NH_3 + H_2O$$

电池反应：

$$Zn(s) + 2MnO_2(s) + 2NH_4^+ = Zn^{2+} + Mn_2O_3(s) + 2NH_3 + H_2O$$

反应中产生的 NH_3，可部分地与 Zn^{2+}结合生成$[Zn(NH_3)_4]^{2+}$配离子，这样可以抑制 Zn^{2+}浓度增大，从而保证电池的电动势稳定。锌锰干电池的电动势为 1.5V。

常用于助听器、心脏起搏器等小型装置的“钮扣电池”是锌汞电池，它是以锌汞齐为负极材料，HgO 和碳粉(导电材料)为正极材料，电解质为含有饱和 ZnO 和 KOH 的糊状物，实际上 ZnO 与 KOH 形成$[Zn(OH_4]^{2-}$配离子。

当接通外电路时，两极反应为：

$$Zn(汞齐) + 2OH^- = ZnO(s) + H_2O + 2e$$

$$HgO + H_2O + 2e = Hg(l) + 2OH^-$$

电池反应为：

$$Zn(汞齐) + HgO(s) = ZnO(s) + Hg(l)$$

锌汞电池的电压约为 1.34V，在整个放电过程中工作电压较稳定。

3. 蓄电池

原电池由于产生电流而被消耗，能否通入与放电方向相反的直流电，使之复原，重新使用呢？

蓄电池就是这种电池。当它被使用(称放电)一段时间后，利用外来直流电源，使蓄电池内部进行化学反应，把电能转变为化学能储藏起来，这个过程称为充电。蓄电池可以反复充电和放电。下面介绍铅蓄电池和银锌蓄电池。

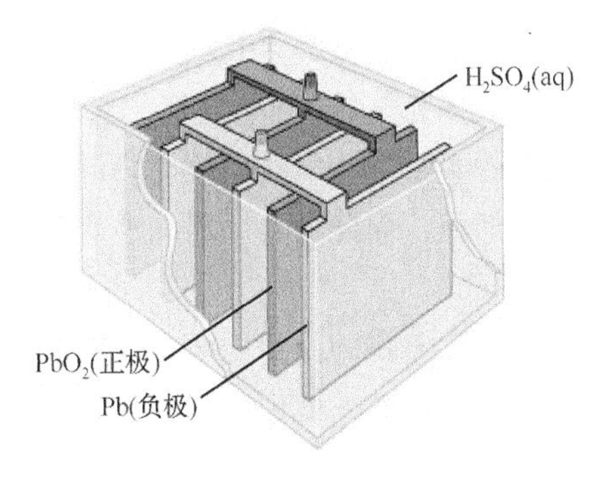

图 3-9　铅蓄电池充放电示意图

铅蓄电池(见图 3-9)是用两组铅锑合金格板(相互间隔)作为电极导电材料，其中一组格板的孔穴中填充二氧化铅，在另一组格板的孔穴中填充海绵状金属铅，并以稀硫酸(密度为 1.2~1.3g · cm^{-3})作为电解质溶液而组成的。

铅蓄电池在放电时相当于一个原电池的作用，放电时两极的反应为：

阳极(氧化)：　$Pb + SO_4^{2-} = PbSO_4 + 2e$

阴极(还原)：　$PbO_2 + 4H^+ + SO_4^{2-} + 2e = PbSO_4 + 2H_2O$

总反应：　$Pb + PbO_2 + 2H_2SO_4 = 2PbSO_4 + 2H_2O$

在正常情况下，铅蓄电池的电动势为 2.1V。放电时，随着 $PbSO_4$沉淀的析出和 H_2O 的生成，H_2SO_4溶液的浓度降低，密度减小，因而测量硫酸溶液的密度即可方便地检查蓄电池的情况。若硫酸密度低于 1.20g · cm^{-3}，则表示该蓄电池应充电了。

铅蓄电池的充、放电可逆性好，电压较平稳，温度及电流密度适应性强，价格低，因此使用很广泛，例如汽车及轮船上都使用它。但它较重，抗震性差，因此更适用于固定设备上。

另一种蓄电池是银锌蓄电池，它是由一系列圆形锌片和银片相互交迭而成的装置，在每一对银片和锌片之间，用一种在盐水或其他导电溶液中浸过的纸板隔开。两极分别为氧化银和锌，电解液为氢氧化钾溶液。

放电时的电极反应为：

$$Zn+2OH^- = Zn(OH)_2+2e$$

$$Ag_2O+H_2O+2e = 2Ag+2OH^-$$

总反应：

$$Zn+Ag_2O+H_2O = Zn(OH)_2+2Ag$$

银锌蓄电池重量轻、体积小，适合于大电流放电，实际电压约为 1.5V。由于银的价格较贵，一般应用于航天及火箭上作为化学电源。

4. 燃料电池

燃料电池是一种主要通过氧或其他氧化剂进行氧化还原反应，把燃料中的化学能转换成电能的电池。而最常见的燃料为氢，一些碳氢化合物例如天然气等有时亦会作燃料使用。燃料电池有别于原电池，因为需要稳定的氧和燃料来源，以确保其运作供电。此电池的优点是可以提供不间断的稳定电力，直至燃料耗尽。

燃料电池的主要构成组件为：电极、电解质隔膜与集电器等。

燃料电池的电极是燃料发生氧化反应与还原剂发生还原反应的电化学反应场所，其性能的好坏关键在于触媒的性能、电极的材料与电极的制造等。电极主要可分为两部分，其一为阳极，另一为阴极，厚度一般为 200～500mm；其结构与一般电池之平板电极不同之处，在于燃料电池的电极为多孔结构，所以设计成多孔结构的主要原因是燃料电池所使用的燃料及氧化剂大多为气体(例如氧气、氢气等)，而气体在电解质中的溶解度并不高，为了提高燃料电池的实际工作电流密度与降低极化作用，故发展出多孔结构的电极，以增加参与反应的电极表面积，而此也是燃料电池当初所以能从理论研究阶段步入实用化阶段的重要关键原因之一。

电解质隔膜的主要功能在分隔氧化剂与还原剂，并传导离子，故电解质隔膜越薄越好，但亦需顾及强度，就现阶段的技术而言，其一般厚度约在数十毫米至数百毫米；至于材质，目前主要朝两个方向发展，其一是先以石棉(asbestos)膜、碳化硅(SiC)膜、铝酸锂($LiAlO_3$)膜等绝缘材料制成多孔隔膜，再浸入熔融锂-钾碳酸盐、氢氧化钾与磷酸等，使其附着在隔膜孔内，另一则是采用全氟磺酸树脂(例如 PEMFC)等。

集电器又称作双极板(bipolar plate)，具有收集电流、分隔氧化剂与还原剂、疏导反应气体等之功用，集电器的性能主要取决于其材料特性、流场设计及其加工技术。

第三节　金属的电化学腐蚀

当金属和它周围的介质接触时，由于发生化学作用或电化学作用而引起的破坏，叫作金属的腐蚀。腐蚀作用每时每刻在不停地进行，例如金属构件在大气中逐渐生锈，化工厂或炼油厂的金属设备腐蚀穿孔，埋在地下的油管和水管逐渐腐烂等。在自然界中，每年都有大量的金属设备由于腐蚀而损失掉，据统计，全世界由于腐蚀浪费的钢铁占全年生产的 10%以上。腐蚀不仅使大量的金属设备遭到破坏，而且给产品的产量、质量和操作安全带来极大的危害。炼厂每开工1~2年，就要停产检修，每次都要换掉大批因腐蚀而损坏的机器和设备。所以金属的腐蚀是个非常重要的问题。而其中，以电化学腐蚀情况最为严重。因此，了解腐蚀发生的原因，采取适当防腐蚀措施，具有十分重要的意义。

一、金属的电化学腐蚀

金属和非金属材料在腐蚀原理上差别很大，本章只涉及金属腐蚀问题。

先看一个我们熟悉的实验。将锌粒放在硫酸溶液中，将发生下列反应：

$$Zn+H_2SO_4 = ZnSO_4+H_2\uparrow$$

结果是锌粒被腐蚀而溶解。如果锌很纯，则上述反应进行很慢。假如在硫酸溶液中加入几滴硫酸铜溶液，则反应速率大大加快，这是由于反应生成的铜，沉积在金属锌表面，形成了无数个小的微电池，从而加快了氧化还原反应速率。

$$Zn+Cu^{2+} = Zn^{2+}+Cu$$

腐蚀电池的结构与伏打电池类似。

在腐蚀电池中，阳极进行氧化作用，提供电子，也称为负极。

阳极：$$Zn = Zn^{2+}+2e$$

阴极进行还原作用，得到电子，也称为正极。

阴极：$$2H^++2e = H_2$$

从以上讨论可以看出，两种活泼性不同的金属导体，放在电解质溶液中即可形成腐蚀电池。形成腐蚀电池后，可大大加快腐蚀速率。

这种当金属与电解质溶液接触时，由于电化学作用而引起的腐蚀称为电化学腐蚀。它是由于在金属表面形成了无数个小的微电池（称为腐蚀电池）而引起的。显然，以电化学机理进行的腐蚀反应至少包含有一个阳极反应和一个阴极反应，并以流过金属内部的电子流和介质中的离子流形成回路。

电化学腐蚀的特点在于，它的腐蚀历程可分为两个相对独立并可同时进行的过程。电化学腐蚀要比化学腐蚀速率快得多，普遍得多，危害也严重得多。电化学腐蚀是最普遍、最常见的腐蚀。金属在大气、海水、土壤和各种电解质溶液中的腐蚀都属此类。电化学作用既可单独引起金属腐蚀，又可和机械作用、生物作用共同导致金属腐蚀。当金属同时受拉伸应力和电化学作用时，可引起应力腐蚀断裂。金属在交变应力和电化学共同作用下，可产生腐蚀疲劳。若金属同时受到机械磨损和电化学作用，则可引起磨损腐蚀。微生物的新陈代谢可为电化学腐蚀创造条件，参与或促进金属的电化学腐蚀。

当两种金属或者两种不同的金属制成的物体相接触，同时又与其他介质（如潮湿的空气、水等电解质溶液）相接触时，就形成了一个原电池，并进行电化学反应。例如，在一块铜板上有一些铁的铆钉（如图3-10），长期暴露在潮湿的空气中时，在铆钉的部位就特别容易生锈。这是因为铜板暴露在潮湿空气中时表面上会凝结一层薄薄的水膜，空气里的 CO_2、厂区

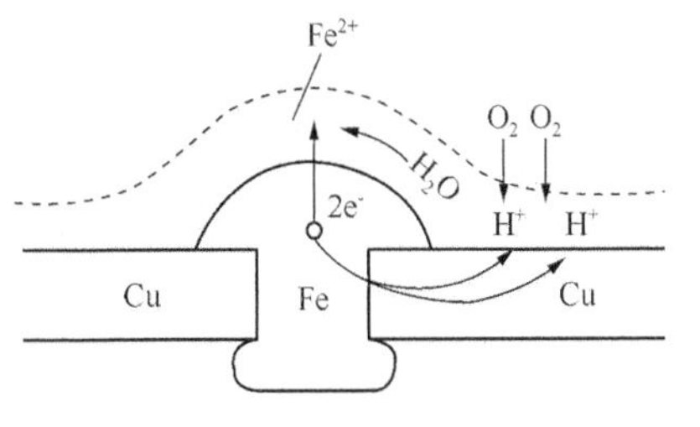

图3-10 铁的电化学腐蚀示意图

的SO_2废气、沿海地区潮湿空气重的 NaCl 都能溶解到这一薄层水膜中形成电解质溶液。工业用钢铁，除含铁元素外，还含有石墨、渗碳体等，它们都能导电。所以当钢铁表面吸附一层极薄的水膜后，由于水中溶解有CO_2、O_2和其他盐类或酸雾等，成为电解质溶液，于是就形成了原电池。

其中铁是阳极(即负极)，铜是阴极(即正极)。在阳极上一般是金属的溶解过程，即金属被腐蚀的过程，如铁发生氧化作用：

$$Fe = Fe^{2+}+2e$$

在阳极上，Fe 失去电子被氧化为Fe^{2+}，即铁被腐蚀。

在阴极上，进行还原反应，由于条件不同，可能会发生不同的反应：

① 如果水膜呈酸性，则氢离子得到电子，被还原成H_2析出，阴极反应为：

$$2H^{+}+2e = H_2\uparrow$$

这种腐蚀被称为析氢腐蚀。

发生析氢腐蚀的必要条件是腐蚀电池的阳极金属电位比氢电极的电极电位低，负电性金属，比如 Fe、Zn 等在不含氧的非氧化性酸中，电位非常负的金属(比如 Mg)在中性或碱性溶液中的腐蚀都属析氢腐蚀。

在析氢腐蚀中，伴随着腐蚀过程很可能会发生氢脆现象。它是由于吸附在金属表面上的氢原子没有发生复合脱附或电化学脱附，而是大部分渗入金属内部引起的。在氢渗入金属后，或是引起金属表面出现氢鼓包，或是引起金属材料变脆以至发生脆性断裂。

② 水膜如果呈弱酸性或中性，到阴极得电子的是溶液中的溶解氧，反应为：

$$O_2+2H_2O+4e^{-} = 4OH^{-}$$

这种腐蚀称为吸氧腐蚀。

发生吸氧腐蚀的条件是腐蚀电池的阳极金属电极电位比氧电极的平衡电位负，在一般情况下，钢铁的大气腐蚀主要是吸氧腐蚀。自然界中，溶液与大气相通，溶液中溶解有氧。在中性溶液中氧的平衡电位为 0.805V，只要金属在溶液中的电位低于这个数值，就可能发生吸氧腐蚀。大多数金属在中性和碱性溶液中，以及少数正电性金属在含有溶解氧的弱酸性溶液中的腐蚀都属于吸氧腐蚀。潮湿大气、天然水、海水、土壤中都含有一定的溶解氧，所以都可成为腐蚀介质。与析氢腐蚀相比，吸氧腐蚀发生的更为普遍。

阳极生成Fe^{2+}，由于离子扩散又和OH^{-}生成氢氧化亚铁。

$$Fe^{2+}+2OH^{-} = Fe(OH)_2$$

$Fe(OH)_2$可被空气中的氧气氧化为氢氧化铁。

$$4Fe(OH)_2+O_2+2H_2O = 4Fe(OH)_3$$

$Fe(OH)_3$脱水生成Fe_2O_3，$Fe(OH)_3$及其脱水产物Fe_2O_3是红褐色铁锈的主要成分。

阴极上进行的还原过程在金属腐蚀中常被称为去极化作用，在阴极上得到电子的氧化剂称为去极化剂。金属腐蚀时常见的去极化剂是溶液中的氢离子和溶解氧。显然，如果没有去极化剂，金属电化学腐蚀过程就不能进行。

二、金属腐蚀速率的表示法

金属腐蚀程度的大小，根据腐蚀破坏形式的不同，有各种不同的评定方法。对于全面腐蚀来说，通常用平均腐蚀速率来衡量。腐蚀速率可用失重法(或增重法)、深度法和容量法来评价。

1. 失重法(或增重法)

金属腐蚀程度的大小可用腐蚀前后试样质量的变化来评定。由于人们习惯上把质量称为重量，因此根据质量变化评定腐蚀速率的方法习惯上仍称为“失重法”或“增重法”。失重法就是根据腐蚀后试样质量的减小或增加来判断金属的腐蚀速率。这种方法适用于均匀腐蚀，而且腐蚀产物完全脱落或完全牢固地附着在试样表面。

2. 深度法

以质量变化表示的腐蚀速率的缺点是没把腐蚀深度表示出来。工程上，腐蚀深度或构件腐蚀变薄的程度直接影响该部件的寿命，更具有实际意义。在衡量不同密度的金属的腐蚀程度时，更适合用这种方法。

3. 容量法

析氢腐蚀时，如果氢气析出量与金属的腐蚀量成正比，则可用单位时间内单位试样表面积析出的氢气量来表示金属的腐蚀速率。

第四节　金属的电化学防护

在很多情况下，金属的腐蚀是由于化学电池的形成而导致的，即属于电化学腐蚀。防止金属腐蚀的方法很多，但总的原则是破坏腐蚀发生的条件和减缓腐蚀速率。

一、阴极保护法

1. 牺牲阳极保护法

这是将被保护金属和一种可以提供阴极保护电流的金属或合金(即牺牲阳极)相连，使被保护金属腐蚀速率降低的方法。将电极电势较低的金属或合金和被保护的金属连接在一起，构成原电池。从电极反应可知，遭到破坏或被溶解的总是阳极(发生氧化作用)，电极电势较低的金属或合金作为阳极而溶解，被保护的金属作为阴极就避免腐蚀。这种方法中，作为阳极的金属或合金失去电子而被氧化，作为阴极的金属不会失去电子而被保护，结果是牺牲了阳极，保护了阴极，因此称为牺牲阳极保护法。因此，可在钢铁设备上连接比铁活泼的金属，如锌、镁等，使之与钢铁设备形成原电池，保护钢铁设备不受腐蚀，如图 3-11 所示。此时，较活泼的金属为腐蚀电池的阳极被腐蚀，钢铁设备作为阴极而被保护。牺牲阳极的表面积与被保护金属设备的表面积应有适当的比例。通常前者为被保护金属表面积的1%~5%左右。这种方法常用于保护海轮外壳、海底设备和水冷却设备等。例如在海上航行的船舶船底镶嵌锌块，锌的电极电势比钢铁低，在锌和船体组成的原电池中，锌是阳极受到腐蚀，船体钢铁是阴极而受到保护。

2. 外加电流法

这是将被保护金属与直流电源的负极相连，由外加电流提供保护电流，降低腐蚀速率的方法。在外加直流电源的作用下，把被保护的金属设备作阴极，将一些废钢铁等作阳极，从而把腐蚀引向阳极，金属设备作为阴极而被保护，如图 3-12 所示。这种方法在保护地下输油管道和地下油罐等方面被广泛应用。

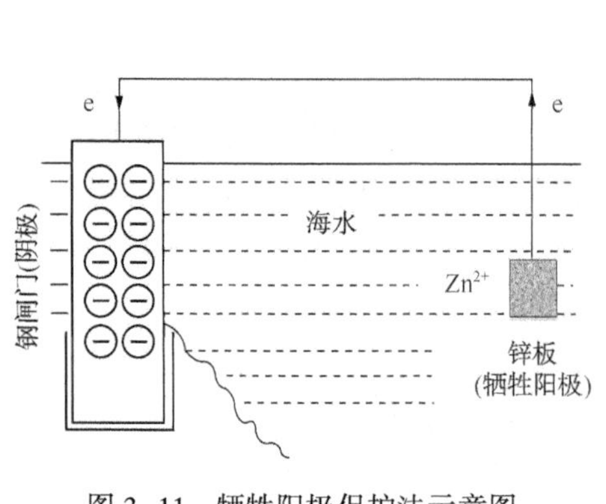

图 3-11　牺牲阳极保护法示意图

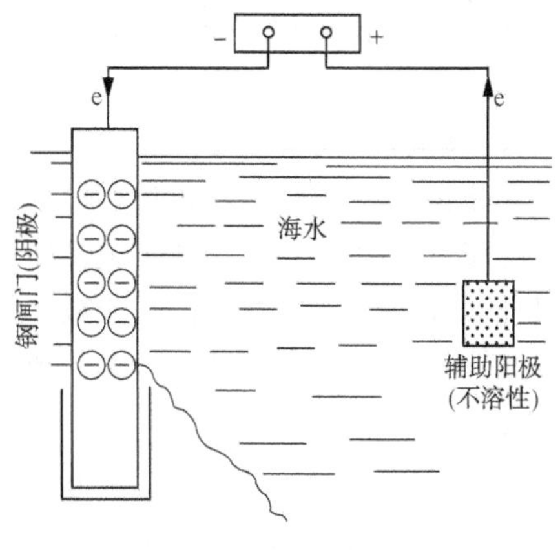

图 3-12　外加电流示意图

二、阳极保护法

阳极保护法是把被保护的金属连接到外加电源的正极，金属的电极电势向正的方向移动，即阳极极化，使得被保护的金属被“钝化”而得到保护。此时的金属处于钝态，腐蚀速率很低。

从原理上讲，阳极极化有可能加速金属的溶解过程，因此，不是所有的金属都能进行阳极保护的。只有在外加电流作用下，能建立钝态并生成稳定钝化膜的金属才有可能采用阳极保护法。

金属不但可以在外加电流的作用下钝化，还可以在氧化剂的作用下钝化。比如铁和铝等比较活泼的金属在稀酸中溶解很快，但人们却可以用铁罐和铝罐盛浓硝酸或浓硫酸，说明这些金属放在某特定的环境中将由原来的活泼状态转变为不活泼状态。浓硝酸或浓硫酸实际上起的是强氧化剂的作用，在金属表面形成致密的氧化膜，产生阳极极化，其电极电势向正的方向移动，阻碍金属氧化腐蚀。如果把已经被浓硝酸或浓硫酸钝化的铁片再放到稀酸中也不会再受酸的侵蚀。其他强氧化剂如 $HClO_4$、$K_2Cr_2O_7$、$KMnO_4$等也可使金属钝化。

可发生钝化的金属很多，但有些金属，比如铝、铬、钛、钽以及不锈钢等，它们能在空气、含氧溶液中自发钝化，很快在表面形成一层氧化膜，而且膜在破坏后还可自动修复，因此能有效阻碍腐蚀的发生。

思　考　题

1. 原电池由哪几部分组成？盐桥的作用是什么？

2. 指出下列原电池符号表达式是否正确，如果错误，请予以改正。

(1) 氧化还原反应：$Fe(s)+Ag^+(aq) \longrightarrow Fe^{2+}(aq)+Ag(s)$

原电池符号：$(-)Ag | Ag^+ \| Fe^{2+} | Fe(+)$

(2) 氧化还原反应：$2Fe^{3+}(aq)+2I^-(aq) \longrightarrow I_2+2Fe^{2+}(aq)$

原电池符号：$(-)Pt, I_2(s) | I^-(c_1) \| Fe^{2+}(c_2) | Fe^{3+}(c_3)(+)$

3. 什么是电池的电动势和电极电势？二者之间的关系是什么？

4. 下列说法是否正确？

(1) 由于 $E^{\ominus}(Fe^{2+}/Fe)=-0.44V$，$E^{\ominus}(Fe^{2+}/Fe^{3+})=+0.771V$，所以 Fe^{2+} 与 Fe^{3+} 能发生氧化还原反应；

(2) 在氧化还原反应中，若两个电对的 $E^{\ominus}$ 值相差越大，则反应进行得越快。

5. 金属电化学腐蚀的机理是什么？为什么铁的吸氧腐蚀比析氢腐蚀更严重？为什么粗锌(杂质主要是 Cu，Fe 等)比纯锌在稀硫酸溶液中反应得更快？

6. 在铁锅里放一些水，哪个部位最先出现腐蚀？为什么？为什么海轮要比江轮采取更有效的防腐措施？

7. 比较镀锌铁与镀锡铁的防腐效果。一旦镀层有损坏，两种镀层对铁的防腐分别产生什么效果？原因是什么？

8. 金属防腐主要有哪些方法？原理分别是什么？

9. 举出一些化学电源的例子。

习　题

1. 分别计算 298.15K 下，$c(Zn)=0.100mol\cdot L^{-1}$ 时的 $E(Zn^{2+}/Zn)$ 值，$c(OH^-)=0.100mol\cdot L^{-1}$ 时的 $E(O_2/OH^-)$ 值。

2. 将下列氧化还原反应设计成原电池，并写出原电池符号：

(1) $Cl_2(g)+2I^- \longrightarrow I_2+2Cl^-$

(2) $Zn+CdSO_4 \longrightarrow ZnSO_4+Cd$

3. 根据给定条件，判断下列反应自发进行的方向。

(1) 标准态下根据 $E^{\ominus}$ 值：

$$2Br^-(aq)+2Fe^{3+}(aq) \rightleftharpoons Br_2(l)+2Fe^{2+}(aq)$$

(2) Cu-Ag 原电池 E 值为 0.48V：

$$(-)Cu(s) \mid Cu^{2+}(0.052mol\cdot L^{-1}) \parallel Ag^+(0.50mol\cdot L^{-1}) \mid Ag(+)$$

$$Cu^{2+}+2Ag \rightleftharpoons Cu+2Ag^+$$

4. 所谓金属腐蚀是指金属表面附近能形成离子的浓度至少为 $10^{-6}mol\cdot L^{-1}$。现有如下 6 种金属：Au，Ag，Cu，Fe，Pb，Al，试问哪些金属在下列 pH 值条件下会被腐蚀？所需的标准电极电势自行查阅。

(1) 强酸性溶液 pH=1；(2) 强碱性溶液 pH=14；(3) 微酸性溶液 pH=6；(4) 微碱性溶液 pH=8。

参 考 文 献

[1] 赵福麟．化学原理(Ⅱ)[M]．山东东营：中国石油大学出版社，2006.

[2] 傅献彩，沈文霞，姚天扬，侯文华．物理化学(第五版)下册．北京：高等教育出版社，2006.

[3] 天津大学无机化学教研室编，杨宏孝，凌芝，颜秀茹修订．无机化学(第三版)．北京：高等教育出版社，2002.

第四章　表面现象

表面现象是指发生在表面上的一切物理现象(如润湿、吸附)和化学现象(如在固体催化剂表面上发生催化反应)。

表面现象严格来说应该称为界面现象，因为这些现象可以发生在任何两相界面(例如气液界面、气固界面、液固界面、液液界面)上。通常把两相中有一相为气相的界面称为表面。但习惯上也常将界面称为表面，而把界面现象称为表面现象。

在钻井液中存在着各种界面，例如在水基钻井液和油基钻井液中存在着黏土与水或黏土与油的固液界面，在油包水型钻井液中还存在着油与水的液液界面，在泡沫钻井液中则存在着气液界面。界面性质决定着钻井液的多种使用性能。各种钻井液处理剂主要是通过改变界面性质起作用的。

在油层中也存在着各种界面，例如天然气与地层油或地层水间有气液界面，地层油与地层水之间有液液界面，地层油、地层水或天然气与岩石间有固液界面或固气界面。由于油层中界面复杂，界面积很大，因此表面现象很突出。油粘在岩石表面洗不下来，油珠难于通过油层孔隙结构的喉部等都是由于界面存在而发生的表面现象。

原油集输过程同样存在着各种界面，破乳、缓蚀、降凝、降黏和防垢等都是通过各种处理剂在界面上起作用，从而达到工艺上的各种目的。

可见，表面现象对钻井、采油和原油集输等过程，都是非常重要的。

这一章主要讲在上述过程中遇到的基本表面现象及其遵循的基本规律。

第一节　表面张力及其影响因素

一、表面能和表面张力

物质内部分子和物质表面分子的情况是不一样的，前者受它周围分子的吸引力在各个方向上都是相同的，可是后者受内部分子的吸引力与受外界的吸引力就不一样。试讨论一个液体表面(图 4-1)。

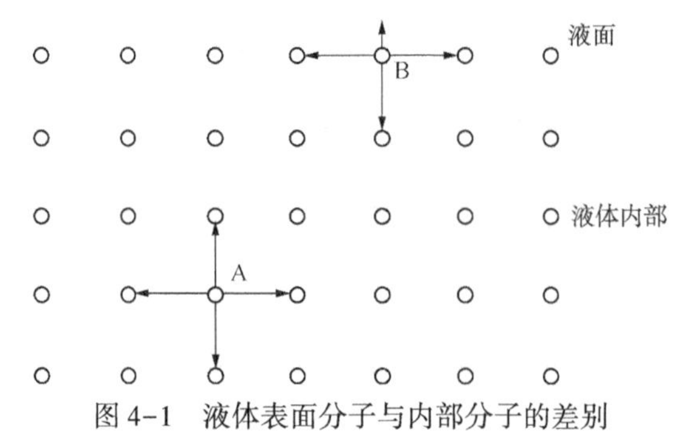

图 4-1　液体表面分子与内部分子的差别

液体表面分子(例如图 4-1 中的 B)不同于液体内部分子(例如图 4-1 中的 A)，因它受液体内部分子的吸引力比从空气分子方向受到的吸引力强，因此液体表面的分子受到一个垂直向内的净吸引力。在这净吸引力的影响下，处于液体表面的分子倾向于到液体内部来，因此液体表面倾向于收缩。要扩大表面，就要把内部分子移到表面上来，这就需要克服净吸引力而做功。所做的功，转变为表面分子的位能，所以表面分子总比内部分子多具有一定的能量，这多出来的能量叫表面能。显然，表面积越大，表面的分子越多，要做的功也越多，所以表面能也越大。若以 U_s 表示表面能，以 A 表示表面积，由表面能的概念可以得到

$$U_s \propto A \tag{4-1}$$

若以 σ 作比例常数，式(4-1)可以写为：

$$U_s = \sigma A \tag{4-2}$$

或写成表面能的增量：

$$\Delta U_s = \sigma \Delta A \tag{4-3}$$

由式(4-2)和式(4-3)可以得到：

$$\sigma = \frac{U_s}{A} = \frac{\Delta U_s}{\Delta A} \tag{4-4}$$

比例常数 σ 称为比表面能，它的物理意义是单位表面所具有的表面能或增加单位表面时所引起体系表面能的增加。它的单位用 $J \cdot m^{-2}$ 表示。由于 $J = N \cdot m$，所以

$$J \cdot m^{-2} = N \cdot m \cdot m^{-2} = N \cdot m^{-1}$$

由此，可以把比表面能看作是作用于单位长度表面上的力，所以比表面能又常称表面张力。

下面是对表面能概念的进一步说明：

① 表面能是一个容量性质的变量。

所谓容量性质的变量是指那些与体系物质数量有关的变量。由于表面能的数值与表面分子的数量即表面大小有关，所以是容量性质的变量。但表面张力则不同，它是一个强度性质的变量，因它的数值与表面大小无关。这些，可从式(4-4)看到。

② 表面能自动趋于减少的规律。

在净吸引力作用下，表面有自动收缩的倾向，因此表面能有自动减少的倾向。在等温下，表面能自动趋于减少，这是一切表面现象所遵循的普遍规律。各种表面现象都在这条规律的支配下发生和变化。曲界面两侧压力差的存在，吸附、润湿和毛细管现象的发生，都是这条规律起作用的结果。

二、表面张力的影响因素

1. 相界面的性质

表面张力与相界面的性质有关，例如25℃时

$$\sigma(H_2O\text{-空气}) = 72.0 mN \cdot m^{-1}$$

$$\sigma(H_2O\text{-苯}) = 32.6 mN \cdot m^{-1}$$

这个规律，同样可以由表面分子受力的特性和表面张力的概念加以解释。

表面活性物质在相界面的存在，可以明显降低表面张力。关于表面活性物质的作用原理，后面要讲到。

由式(4-2)可以看到表面张力与表面能的关系，因此各种因素对表面张力的影响都相应地影响表面能。

2. 温度

表面张力随温度的升高而减小(表4-1)。这是因为温度升高液体的体积膨胀，分子间

的距离增加，分子间吸引力减小，因此表面分子所受到的净吸引力减小。按此规律，还可预料到在临界温度下物质的表面张力为零。

表 4-1　不同温度下水的表面张力

t/℃	σ/mN · m^{-1}①	t/℃	σ/mN · m^{-1}
15	73.49	35	70.30
20	72.75	40	69.46
25	71.97	45	68.74
30	71.18	50	67.91

注：mN · m^{-1}为毫牛[顿]每米，mN · m^{-1} = 10^{-3}N · m^{-1}。

3. 压力

表面张力随压力的增加而减小(表 4-2)。这是由于压力增加，气体分子间的距离缩短，从而增加了气体分子对液体表面分子的吸引力，所以表面分子所受到的净吸引力减小，因此表面张力下降。

表 4-2　压力对水的表面张力的影响(65℃)

p/MPa	σ/mN · m^{-1}	p/MPa	σ/mN · m^{-1}
0.10	67.5	7.24	50.4
0.82	63.2	10.74	46.5
1.89	58.1	14.29	42.3
3.67	55.5	19.35	39.5

试考虑压力对液液界面张力有无影响?

第二节　吸　　附

吸附是众多界面现象中最早进行系统研究的一类，应用也最为广泛。在不相混溶的两相接触时两体相中的某种或几种组分的浓度与它们在界面相中浓度不同的现象称为吸附。若界面上的浓度高于体相中的称为正吸附；反之，为负吸附。通常有实用价值的多为正吸附，在未特别指明时，吸附即指正吸附。吸附可发生在任何两相界面上。当某组分在某一相中浓度的减少不是因在界面上发生吸附，而是进入另一相的体相中，这种现象称为吸收。在难以区分吸附与吸收时常笼统地称为吸着。

一、气液界面上的吸附

在一定温度下，纯液体的表面张力是定值。但在纯液体中溶入溶质，表面张力就会发生改变。例如在水中溶入正丁醇(表 4-3)，可使水的表面张力减小；或相反，把氯化钠溶入水中，水的表面张力(表 4-4)却稍稍增大。

表 4-3　正丁醇水溶液的表面张力(23.4℃)

c(正丁醇)	σ/mN · m^{-1}	c(正丁醇)	σ/mN · m^{-1}
0.000	72.2	0.100	55.3
0.025	66.6	0.200	46.9
0.050	61.9	0.400	36.6

表 4-4　氯化钠水溶液的表面张力(20.0℃)

b(NaCl)	σ/mN·m^{-1}	b(NaCl)	σ/mN·m^{-1}
0.00	72.75	0.50	73.57
0.05	72.84	1.00	74.39
0.10	72.92	2.00	76.03

这些现象，可用分子间作用力的观点解释，即当溶剂与溶质分子间的吸引力小于溶剂与溶剂分子间的吸引力时，就会出现表面张力减小的现象。在这种情况下，只要溶质在液体表面上置换了溶剂分子的位置，就会减小液体内部对表面分子的净吸引力，因此使表面张力减小。前面讲过，表面能是倾向减少的，所以在这种情况下的溶质分子都倾向于到液体表面上来，仅仅由于扩散作用(由浓度差引起)的存在，才使一部分溶质留在液体内部。对于这种情况，溶质在相表面的浓度必然大于它在相内部的浓度。相反，即当溶剂与溶质分子间吸引力大于溶剂与溶剂分子间的吸引力时，就会出现表面张力稍稍增大的现象。因为在这种情况下，如果还让溶质分子在液面置换溶剂分子的位置，就会引起液体内部对表面分子的净吸引力的增加，从而使表面张力增大，表面能因此也随着增加，这是违反表面能自动趋于减少规律的，因此不能实现。在这种情况下的溶质分子都倾向于到液体内部中来，但由于扩散作用的存在，使一部分溶质仍留在液体表面，从而使表面张力稍稍增大。对于这种情况，溶质在相表面的浓度必然小于它在相内部的浓度。

从上面两种情况分析可以看到，溶质在相表面和相内部的分布是不均匀的，表现在相表面和相内部浓度不同。凡能在表面上产生正吸附从而使表面张力降低的物质叫表面活性物质，如有机酸、醇、醛、酮等对水是表面活性物质。反之，叫表面惰性物质，如无机酸、碱、盐等对水是表面惰性物质。

下面以脂肪酸同系物为例讨论气液界面吸附的宏观规律以及这些宏观规律的微观解释。

脂肪酸同系物(例如甲酸、乙酸、丙酸、丁酸)对水是表面活性物质。图 4-2 和图 4-3 分别表示脂肪酸同系物水溶液的表面张力和浓度的关系以及它们的吸附量与浓度的关系。

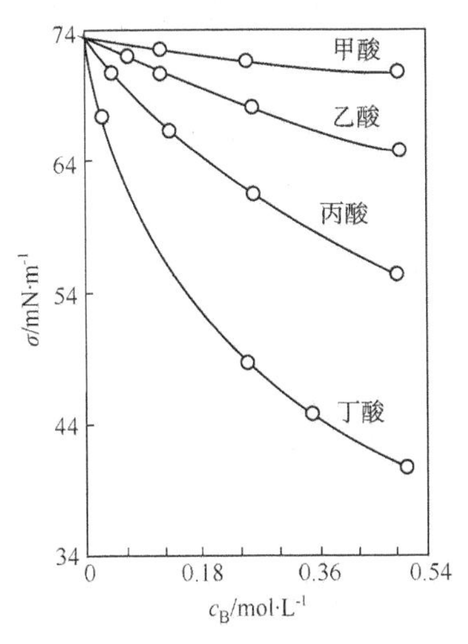

图 4-2　脂肪酸同系物水溶液的表面张力与浓度关系

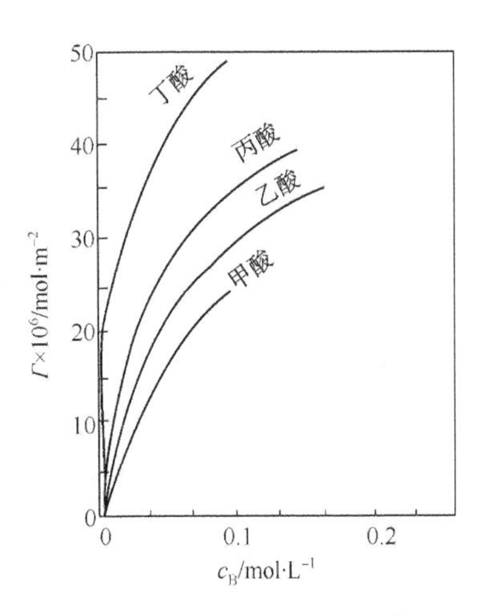

图 4-3　脂肪酸同系物水溶液的吸附量与浓度关系

从图 4-2 和图 4-3 可以看到：

① 在浓度相同时，脂肪酸同系物降低表面张力的能力和它在界面上的吸附量随着相对分子质量的增加而增加，这个规则叫特劳贝(Traube)规则，并且每增加一个—CH_2—基，降低表面张力的能力约增加 3.2 倍。

② 同一溶质，在浓度较小时，表面张力随浓度增加而降低得很快，后来表面张力随浓度的变化减小。同样，同一溶质在浓度较小时吸附量随浓度增加而增加得很快，后来吸附量随浓度的变化减小。

可以从微观本质来理解上面看到的宏观规律。

脂肪酸分子像其他表面活性物质分子的结构一样由两部分组成：一部分是非极性部分(烃链)，是亲油的；另一部分是极性部分(羧基)，是亲水的。图 4-4 表示的是丁酸的分子结构。

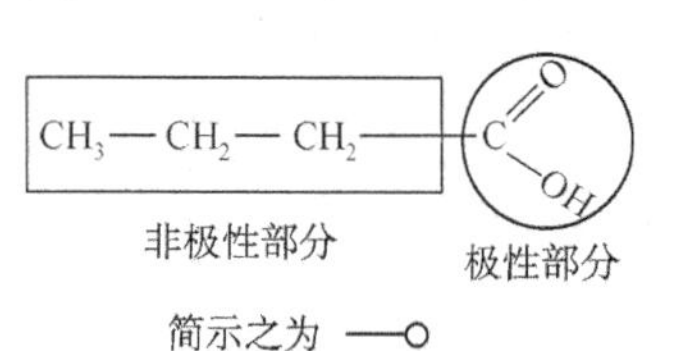

图 4-4　丁酸的结构

由于脂肪酸分子的两亲性质，使它在气液界面上吸附时，总是极性部分指向水，非极性部分露出空气。脂肪酸同系物相对分子质量的增加，使露出空气的非极性部分的长度增加，空气对它的吸引力加大，因而净吸引力减小，所以表面张力随着脂肪酸同系物相对分子质量的增加而减小。表面张力减小的结果，使脂肪酸分子更倾向于到液面上来，因此随着脂肪酸相对分子质量的增加，它在液面上的吸附量也随着增加。这就是特劳贝法则的微观解释。

至于表面张力随浓度变化的规律，它是脂肪酸分子在吸附层排列情况的宏观反映。脂肪酸分子在吸附层的排列情况与它在液体中的浓度有关。由图 4-5 可以看到，在浓度很小时(如图 4-5 的Ⅰ)，脂肪酸分子是平铺在液面上；在浓度较大时(如图 4-5 的Ⅱ)，脂肪酸分子是倾斜于液面的；当浓度继续增加，脂肪酸分子可在液面上形成饱和吸附层(如图 4-5 的Ⅲ)。这时分子彼此靠拢，形成一单分子层。当吸附层为图 4-5 的Ⅰ时，由于烃链平铺液面，所以它对表面性质的影响较之吸附层如图 4-5 的Ⅱ、Ⅲ时的影响要大得多。因此在浓度较小时，脂肪酸浓度对表面张力变化的影响大；在浓度较大时，脂肪酸浓度对表面张力变化的影响小；直到形成饱和吸附层时，脂肪酸浓度对表面张力的变化就不再有什么影响了。这就是上面看到的第二个宏观规律即表面张力随浓度变化规律的微观解释。对于吸附量随浓度的变化规律，则可从表面张力随浓度的变化规律得到理解。

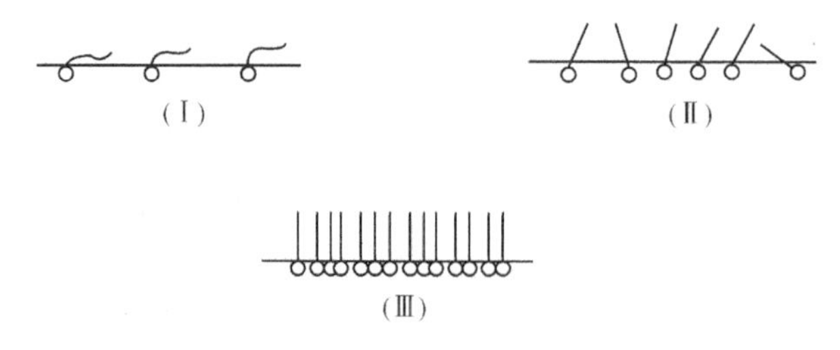

图 4-5　脂肪酸分子在吸附层的排列情况

吸附量与溶液浓度和表面张力随浓度变化率的关系，可用吉布斯(Gibbs)吸附等温式表示：

$$\Gamma = -\frac{c}{RT} \cdot \frac{\mathrm{d}\sigma}{\mathrm{d}c} \tag{4-5}$$

式中　Γ——吸附量，$mol \cdot m^{-2}$；

c——吸附质在溶液内部的浓度，$mol \cdot L^{-1}$；

R——通用气体常数，$N \cdot m \cdot K^{-1} \cdot mol^{-1}$；

T——热力学温度，K；

$\frac{d\sigma}{dc}$——表面张力随浓度的变化率，$N \cdot m^{-1} \cdot mol^{-1} \cdot L$，可由 σ-c 曲线的斜率求出。

当$\frac{d\sigma}{dc}<0$，Γ 为正值(正吸附)；当$\frac{d\sigma}{dc}>0$，Γ 为负值(负吸附)。

吉布斯吸附等温式很重要，因为气液界面上的吸附量不容易由实验直接测定，但它可以由吉布斯吸附等温式间接算出。例如从表 4-3 的数据就可计算 23.4℃时正丁醇在指定浓度下在气液界面上的吸附量。

二、液液界面上的吸附

液液界面吸附与气液界面吸附有许多相同之处：

① 和气液界面吸附一样，界面活性物质在液液界面吸附都可降低液液界面的界面张力，减少界面能，从而使体系更加稳定。

② 和气液界面吸附一样，吸附在液液界面上的界面活性物质是定向排列的。它的排列情况随着浓度的变化而变化(参考图 4-5)。

③ 吉布斯吸附等温式可用于液液界面上吸附量的计算。

但液液界面吸附又有如下特点：

① 由于液液界面的界面张力小于气液表面张力，因此液液界面的吸附倾向小于气液界面。

② 界面活性物质对两种液体的亲和力，对液液界面吸附量有重要的影响。

若界面活性物质对两种液体的亲和力都很靠近，则吸附量多，否则吸附量少。例如在苯水界面上吸附油酸钠，由于油酸钠分子的非极性部分对苯的亲和力与它的极性部分对水的亲和力相靠近，所以它在苯水界面上的吸附量大。若以油酸钠的烃链长度作标准(如图 4-6 的Ⅰ)，缩短烃链的长度(如图 4-6 的Ⅱ)，则溶质在水中浓度增大，而在苯中的浓度减小。反之，增加烃链长度(如图 4-6 的Ⅲ)，溶质在苯中的浓度增大，而在水中的浓度减小。这两种情况，都会降低溶质在苯水界面上的吸附量。

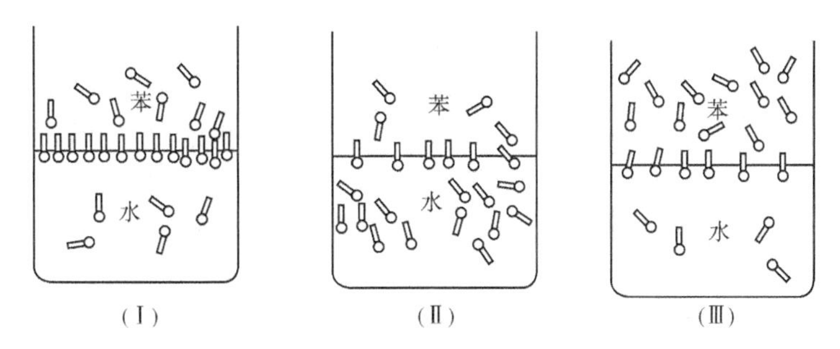

图 4-6　界面活性物质的烃链长度与吸附量关系

三、固液界面上的吸附

固液界面上的吸附又称固体从溶液中吸附，描述过程比较复杂，因为最简单的溶液也有两个组分，溶质与溶剂都可能被吸附，而且溶质和溶剂还有相互影响。至今，仍未建立起成熟的理论来解释固液界面吸附的全部问题。这里只介绍弗兰特黎胥(Freundlich)吸附等温式和经验规律。

1. 弗兰特黎胥吸附等温式

保持温度不变，吸附量与溶质浓度的关系称为吸附等温式。弗兰特黎胥吸附等温式如下：

$$\Gamma=\beta c^{\frac{1}{n}} \tag{4-6}$$

式中 Γ——每千克固体所吸附溶质的物质的量，$mol \cdot kg^{-1}$；

c——溶液中溶质的浓度，$mol \cdot L^{-1}$；

β、n——经验常数，与温度、溶质、溶剂和固体的性质有关。若对式(4-6)两边取对数，则

$$\lg\Gamma=\frac{1}{n}\lg c+\lg\beta \tag{4-7}$$

如果弗兰特黎胥吸附等温式可用于固体从溶液中吸附，则以 $\lg\Gamma$ 对 $\lg c$ 作图，应得一直线。25℃时，活性炭从水中吸附乙酸符合弗兰特黎胥吸附等温式，由实验得到的经验常数为

$$\beta=9.644 mmol \cdot kg^{-1}$$

$$n=2.353$$

2. 固液吸附的一些经验规律

(1) 若溶质为非电解质或弱电解质

① 极性固体易于吸附极性溶质，非极性固体易于吸附非极性溶质。这规律反映了一个规则，叫极性相近规则。此规则说明极性相近的物质或部分(如表面活性物质的非极性部分和极性部分)能很好地结合。图 4-7 可用于说明这一规则，因脂肪酸同系物极性大小顺序为甲酸>乙酸>丙酸>丁酸，而溶剂(即水)的极性最大，所以活性炭(非极性固体)易于从水中吸附极性较小的溶质，因而吸附量的顺序是丁酸>丙酸>乙酸>甲酸。

② 当用极性固体(例如硅胶)从非极性溶剂(例如苯)中吸附带烃链的表面活性物质时，则烃链越长，吸附量越少；相反，当用非极性固体(例如活性炭)从极性溶剂(例如水)中吸附带烃链的表面活性物质时，则烃链越长，吸附量越多。这些规律(参考图 4-8)也是极性相近规则的反映。因在带烃链的表面活性物质中，烃链越长，非极性越强，与极性固体(例如硅胶)极性越不相近，所以吸附量越少，但与非极性固体(例如活性炭)的极性却越相近，所以吸附量越多。

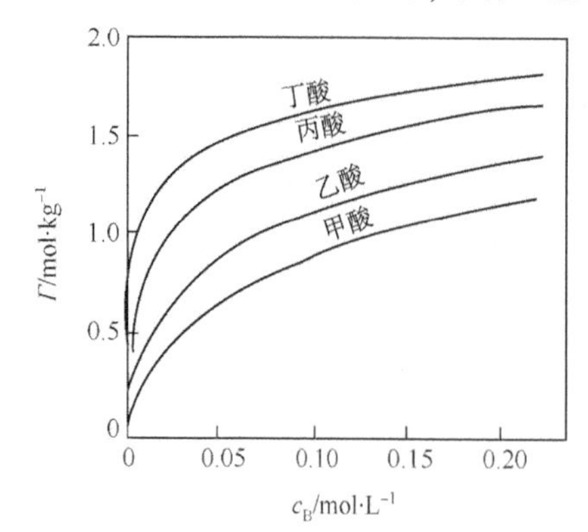

图 4-7 活性炭从脂肪酸水溶液中的吸附等温线

③若溶质在不同溶剂中有不同的溶解度，则溶解度越小的溶剂中的溶质在固体表面上的吸附量越多。例如苯甲酸在四氯化碳和苯中的溶解度之比为 4.18∶12.43。硅胶从四氯化碳和苯中吸附苯甲酸的数据如图 4-9 所示。从图中可以看出，溶解度越小的溶剂中的溶质在固体表面上有越多的吸附量。

也可从极性相近规则理解这一例子。因四氯化碳不易为极性物质(这里为苯甲酸)诱导产生极性，而

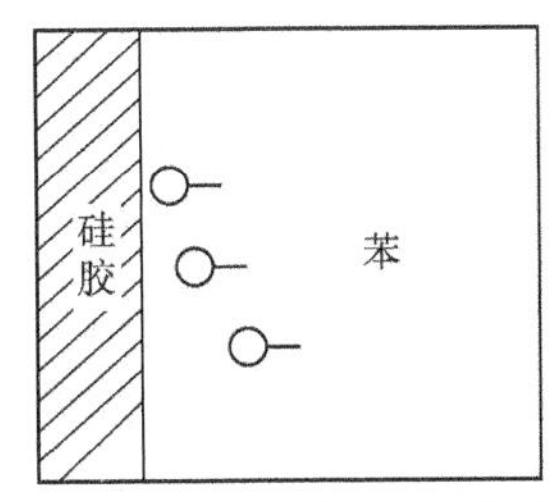

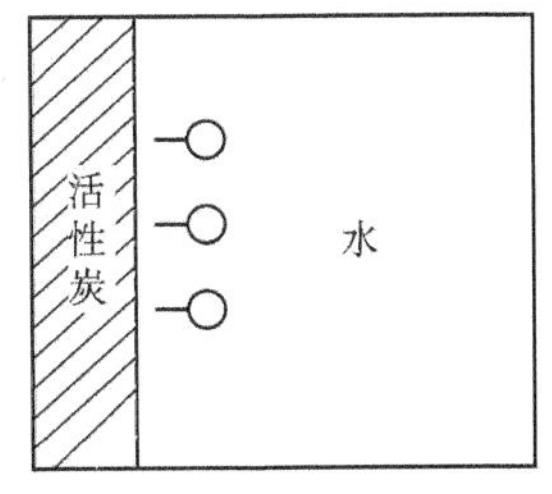

图 4-8　固体与溶剂对吸附的影响

苯则易为极性物质诱导产生极性。与苯相比，四氯化碳的极性更不接近苯甲酸，故苯甲酸在四氯化碳中溶解度较小而有利于它在硅胶表面上的吸附。

④ 温度对溶质在固体表面上吸附量的影响决定于两个因素。一个因素是决定于温度对固体表面吸引力的影响，通常是温度升高，固体表面对溶质的吸引力减小，使溶质在固体表面的吸附量也随着减少。另一个因素是决定于温度对溶质在溶剂中溶解度的影响。若温度升高，溶解度增加，这时前一因素与后一因素起作用的趋向相同，则温度升高，溶质在固体表面上的吸附量必然减少(活性炭从水溶液中吸附乙酸就是此一情形)；若温度升高溶解度减小，这时前一因素与后一因素起作用的趋向相反，则温度对吸附量的影响决定于哪一个因素起主导作用。前一因素起主导作用，则温度升高吸附量减少(活性炭从稀丁醇水溶液吸附丁醇就是此一情形)；后一因素起主导作用，则温度升高吸附量增加(活性炭从浓丁醇水溶液吸附丁醇就是此一情形)。可见，温度对固体表面吸附量的影响需要对具体体系进行具体分析。

(2) 若溶质为电解质

若溶质为电解质，有一条重要的经验规律，即当离子键固体从溶液中吸附离子时，若溶液中的离子能与固体中的异号离子形成难溶盐，则这种离子优先被吸附。这条规律首先由法扬斯(Fajans)总结出来的，所以叫法扬斯法则。这法则可以解释为什么 AgI 从含 Ag^+和 NO_3^-的水溶液中优先吸附 Ag^+或从含 K^+和 I^-水溶液中优先吸附 I^-(图 4-10)。

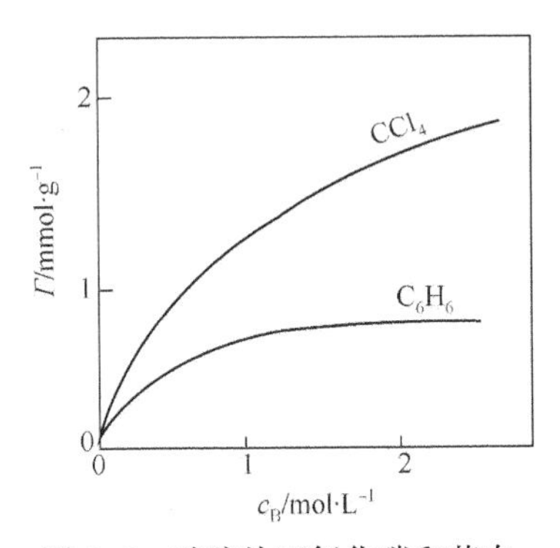

图 4-9　硅胶从四氯化碳和苯中吸附苯甲酸的吸附等温线

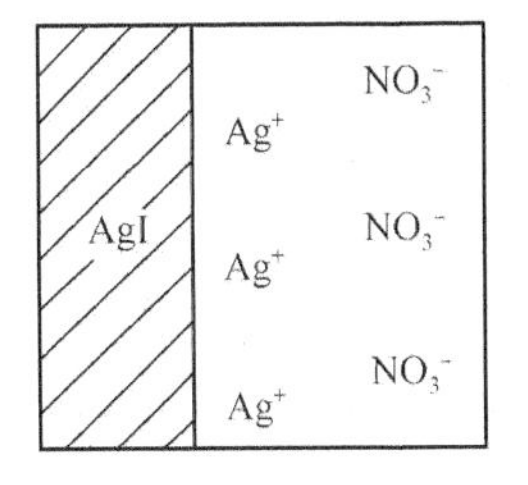

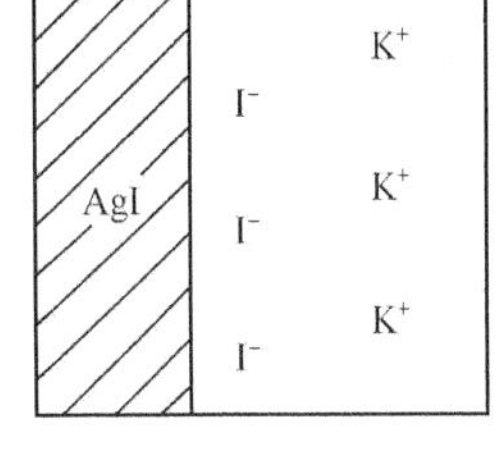

图 4-10　法扬斯法则

四、固气界面上的吸附

固-气界面最重要的特性是固体对气体的吸附作用，简称气体吸附。这一性质不仅可直接用于气体的分离与提纯，煤层气、页岩气的开采，而且对研究多相催化作用有重要意义。测定固体表面的宏观结构性质(如比表面、孔径分布等)的最常用的方法也是根据气体吸附的原理设计的。

当气体在固体表面被吸附时，固体称为吸附剂，通常用单位质量的吸附剂所吸附气体的体积 V 或物质的量 n 表示吸附量，用符号 Γ 表示，即 $\Gamma=V/m$ 或 $\Gamma=n/m$。Γ 的单位为 $m^3 \cdot kg^{-1}$ 或 $mol \cdot kg^{-1}$，吸附量的大小是衡量吸附剂吸附能力和计算吸附剂比表面的重要依据。

1. 物理吸附与化学吸附

以固体表面和气体作用力的性质区分，吸附作用大致可分为物理吸附与化学吸附两类。发生物理吸附的吸附力是物理性的，即主要是范德华力的作用，发生物理吸附时吸附分子和固体表面组成都不会改变。发生化学吸附时吸附分子与固体表面间有某种化学作用，即它们之间有电子的交换、转移或共有，从而可导致原子的重排、化学键的形成或破坏。

由于吸附力本质不同，物理吸附和化学吸附在吸附热、吸附速度、吸附的选择性、吸附层数、发生吸附的温度、解吸状态等方面都有明显的差异。

物理吸附通常进行得很快，并且是可逆的，被吸附了的气体在一定条件下，在不改变气体和固体表面性质的状况下定量脱附。物理吸附是放热过程，吸附热与气体的液化热相近。气体的物理吸附与气体的液化相似，故只有在临界温度以下才能发生，且通常在较低的温度(如吸附质气体的沸点附近)时即可显著进行。物理吸附可以在任何固气界面上发生，即物理吸附无选择性。当因吸附剂孔径的大小限制某些分子进入，也可呈现选择性吸附，但这种性质并非因气体分子与固体表面的特殊要求所决定。物理吸附可以是单层的，也可以是多层的，这是因为在一层吸附分子之上仍有范德华力的作用。

化学吸附速度与化学反应类似，需要活化能的化学吸附常需在较高温度下才能以较快的速度进行。化学吸附常是不可逆的，解吸困难，并常伴有化学变化的产物析出。化学吸附的吸附热与化学反应热相近，大多仍为放热过程。化学吸附总是单层吸附，且有明显的选择性。

物理吸附与化学吸附的基本区别见表 4-5。

表 4-5　物理吸附与化学吸附的基本区别

对比项目	物理吸附	化学吸附
吸附力	范德华力	化学键力
吸附热	近于液化热(<40kJ · mol^{-1})	近于化学反应热(约 80~400kJ · mol^{-1})
吸附温度	较低(低于临界温度)	相当高(远高于沸点)
吸附速度	快	有时较慢
选择性	无	有
吸附层数	单层或多层	单层
脱附性质	完全脱附	脱附困难，常伴有化学变化

以上列举的是物理吸附与化学吸附的一般特点和区别，例外情况常有所见。如，-180℃时 CO 在铁催化剂上就可以发生化学吸附，而碘蒸气 200℃时在硅胶上还是物理吸附；不需要活化能的化学吸附可在瞬间完成，而在微孔固体上发生物理吸附时有时因扩散速度慢而使吸附速度很慢。在实际的吸附过程中，两类吸附有时会交替进行。如先发生单层的化学吸附，而后在化学吸附层上再进行物理吸附。因此，欲了解一个吸附过程的性质，常要根据多种性质进行综合判断。

物理吸附常用于脱水、脱气、气体的净化与分离等；化学吸附是发生多相催化反应的前提，并且在多种学科中有广泛的应用。

2. 朗缪尔(Langmuir)吸附等温式

对于气体在固体表面上的吸附，显然，吸附量是吸附质、吸附剂的性质及其相互作用、吸附平衡时的压力和温度的函数。当吸附质、吸附剂固定后，吸附量只与温度和压力有关。在吸附量、温度、压力三个参数中，为了不同的研究目的，常恒定其中某个参数，考查其他二参数间的关系。当温度一定时，吸附量与平衡压力的函数关系称为吸附等温式，关系曲线称为吸附等温线。

1916年，Langmuir首先提出单分子层吸附模型，并从动力学观点推导了单分子层吸附方程式。根据单分子层吸附模型，在推导过程中作了如下假设：

① 单分子层吸附：不饱和力场范围相当于分子直径$(2\sim3)\times10^{-10}$m，只能单分子层吸附。

② 固体表面均匀：表面各处吸附能力相同，吸附热是常数，不随覆盖程度而变。

③ 被吸分子相互间无作用力：吸附与解吸难易程度，与周围是否有被吸附分子无关。

④ 吸附平衡是动态平衡：气体碰撞到空白表面可被吸附，被吸分子也可重回气相而解吸(或脱附)。吸附速率与解吸速率相等，即达吸附平衡。

基于上述假设，Langmuir推导出的吸附等温式如下：

$$\Gamma/\Gamma_{\infty}=bp/(1+bp) \tag{4-8}$$

式中，Γ_{∞}代表单分子层饱和吸附量；b称吸附系数，与吸附剂、吸附质本性及温度有关。b愈大，吸附能力愈强，b有压力倒数的量纲。图4-11为高压下甲烷在某种煤上的吸附等温线，显示煤对甲烷的吸附能力很强。

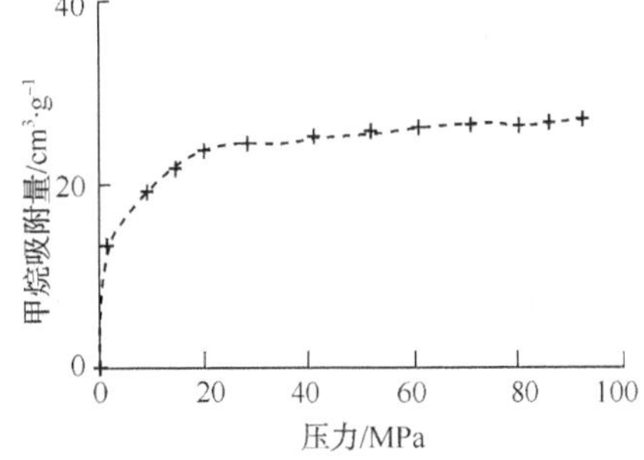

图4-11 某种煤吸附甲烷的等温线

第三节 润 湿

润湿是一种表面现象，油在地层表面是否易于铺开就是一种与润湿有关的现象，这种现象直接与原油采收率相关。此外，钻井液的配制、驱油剂的选择和各种处理剂的使用都要考虑对这种表面现象的影响。

一、润湿产生的原因

若将一个固体颗粒投入液体中，固体表面就被液体所润湿。投入前，固体表面与空气接触，设它的表面张力为$\sigma_{气固}$；投入后，固体表面与液体接触，设它的表面张力为$\sigma_{液固}$。投放前后，固体颗粒的表面积A没有发生变化，但表面能发生了改变。设表面能的改变为ΔU_s，则

$$\Delta U_s=\sigma_{液固}A-\sigma_{气固}A=(\sigma_{液固}-\sigma_{气固})A$$

由于$\sigma_{气固}$大于$\sigma_{液固}$，所以ΔU_s为负值，表示表面能降低。表面能降低是润湿发生的根本原因。前面讲过，表面能趋于减少是一切表面现象所遵循的规律。润湿是一种表面现象，所以它受这个规律制约。至此可给润湿下个定义，即固体表面上一种流体(如气体)被另一种流体(如液体)取代从而引起表面能下降的过程叫润湿。

二、润湿程度的衡量标准

润湿程度常用两个标准衡量：

1. 润湿角(或接触角)

若表面上有一液滴，则润湿角是指过气液固三相交点对液滴表面所作切线与液固界面所夹的角。润湿角常用 θ 表示。图 4-12 表示的是水和水银对玻璃表面的润湿角。

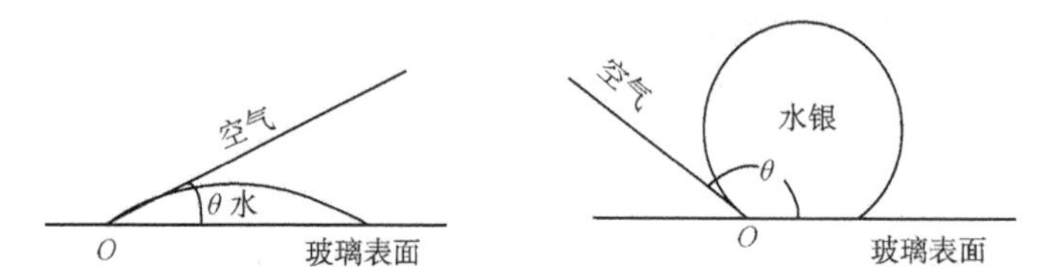

图 4-12 水和水银在玻璃表面上的润湿角

按润湿角定义，可得

$\theta<90°$	润湿好
$\theta>90°$	润湿不好
$\theta=0°$	完全润湿
$\theta=180°$	完全不润湿

测定润湿角的方法很多，最简单的方法是投影法，即用图 4-13 所示的装置，通过会聚镜把固体表面上的液滴放大并投影在幕上，在幕上的投影像，可用感光胶片拍下来，再将润湿角量出。

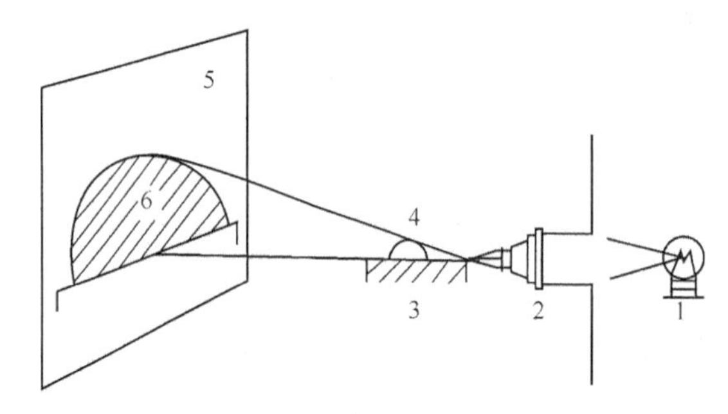

图 4-13 用投影法测润湿角

1—光源；2—会聚镜；3—固体；4—液滴；5—幕；6—液滴的投影像

润湿角也可以从理论上由表面张力的数值间接求得。从图 4-14 可以看到，在气液固交点 O 处有三种表面张力，即 $\sigma_{气固}$、$\sigma_{液固}$、$\sigma_{气液}$ 相互作用着，表面张力之间需有下列关系才能达到平衡：

$$\sigma_{气固}=\sigma_{液固}+\sigma_{气液}\cos\theta$$

即

$$\cos\theta=\frac{\sigma_{气固}-\sigma_{液固}}{\sigma_{气液}} \tag{4-9}$$

或

$$\theta=\arccos\frac{\sigma_{气固}-\sigma_{液固}}{\sigma_{气液}} \tag{4-10}$$

上述两个关系式被称为杨氏方程或 Young 方程。

由式(4-9)或式(4-10)可以看出，只要知道 $\sigma_{气固}$、$\sigma_{液固}$、$\sigma_{气液}$，润湿角就可以由计算求得。但目前除了 $\sigma_{气液}$ 可以直接测定外，$\sigma_{气固}$、$\sigma_{液固}$ 还不能直接测定。因此由表面张力间接计算润湿角的方法还得不到实际应用。

上面所讨论的润湿针对的是液滴夹在气体与固体之间的表面。如以一种与液滴不相互溶的液体代替气体，也可得到完全相同的结果。

2. 粘附功

粘附功是指将单位面积(例如 $1m^2$)固液界面在第三相(例如气相)中拉开所做之功(参考图 4-15)。在这拉开的过程中，设表面能变化为 ΔU_s，则

$$\Delta U_s=(\sigma_{气液}+\sigma_{气固}-\sigma_{液固})\times 1m^2 \tag{4-11}$$

根据表面张力的概念，ΔU_s 必大于零，即表面能增加。这个表面能的增量就等于粘附功，以符号 $W_{粘}$ 表示。

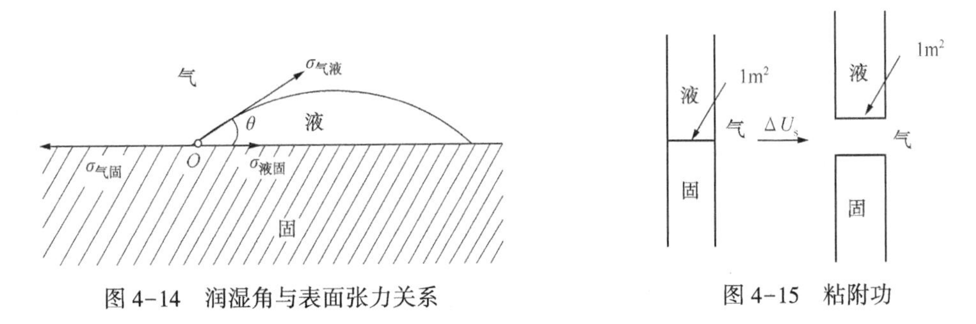

图 4-14　润湿角与表面张力关系

图 4-15　粘附功

润湿角与粘附功有如下关系：

$$W_{粘}=\sigma_{气液}(1+\cos\theta) \tag{4-12}$$

式(4-12)可由式(4-9)和式(4-11)导出。从式(4-12)看到，θ 越小，$W_{粘}$ 越大，也即液体对固体的粘附能力越强。

三、润湿程度的影响因素和润湿反转现象

润湿程度的影响因素有很多，如液体和固体的性质、电解质、温度等。但液体和固体的性质是润湿程度的决定因素。根据液体的性质，可把液体分成两类：一类是极性液体，可用水作代表；一类是非极性液体，可用油作代表。与液体相对应，固体也可分为两类：一类是亲水性固体；另一类是亲油性固体。前者主要是离子键固体，例如硅酸盐、碳酸盐和硫酸盐，这类固体对极性液体亲力大，$\sigma_{液固}$ 小，所以对水的润湿角小；后者主要是共价键固体，例如有机物固体和硫化物，这类固体对非极性液体亲力大，$\sigma_{液固}$ 小，所以对油的润湿角小。

液体对固体表面的润湿能力有时会因第三种物质的加入而发生改变。例如一个亲水性固体的表面由于表面活性物质的吸附变成一个亲油性的表面。或者相反，一个亲油性的固体表面由于表面活性物质的吸附变成一个亲水性的表面。固体表面的亲水性和亲油性都可以在一定条件下发生相互转化(参见图 4-16)。固体表面的亲水性和亲油性的相互转化叫润湿反转。

油藏岩石主要为砂岩和碳酸盐岩。砂岩组成主要为硅铝酸盐，碳酸盐岩主要为方解石和白云岩，按它们的性质都是亲水性固体。但实际上它们的润湿性都较复杂。

实际原油中，除含有烃类非极性物外，总是不同程度地含有极性物质，甚至于含有部分

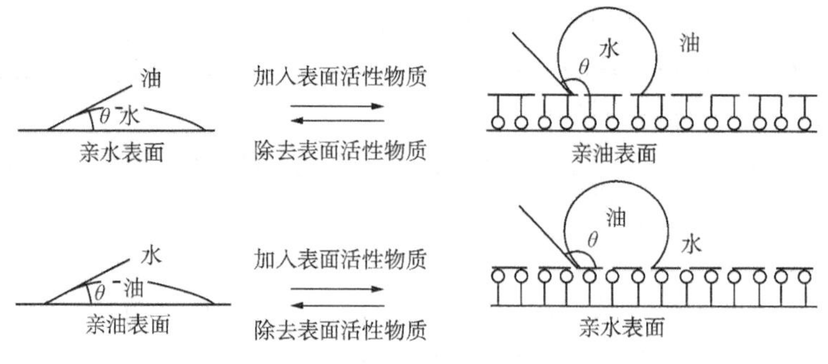

图 4-16 润湿反转现象

表面活性物质。石油中的极性物质对各种矿物表面的润湿性都有影响，但影响的程度各不相同，有的能够完全改变岩石的润湿性，使润湿性发生转化，有的影响程度比较轻微，这取决于极性物质的性质。砂岩表面常常由于表面活性物质的吸附而改变性质，导致其向亲油性发生转化，即润湿反转。油在这样的砂岩表面上是不易被水洗下来的。这是原油采收率不高的一个原因。有些提高采收率的方法是根据润湿反转的原理提出来的。例如向油层注活性水(溶有表面活性剂的水)，使注入水中的表面活性剂按极性相近规则吸附第二层，抵消了原来表面活性物质的作用(参见图 4-17)，使砂岩表面由亲油表面再次反转为亲水表面。这样，油就容易为水洗下来，使采收率得到提高。

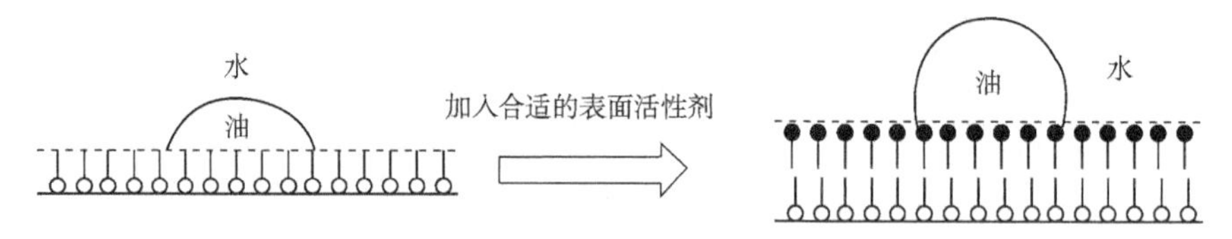

图 4-17 由表面活性剂第二层吸附引起的润湿反转

第四节 曲界面两侧的压力差

用小玻璃管吹一肥皂泡时，只有堵住管口才能保持此泡，否则，肥皂泡很快收缩成液滴。这是因为弯曲的液面两侧有压力差。只有维持此压力差弯曲液面才能存在。此压力差值与液体的表面张力和液面弯曲程度有关。

一、液面的曲率

液面弯曲的特性通常用曲率来描述。曲面上任何点的曲率为曲面在此点的一对正交法平面与该曲面截口 a(图 4-18b 中曲线 P_1OP_2 和 Q_1OQ_2)的曲率的平均值。曲线在任何点的曲率则用它的法线与坐标轴的交角随线长的改变率 $\mathrm{d}a/\mathrm{d}S$ 来度量(图 4-18a)。不难导出，曲线的曲率等于与该点相切之圆的半径 R 的倒数。R 叫作曲线在该处的曲率半径。因此，曲面上某处的正交法平面截口的曲率半径和叫作曲面在此点的主半径。球面的两主半径相等，其曲率就等于球半径的倒数。习惯规定曲率圆心在所处于的相内时曲率为正值，反之取负值。液面曲率之符号和数值皆由式(4-13)的计算结果决定。

法平面即含有该处法线之平面。截口是指法平面与曲面的交线。

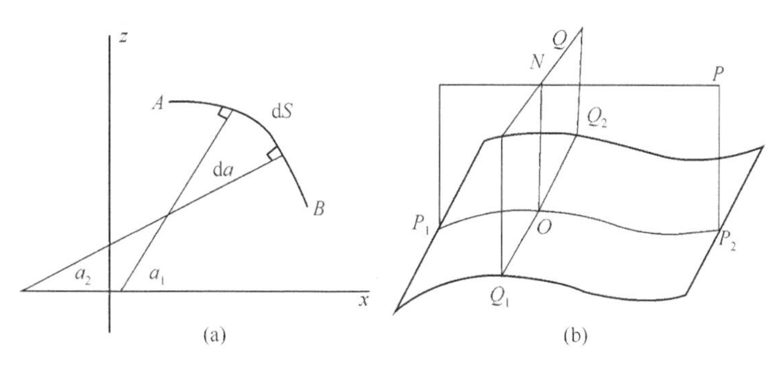

图 4-18　曲线和曲面的曲率

(a)曲线；(b)曲面

$$\frac{1}{R}=\frac{\frac{1}{R_1}+\frac{1}{R_2}}{2} \tag{4-13}$$

通常，凸液面的曲率为正值，凹液面的曲率为负值，平面的曲率为零。由于液体存在表面张力，因此弯曲液体表面对液体的性质产生一系列影响，其中最重要的是弯曲液面下的附加压力。由于 Laplace 给出此压力与液体表面张力的基本关系，常称为 Laplace 压。

二、Laplace 公式

设在一恒温恒容箱中有一表面张力为 σ 的液滴(图 4-19)。箱内可逆地发生一过程：液滴改变体积 dV_1，气相体积变化 dV_g。相应地气液界面面积改变 dA。根据热力学原理，此过程体系的自由能不变，即 $dG=0$

$$dG=-p_g dV_g-p_1 dV_1+\sigma dA=0 \tag{4-14}$$

式中，p_g、p_1分别代表气相和液相压力。由此可见，此过程中膨胀功与表面功大小相等、符号相反。因为 $dV_1=-dV_g$，故

$$\Delta p=p_1-p_g=\sigma(dA/dV_1) \tag{4-15}$$

若液滴成半径为 R 的球形

$$\frac{dA}{dV_1}=\frac{2}{R} \tag{4-16}$$

于是

$$\Delta p=\frac{2\sigma}{R} \tag{4-17}$$

如果液面不成球形，对于液面上主半径为 R_1和 R_2的任意点，取一微小面积元 $ABCD$(参见图 4-20)，使面积扩大一无限小量时，$x\to x+dx$，$y\to y+dy$，$z\to z+dz$。相应的体积增量和面积增量为

$$dV=xydz$$
$$dA=d(xy)=xdy+ydx \tag{4-18}$$

合并得到

$$\frac{dA}{dV}=\frac{\frac{dy}{y}+\frac{dx}{x}}{dz} \tag{4-19}$$

图 4-20 中三角形 AOB 与 $A'OB'$，三角形 $BO'C$ 与 $B'O'C'$可看作相似三角形，故

$$\mathrm{d}x=\frac{x\mathrm{d}z}{R_1};\ \ \mathrm{d}y=\frac{y\mathrm{d}z}{R_2} \tag{4-20}$$

于是得到

$$\frac{\mathrm{d}A}{\mathrm{d}V}=\frac{1}{R_1}+\frac{1}{R_2} \tag{4-21}$$

代入式(4-15)得到

$$\Delta p=\sigma\left(\frac{1}{R_1}+\frac{1}{R_2}\right) \tag{4-22}$$

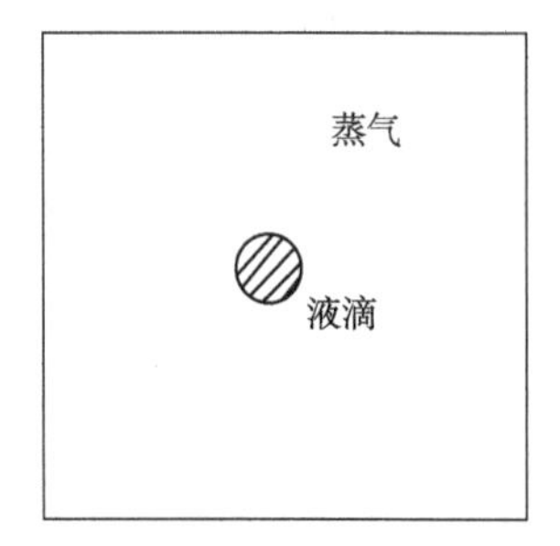

图 4-19　恒温恒容箱中液滴与蒸气平衡

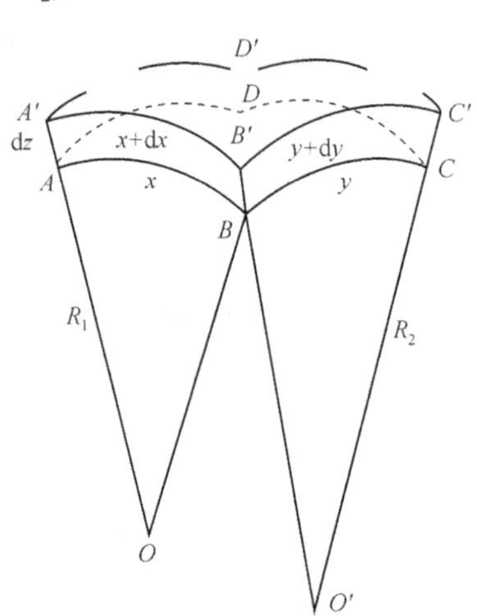

图 4-20　任意曲面示意图

这就是 Laplace 公式的一般形式。当液面为球形的一部分时，还原为式(4-17)。此式说明由于存在表面张力，弯曲液面对内相施以附加压力，其值取决于液体的表面张力和液面的曲率。由此可见，在同样的客观条件下，同样的液体所处的实际物理状态在液面曲率不同时并不相同。当液面是凸形时，如小水滴那样，R_1和 R_2均为正值，Δp 为正值，液体内部压力高于外压；液面为凹形时，R_1和 R_2均为负值，Δp 为负值，即液体内部压力低于外压；平液面时，R_1、R_2为无穷大，Δp 为 0，即液面下压力与外压相等。这种压力差别使得体相的许多性质随液滴大小和液面形状而变，并产生许多既有趣又重要的现象。这些现象将在以后相关章节进一步讨论。

第五节　毛细管现象

液体在毛细管中上升或下降和贾敏效应是最常见的两种毛细管现象。例如把玻璃毛细管插在水中，就可以看到毛细管上升现象；把它插在水银中，就可以看到毛细管下降现象。这种现象不仅发生在上述的气液界面上，而且还发生在液液界面上。例如油层的多孔结构，可以看作是纵横交错的毛细管，油水在其中同时流动时，就会相互影响，降低另一相的通过能力。

一、毛细管上升或下降现象

液体在毛细管中上升或下降是最常见的毛细管现象。例如在油层中，油水接触面是参差

不齐的，因而在油水接触面附近，形成一个油水过渡带。油水过渡带是表现在油层中的毛细管上升或下降的现象。

毛细管上升或下降虽然是相互对立的现象，但它们是可以在一定条件下相互转化的。

先讨论如图 4-21 所示的在油水界面上发生的毛细管上升现象。

若令 ρ_w、ρ_o 分别表示水和油的密度，σ 表示油水界面张力，有关的压力标在图中，就可推导出毛细管上升高度 h 的计算公式，得

$$p_6-p_1=\frac{2\sigma}{r} \tag{4-23}$$

$$p_3=p_4$$

由水力学知识，得

$$p_2=p_3$$
$$p_2-p_1=\rho_w gh$$
$$p_4-p_5=\rho_o gh$$

式中，g 为重力加速度常数。注意式(4-23)中的 r 是曲界面的曲率半径，它与毛细管半径 r' 之间的关系，可由图 4-22 证明为

$$r'=r\cos\theta$$

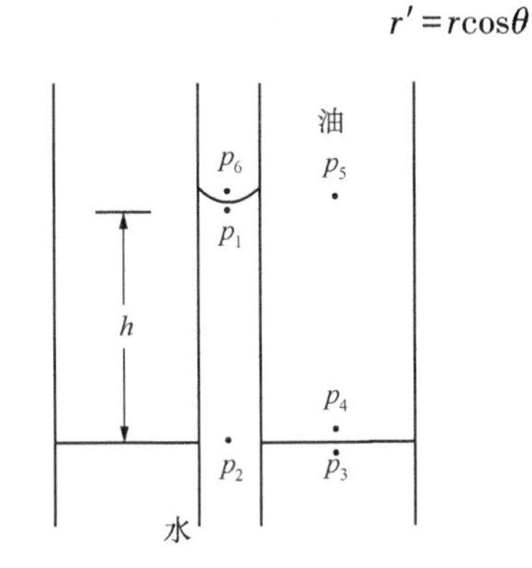

图 4-21 油水界面上的毛细管上升现象

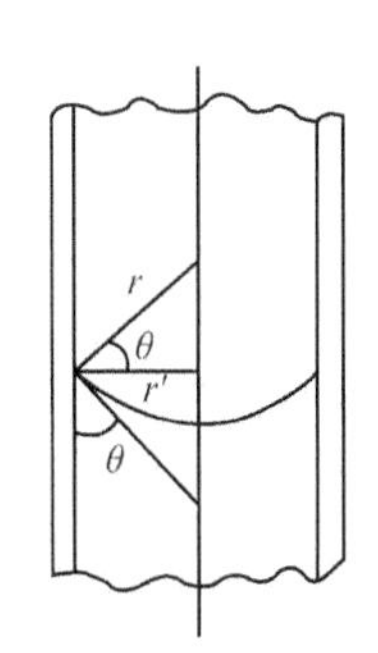

图 4-22 $r'=r\cos\theta$ 的证明

由上面几个关系式可得

$$(\rho_w-\rho_o)gh=\frac{2\sigma}{r'}\cos\theta$$

$$h=\frac{2\sigma\cos\theta}{(\rho_w-\rho_o)g\,r'} \tag{4-24}$$

式(4-24)就是油水界面上毛细管上升高度的计算公式。这公式说明：

① 毛细管上升的高度与毛细管半径成反比。

② 当 θ 的数值由 0°→90°→180°时，h 的数值将相应地由正值变成零再变成负值。这就是说，随着 θ 的增加，毛细管上升现象将向它的反面——毛细管下降现象转化。可见，液体在毛细管中上升还是下降，决定于润湿角，也即决定于液体对固体表面的润湿程度。因此，式(4-24)也可用于毛细管下降现象。

③ 两相密度差越小，界面张力越大，则毛细管上升的高度越高。

毛细管上升或下降的现象同采油的关系是很密切的。为了弄清毛细管上升或下降现象对采油的影响，可观察两个现象。当油水界面上发生如图 4-23 所示的毛细管上升现象时，只

要将毛细管倾斜，就可以观察到水驱油现象。这现象说明，对亲水地层，毛细管现象是水驱油的动力。相反，当油水界面上发生如图 4-24 所示的毛细管下降现象时，如果将毛细管倾斜，就可以观察到油驱水的现象。这现象说明，对亲油地层，毛细管现象是水驱油的阻力。

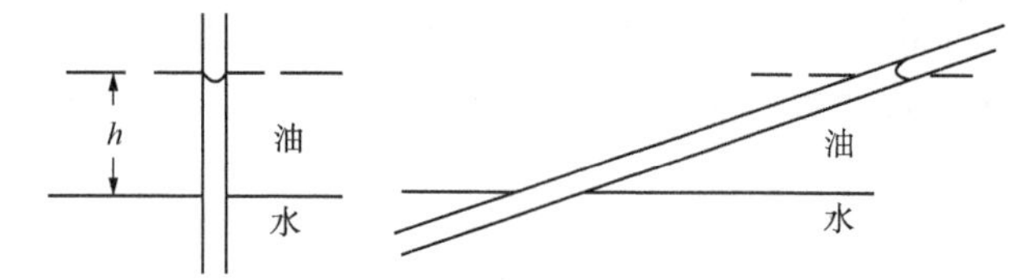

图 4-23　毛细管倾斜时毛细管中油水界面的移动(亲水地层)

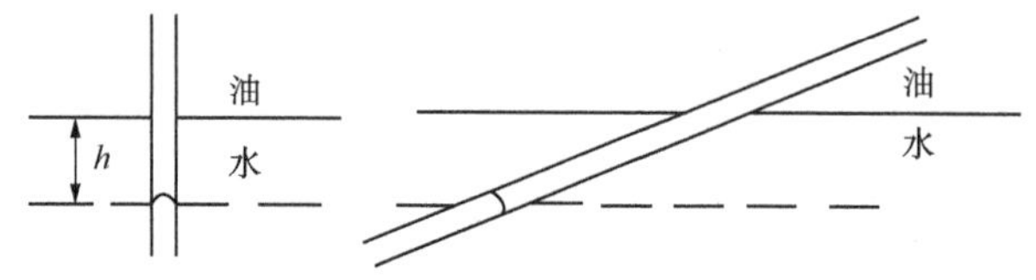

图 4-24　毛细管倾斜时毛细管中油水界面的移动(亲油地层)

在油田注水开发中，亲水地层的采收率往往比亲油地层的采收率高，其中一个原因，在于前者毛细管现象为动力，而后者毛细管现象为阻力。

可见，改变油层表面的润湿性，使毛细管现象成为水驱油的动力，这是改造油层的一个重要方面的工作。

二、贾敏效应

气泡或液珠对流体通过多孔结构喉孔的流动是有阻碍的。气泡或液珠对通过喉孔的液流所产生的阻力效应叫贾敏效应。

下面推导贾敏效应的计算公式。

参考图 4-25，一个球形的气泡或液珠通过喉孔时发生变形，有关压力和曲率半径标在图上，由曲界面两侧压力差公式得

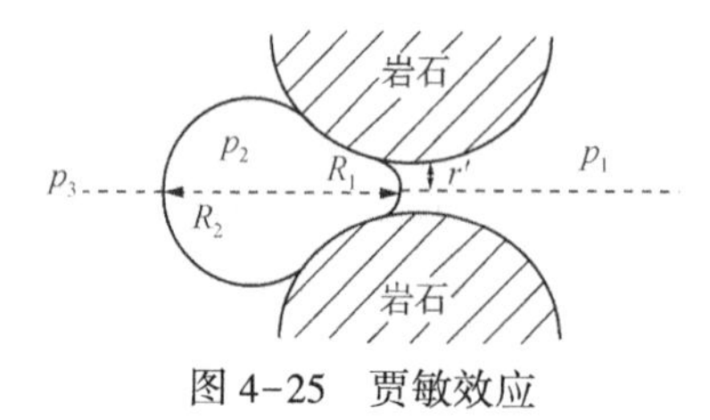

图 4-25　贾敏效应

$$p_2 - p_1 = \frac{2\sigma}{R_1}$$

$$p_2 - p_3 = \frac{2\sigma}{R_2}$$

将上两式相减，得

$$p_3 - p_1 = 2\sigma\left(\frac{1}{R_1} - \frac{1}{R_2}\right) \tag{4-25}$$

式(4-25)就是贾敏效应的计算公式。当 $R_1 = r'/\cos\theta$ 时，因 r'是最小半径，所以 $p_3 - p_1$ 最大，即喉孔内外至少有这个压力差，气泡或液珠才能通过喉孔，否则液体就被堵住。

不管地层的润湿性如何，贾敏效应始终是阻力效应。图 4-26 是发生在亲水地层的贾敏效应，贾敏效应发生在气泡或液珠通过喉孔之前。图 4-27 是发生在亲油地层的贾敏效应，贾敏效应发生在气泡或液珠通过喉孔之后。

贾敏效应是可以叠加的。图 4-28 是贾敏效应叠加的示意图。总的贾敏效应是流动通道上各个喉孔贾敏效应的加和：

$$\Delta p_{\text{Jamin}} = \sum (p_3 - p_1)_i, \quad i = 1, 2, 3, \cdots$$

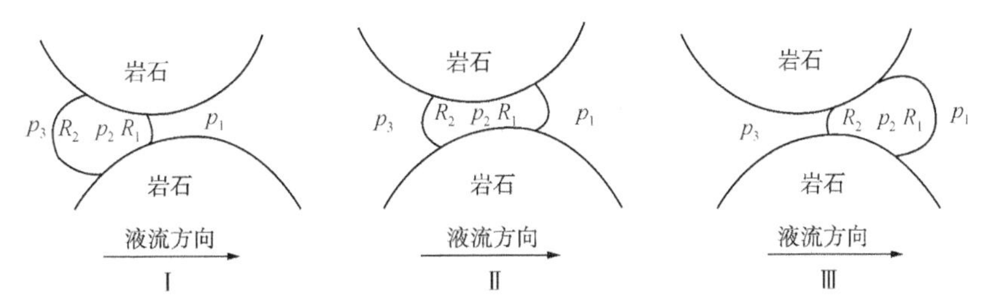

图 4-26 亲水地层的贾敏效应

Ⅰ—$p_3>p_1$ 有贾敏效应；Ⅱ—$p_3=p_1$ 无贾敏效应；Ⅲ—$p_3<p_1$ 无贾敏效应

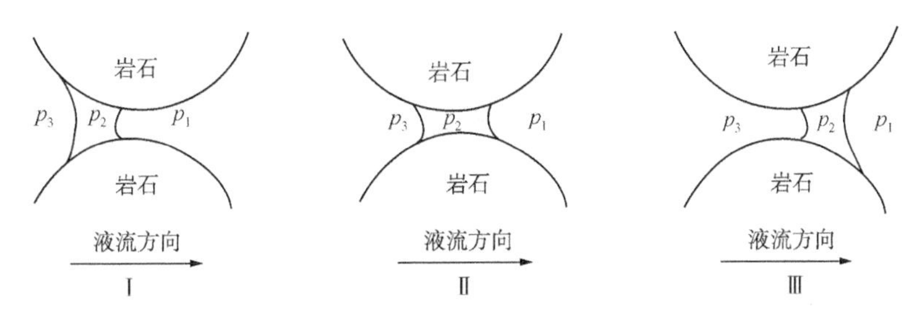

图 4-27 亲油地层的贾敏效应

Ⅰ—$p_3<p_1$ 无贾敏效应；Ⅱ—$p_3=p_1$ 无贾敏效应；Ⅲ—$p_3>p_1$ 有贾敏效应

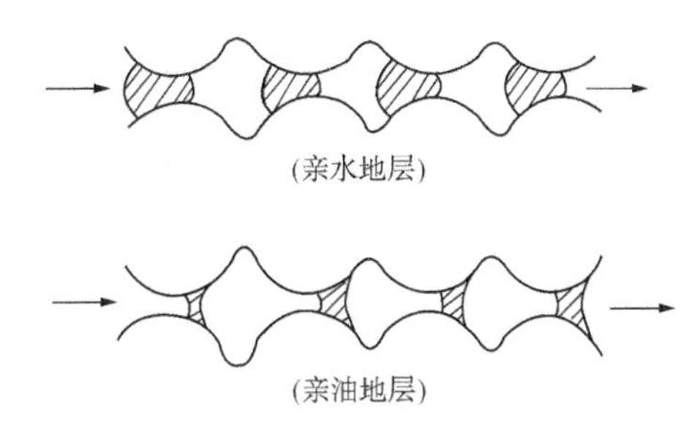

图 4-28 贾敏效应的叠加

在采油中，有时需要利用贾敏效应，如用泡沫堵水就是一个例子；有时则需要清除贾敏效应，如用表面活性剂溶液处理压井水侵入的油层就是一个例子。

思考题

1. 表面张力、表面自由能、表面分子所受到的净吸引力，三者之间有何区别？有什么联系？

2. 试从净吸引力观点考虑 $\sigma_{气固}$ 与 $\sigma_{气液}$ 的数值哪一个大？

3. 为什么液液界面张力不随压力而改变？

4. 毛细管越细，液体进入毛细管(越容易、越难、不一定)，为什么？

5. 由 $\Delta p=2\sigma/r$ 看到曲界面两侧压力差与温度无关，对吗？

6. 如下图，在带活塞的玻璃弯管两端有大小不同的两个肥皂泡，问将中间活塞打开，这两个肥皂泡将发生怎样的变化？

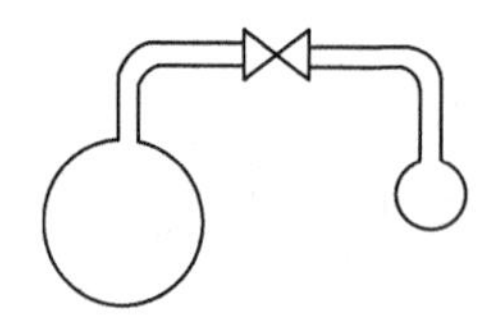

7. 试解释下面两个现象：

(1) 两玻璃片间有水(如下图)，为什么不易将它们拉开？

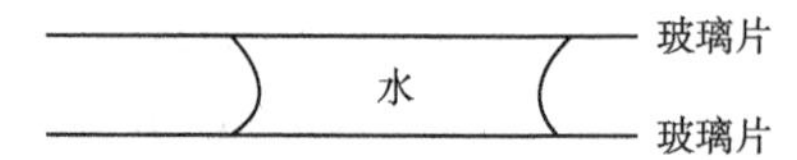

(2) 松散砂粒(如下图)遇水，为什么引起坍塌？

8. 玻璃板下有气泡，其形状可能有两种情况(如下图)，这两种情况中，哪一种情况液体对固体润湿好？水银、玻璃和空气属哪一种？

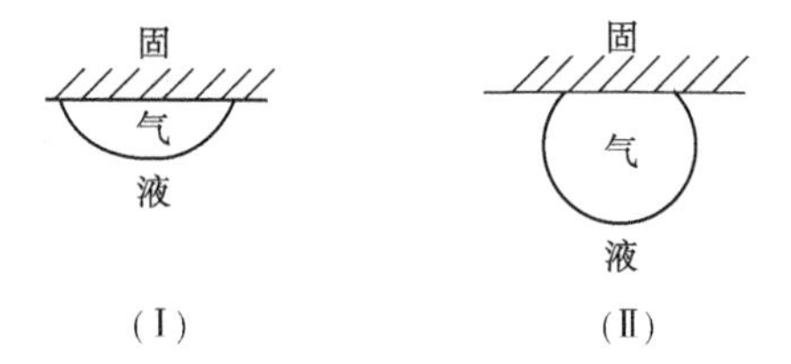

9. 画出下面两种情况的润湿角，说明哪种液体对固体润湿好。

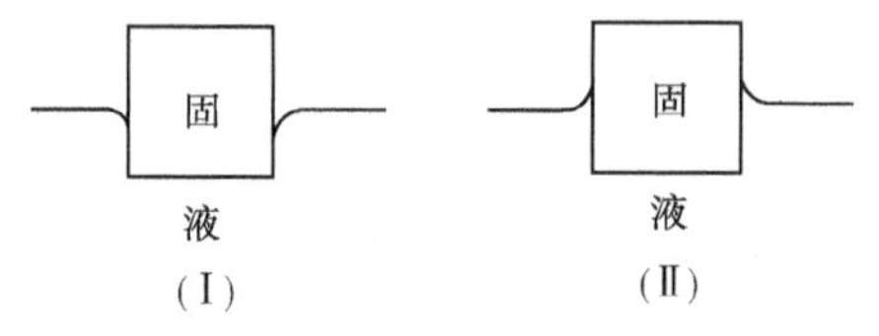

10. 有5种固体，它在液面的平衡位置如下图所示，试画出它们的润湿角并标出润湿好坏的顺序。

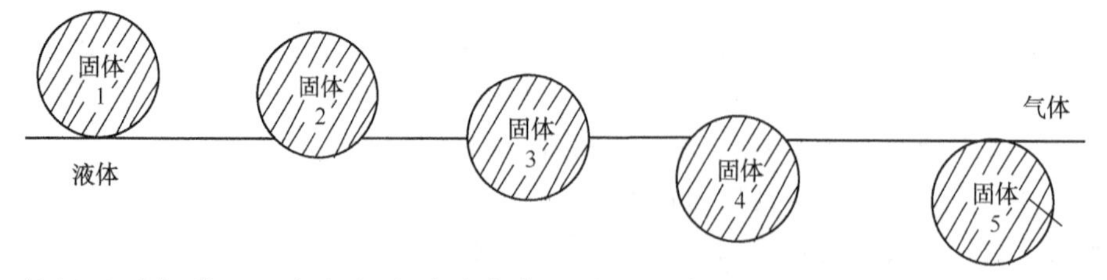

11. 根据下列各图，画出水和油对固体表面的润湿角。

(1) 油和水在毛细管中

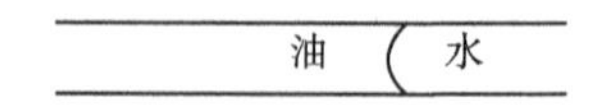

(2) 注入水通过后，残留在砂粒下的小油滴

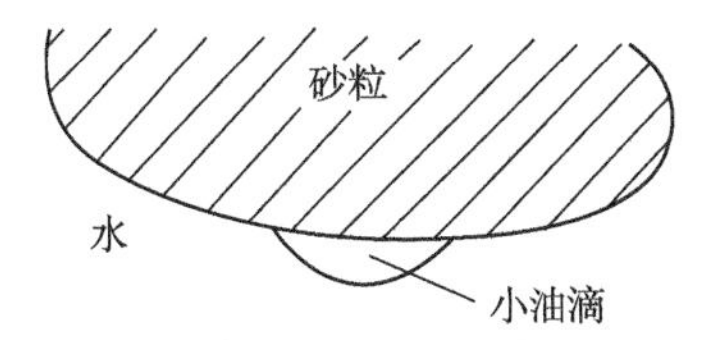

(3) 注入水通过后，残留在砂粒间的油

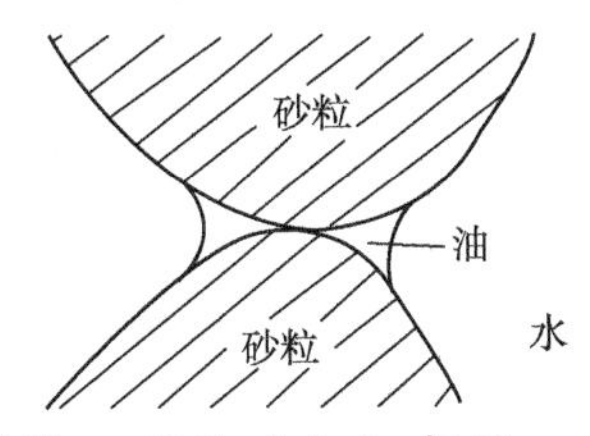

12. 试根据润湿角，判别下列情况哪种对我们有利？

(1) 在砂岩表面的油滴

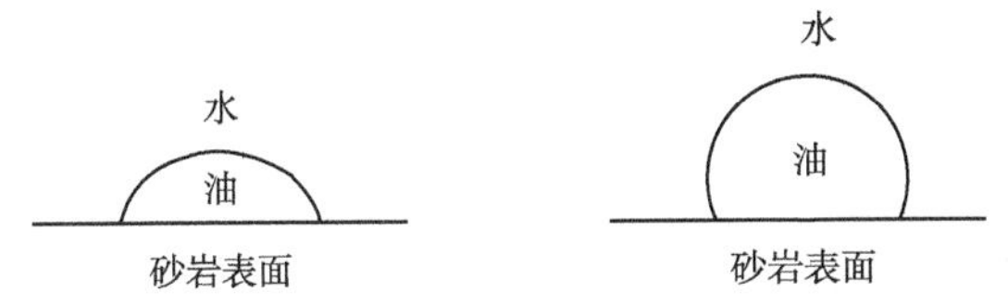

(2) 在砂粒间的酚醛树脂

(3) 焊接时，在焊缝中的焊锡

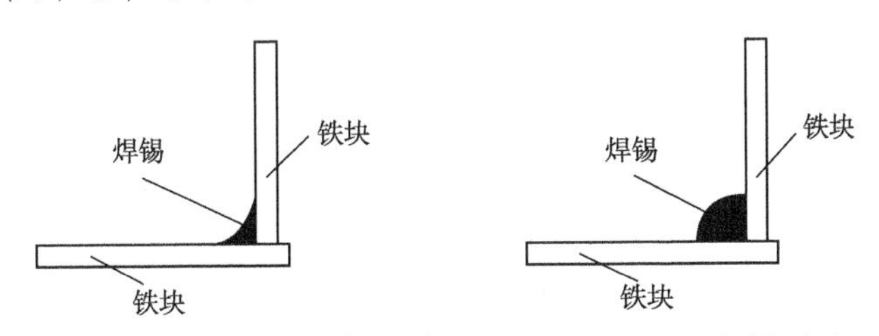

13. 有两地层(Ⅰ、Ⅱ)，油、水存在的情况如下面所示，试判别这两地层是亲水地层还是亲油地层？

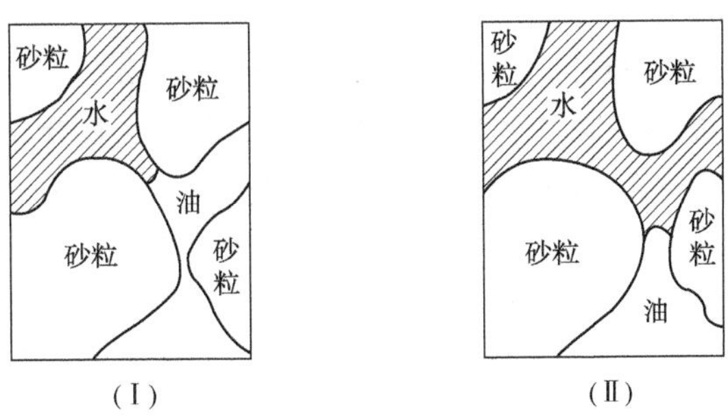

14. 为什么在洁净的玻璃毛细管中，水柱上升，而在玻璃毛细管内涂一层蜡，则水柱

下降？

15. 按所指定的流动方向，问下面两种情况哪种容易流动？流动时所需的压力差是多少？

水) 油　　　　水 (油

16. 下图各玻璃管毛细管部分的直径相同，试问当水沿毛细管上升时各升至何处？若将水吸至上端，问各退至何处？虚线表示左管上升所达到的程度。

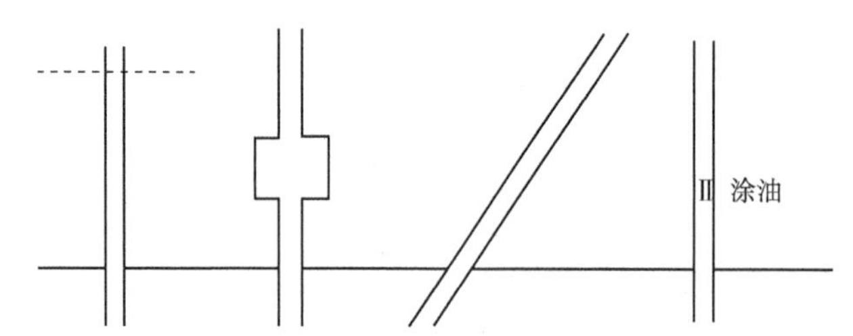

17. 参考下图，试证明水在小玻璃毛细管中的上升高度计算公式为

$$h=\frac{2\sigma\left(\frac{1}{r}-\frac{1}{R}\right)\cos\theta}{\rho g}$$

式中 h——水在小毛细管中的上升高度；

σ——水的表面张力；

R、r——大小毛细管的半径；

θ——水对玻璃的润湿角；

ρ——水的密度；

g——重力加速度常数。

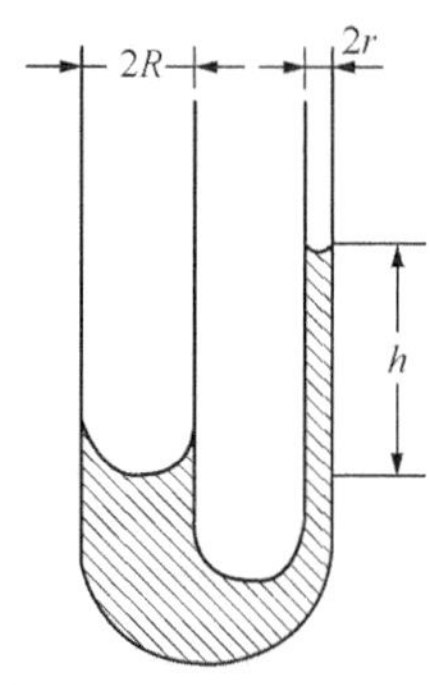

18. 贾敏效应的产生应具备什么条件？

19. 液体在多孔介质中流动时，能否说直径较大的气泡比直径较小的气泡贾敏效应大？

20. 有相同直径的气泡和液珠在相同直径的毛细孔中产生贾敏效应，若两种情况下液流对毛细孔表面的润湿程度相同，问气泡和液珠所产生的贾敏效应哪一个大？

21. 固体吸附剂吸附气体和从溶液中吸附溶质有何不同？

22. 在固体吸附剂从溶液中吸附溶质过程中，如何加快吸附平衡的到达，如何判断平衡已经到达？

23. 根据Langmuir单分子层吸附的模型计算的比表面积，比实际值大还是小？为什么？

习 题

1. 25℃下，在水中有一半径为0.1cm的气泡，问这气泡具有多少表面能？已知25℃时水的表面张力为71.97mN·m^{-1}。

2. 25℃下，将1mL的水分成半径为0.001cm的小水滴，问分散后的表面能有多大？已知25℃时水的表面张力为71.97mN·m^{-1}。

3. 计算25℃时，1m^3空气在水中分成下表列出的不同半径气泡所具有的表面积和表面能。已知25℃时水的表面张力为71.97mN·m^{-1}。

序　　号	气泡半径/cm	分散后体系的表面积/m^2	分散后体系的表面能/J
Ⅰ	1×10^{-3}		
Ⅱ	1×10^{-4}		
Ⅲ	1×10^{-5}		

举一计算示例。

4. 50℃下，将10mL油分散于水中，形成半径为0.001cm的油珠，问当油珠合并变大至半径为0.01cm、0.1cm时，这分散体系表面能发生了多大变化？已知50℃下油水的界面张力为30.0mN·m^{-1}。

5. 20℃时，水面的压力为100kPa，问距水面下10m处半径为5×10^{-3}mm的气泡内的压力是多少？已知20℃时水的表面张力为72.75mN·m^{-1}。

6. 已知50℃下地层油与地层水的表面张力为30.0mN·m^{-1}，地层油和地层水的密度分别为0.920g·cm^{-3}和0.980g·cm^{-3}，水对砂岩表面润湿角为45°。若砂岩毛细管半径变动在0.01~0.001cm范围，试计算水在砂岩毛细管中上升的高度在什么范围。

7. 油水界面上有一半径为0.001cm的毛细管，已知50℃下油水的界面张力为30.0mN·m^{-1}，水对毛细管表面的润湿角为45°，油水的密度分别为0.920g·cm^{-3}和0.980g·cm^{-3}，试计算毛细管与油水界面成90°、60°、45°、30°和0°时水在毛细管中移动的距离(由液面算起)。

8. 在25℃时，在一U形管内装入水，管壁直径分别为1.0mm及3.0mm，求两壁液面高度差。设水对管壁的润湿角为0°。

9. 参考图4-25，问一半径R_2=0.05cm的气泡通过r'=0.005cm的毛细孔，要克服多大压差才能通过？已知水的表面张力为67.94mN·m^{-1}，水对砂岩表面的润湿角为30°。

10. 计算水驱油通过下图所示的最小半径r'为0.001cm的毛细孔时所克服的最大压差。已知油水界面张力为40.0mN·m^{-1}，油对砂粒表面的润湿角为20°。

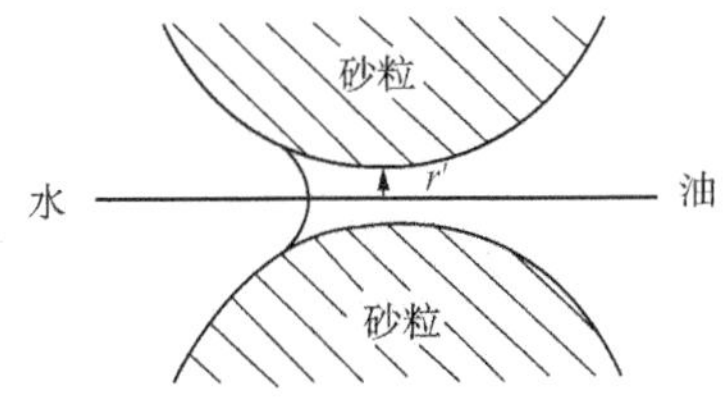

11. 在25℃时，水中的气泡(半径为0.05cm)通过半径不等的两根毛细管(大毛细管的半径为0.01cm，小毛细管半径为0.005cm)。

(1) 试计算使气泡通过这两毛细管所必须克服的毛细管阻力(以 Pa 表示)。润湿角参考下图。

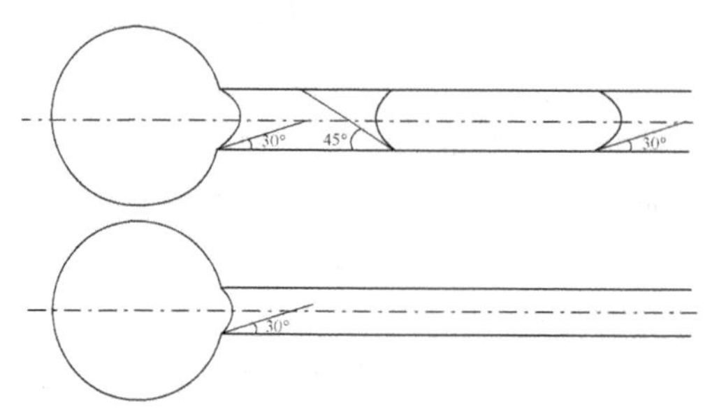

(2) 若气泡先依次进入大毛细管，并在向前推进时，气泡的后界面将发生如上图所示的变化。试问气泡将在什么情况下开始进入小毛细管?

从这一现象可以理解为什么用泡沫驱油可以提高原油的采收率。

12. 20℃时，不同浓度正丁醇水溶液的表面张力如下:

c(正丁醇)/mol · L^{-1}	σ/mN · m^{-1}	c(正丁醇)/mol · L^{-1}	σ/mN · m^{-1}
0. 00328	72. 80	0. 05184	62. 14
0. 00654	72. 26	0. 09892	56. 31
0. 01304	70. 82	0. 1928	48. 28
0. 02581	68. 00	0，3790	38. 87

作 $\sigma-c$ 图，用吉布斯吸附等温式求 $c=0.0250$mol · L^{-1}时的吸附量。

13. 用活性炭吸附丙酮水溶液得到如下数据:

c(丙酮)/mol · L^{-1}	Γ/mol · kg^{-1}	c(丙酮)/mol · L^{-1}	Γ/mol · kg^{-1}
0. 00234	0. 208	0. 08862	1. 500
0. 01465	0. 618	0. 1776	2. 080
0. 04103	1. 075	0. 2609	2. 880

试求弗兰特黎胥吸附等温式的经验常数。

14. 20℃时做丁酸在活性血炭与活性骨炭上的吸附实验，求得弗兰特黎胥吸附等温式的经验常数如下:

血炭 $\beta=7.95$mmol · kg^{-1}　　$n=21.0$

骨炭 $\beta=4.55$mmol · kg^{-1}　　$n=10.0$

这里浓度的单位为 mmol · L^{-1}，吸附量的单位为 mmol · kg^{-1}。试求在溶液中的炭能使每升溶液中剩留 1mmol 丁酸的条件下，比较这两种炭的吸附能力(以每克炭吸附丁酸的毫摩尔数表示)。

15. 恒温 239. 55K 条件下，不同平衡压力下的 CO 气体，在活性炭表面上的吸附量(已换算成标准状况下的体积)如下:

p/kPa	13. 466	25. 065	42. 633	57. 329	71. 994	89. 326
$\Gamma\times10^3$/m^3 · kg^{-1}	8. 54	13. 1	18. 2	21. 0	23. 8	26. 3

根据 Langmuir 吸附等温式，用图解法求 CO 的饱和吸附量 Γ_∞，吸附系数 b 及每公斤活性炭表面上所吸附 CO 的分子数。

参 考 文 献

[1] 赵福麟．化学原理(II)[M]．山东东营：中国石油大学出版社，2006.

[2] 朱玻瑶，赵国玺．界面化学基础[M]．北京：化学工业出版社，1996.

[3] 赵国玺，朱玻瑶．表面活性剂作用原理[M]．北京：中国轻工业出版社，2003.

[4] Pashley R M，Karaman M E. Applied Colloid and Surface Chemistry[M]. New York：John Wiley & Sons Ltd，2004.

[5] Onda T，Shibuichi S，Satoh N，Tsujii K，Super-Water-Repellent Fractal Surfaces[J]. Langmuir，1996，12：2125-2127.

[6] Bruil H G，van Aar J. J The determination of contact angles of aqueous surfactant solutions on powders[J]. Colloid Polym Sci，1974，252：32-38.

[7] 赵振国．应用胶体与界面化学[M]．北京：化学工业出版社，2008.

[8] Neumann A W. Contact angles and their temperature dependence：thermodynamic status，measurement，interpretation and application[J]. Adv Colloid Interface Sci，1974，4：105-191.

[9] Freitas A A，Quina F H，Caroll F A. Estimation of Water-Organic Interfacial Tensions. A Linear Free Energy Relationship Analysis of Interfacial Adhesion[J]. J Phys Chem B，1997，3：7488-7493.

[10] Alakoc U，Megaridis C M，McNallan M，et al. Dynamic surface tension measurements with submillisecond resolution using a capillary-jet instability technique[J]. J Colloid Interface Sci，2004，276：379-391.

[11] Adamson A W，Gast A P. Physical Chemistry of Surfaces[M]，6th ed. New York；John Wiley & Sons Inc，1997.

[12] Butt H J，Raiteri R，Miling A J，et al. Surface Characterization Methods[M]. New York：Marcel Dekker，1999.

[13] Zhang L H，Zhao G X. Dynamic surface tension of the aqueous solutions of cationic-anionic surfactant mixtures[J]. J Colloid Interface Sci，1989，127：353-361.

[14] Rosen M J，Aronson S. Standard free energies of adsorption of surfactants at the aqueous solution/air interface from surface tension data in the vicinity of the critical micelle concentration[J]. Colloid & Surfaces，1981，3：201-208.

[15] Zhu B Y. Statistical mechanics approach to the general isotherm equation for adsorption of surfactant at the solid/liquid interface[J]. J Chem Soc Faraday Trans，1992，88：611-613.

[16] Franklin T C，Iwunze M. Catalysis of the hydrolysis of ethyl benzoate by inverted micelles adsorbed on platinum[J]. J Am Chem Soc，1981，103：5937-5938.

[17] 沈钟，赵振国，康万利．胶体与表面化学[M]．北京：化学工业出版社，2012.

[18] 陈国华．应用物理化学[M]．北京：化学工业出版社，2008.

[19] Fowkes F M. Dispersion force contributions to surface and interfacial tensions，contact angles，and geats of immersion[J]. Contact Angle，Wettability and Adhesion. Washington D C：ACS，1964，43：99-111.

[20] Davies J T，Rideal E K. Interfacial Phenomena[M]. New York：Academic Press，1963.

[21] Philipp W，Wolfgang K，Andreas B，Bernhard M K. High-pressure methane and carbon dioxide sorption on coal and shale samples from the Paranά Basin，Brazil[J]. International Journal of Coal Geology 2010，84：190-205.

[22] 欧成华，李士伦，杜建芬，等．煤层气吸附机理研究的发展与展望[J]．西南石油学院学报，2003，25(5)：34-38.

[23] 李相方，蒲云超，孙长宇，等．煤层气与页岩气吸附/解吸的理论再认识[J]．石油学报，2014，35(6)：1113-1129.

第五章 表面活性剂与高分子

表面活性剂和高分子广泛应用于工业、农业与日常生活。在钻井、采油和原油集输过程中用到的众多化学剂中，表面活性剂与高分子是最重要的两类。

第一节 表面活性剂

在石油工业中广泛使用表面活性剂。例如钻井液、压裂液和驱油剂等的配制、井壁的防塌、钢铁的缓蚀、稠油的降黏、乳化原油的破乳、起泡沫原油的消泡等都用到表面活性剂。

一、表面活性剂的分类与命名

1. 表面活性剂的定义

根据对水的表面张力的影响，可把物质分为三类：第一类是表面张力随物质浓度的增加而略有上升(如图 5-1 曲线 A)，如无机盐、不挥发性的酸和碱(如 H_2SO_4、NaOH)等；第二类是表面张力随物质浓度的增加而逐渐下降(如图 5-1 曲线 B)，如醇、醛、脂肪酸等；第三类是随浓度的增加表面张力先是急剧下降，到一定浓度后表面张力基本不再变化(如图 5-1 曲线 C)，如肥皂中的硬脂酸钠、洗衣粉中的烷基苯磺酸钠等。第二类和第三类都能降低表面张力，称为表面活性物质。我们只把第三类物质称为表面活性剂。并不是所有表面活性物质都可称作表面活性剂，只有那些表面活性好的物质才能称为表面活性剂。第二类物质也能降低表面张力，但乳化、起泡、增溶等作用差，因而通常不称之为表面活性剂。十二烷基磺酸钠、十二醇硫酸酯钠盐、油酸钠等是表面活性剂。正丁醇、正丁酸等虽属表面活性物质，但不是表面活性剂。

表面活性剂是指少量加入就能显著降低表(界)面张力的物质。这也是判别表面活性剂的依据。

表面活性剂既可降低气液表面(如气水表面)的表面张力，也可降低液液界面(如油水界面)的界面张力。表面活性剂降低界面张力的能力比降低表面张力的能力大。

表面活性剂分子结构有一个共同特点，它的分子有两亲结构，即同时具有亲水部分(极性部分)和亲油部分(非极性部分)(图 5-2)，所以又称两亲分子。

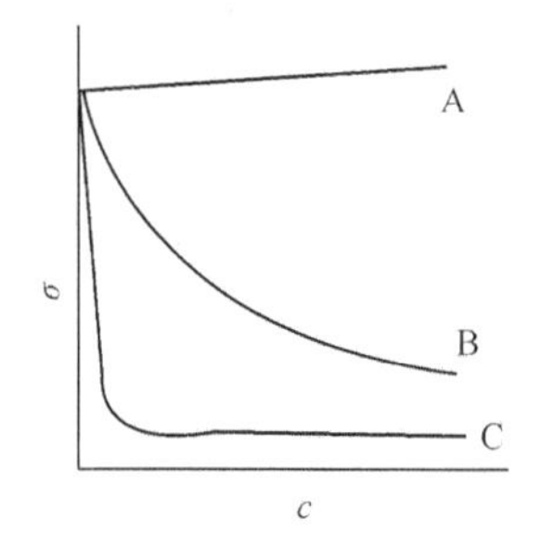

图 5-1 水溶液的表面张力与物质浓度的几种关系

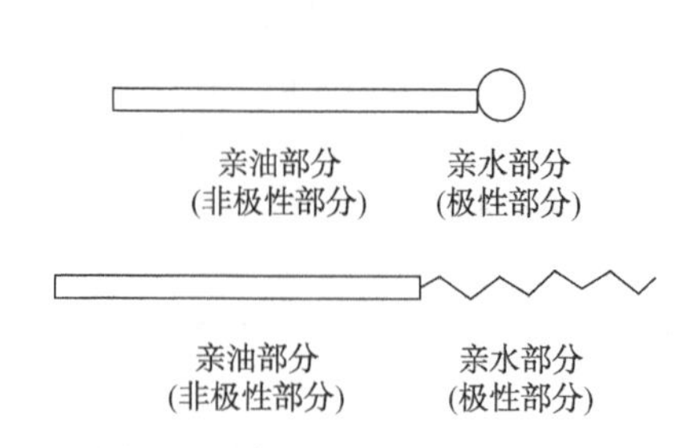

图 5-2 表面活性剂的分子结构

2. 表面活性剂的分类

按表面活性剂在水中是否解离，以及解离后起活性作用的部分带有何种电荷，表面活性剂分成下面几类：

(1) 阴离子型表面活性剂

阴离子型表面活性剂是应用最广泛的表面活性剂，多用于起泡、乳化、防蜡、油井增产、水井增注、提高原油采收率等，数量占表面活性剂的一半以上。这类表面活性剂在水中可以解离，解离后起活性作用的部分是阴离子。例如羧酸钠盐，它在水中可按下式解离：

$$R-C(=O)-ONa \longrightarrow R-C(=O)-O^- + Na^+$$

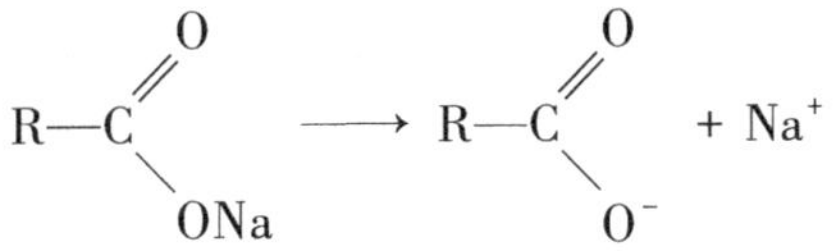

由于羧酸钠盐解离后，起活性作用的部分是阴离子 $R-C(=O)-O^-$，所以叫阴离子型表面活性剂。

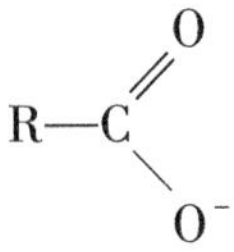

阴离子型表面活性剂还可分为两类：

1) 盐型

羧酸盐型，如 $R-C(=O)-ONa$ （简写为 R—COONa）

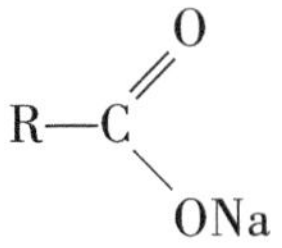

磺酸盐型，如 $R-S(=O)_2-ONa$ （简写为 $R—SO_3Na$）

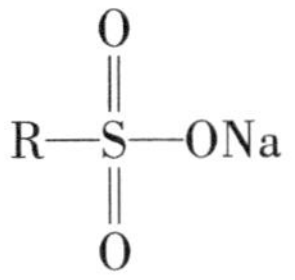

这类表面活性剂的分子由有机酸根(如羧酸根、烷基磺酸根)与金属离子(如 Na^+)组成。高级羧酸盐(钠或钾盐)是最古老的表面活性剂，早在公元 1 世纪就开始使用。磺酸盐表面活性剂是目前产量最大、应用最广的一类阴离子表面活性剂。

2) 酯盐型

二元酸或多元酸先与醇反应生成酯，再与碱反应生成酯盐。

硫酸酯盐型，如 $R-\overset{*}{O}-S(=O)_2-\underset{\cdot}{ONa}$ （简写为 $R—OSO_3Na$）

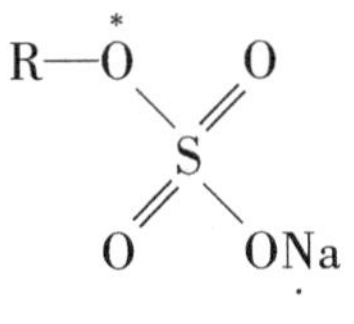

磷酸酯盐型，如 $R-\overset{*}{O}-P(=O)(\underset{\cdot}{ONa})-\underset{\cdot}{ONa}$ （简写为 $R—OPO_3Na_2$）

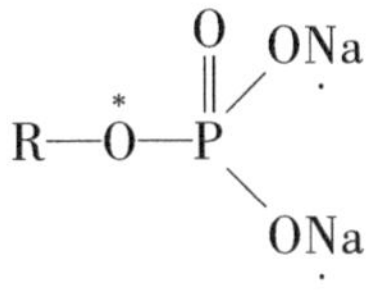

这类表面活性剂的分子中有酯的结构(标有 * 的部分)，也有盐的结构(标有 · 的部分)。

(2) 阳离子型表面活性剂

这类表面活性剂在水中可以解离，解离后起活性作用的部分是阳离子。例如十二烷基三甲基氯化铵，它在水中可按下式解离：

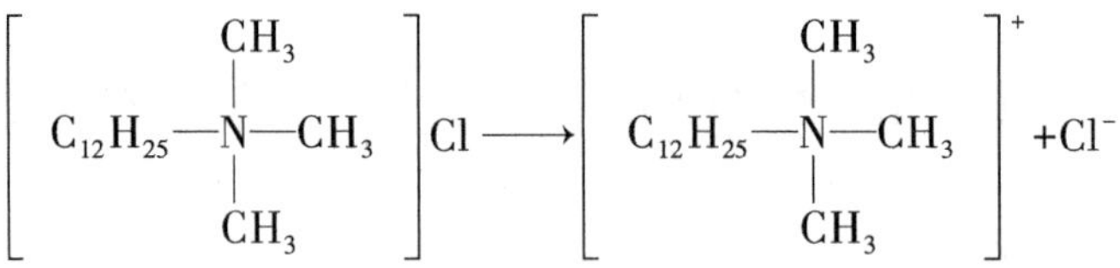

$$\left[\begin{array}{c} CH_3 \\ | \\ C_{12}H_{25}-N-CH_3 \\ | \\ CH_3 \end{array}\right]Cl \longrightarrow \left[\begin{array}{c} CH_3 \\ | \\ C_{12}H_{25}-N-CH_3 \\ | \\ CH_3 \end{array}\right]^{+} + Cl^{-}$$

由于十二烷基三甲基氯化铵解离后，起活性作用的部分是阳离子$\left[\begin{array}{c} CH_3 \\ | \\ C_{12}H_{25}-N-CH_3 \\ | \\ CH_3 \end{array}\right]^{+}$，所以叫阳离子型表面活性剂。

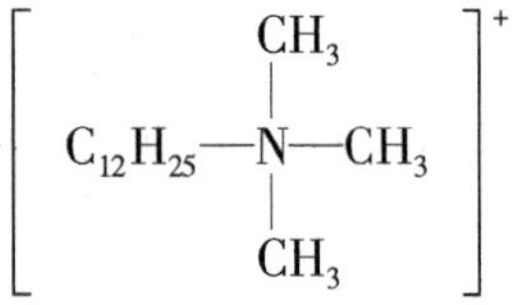

阳离子型表面活性剂又可分为三类：

1）胺盐型

如 $R-NH_2 \cdot HCl$，即$[RNH_3]Cl$

$R-NH_2 \cdot CH_3COOH$，即$[RNH_3]CH_3COO$

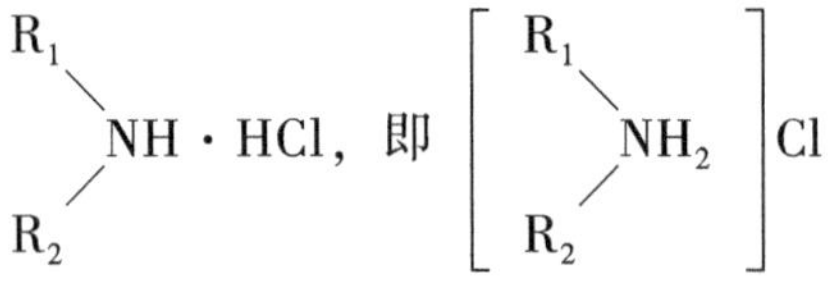

$$\begin{array}{c} R_1 \\ \diagdown \\ NH \\ \diagup \\ R_2 \end{array} \cdot HCl，即 \left[\begin{array}{c} R_1 \\ \diagdown \\ NH_2 \\ \diagup \\ R_2 \end{array}\right]Cl$$

$$[R-NH\text{+}CH_2CH_2NH\text{+}_nH] \cdot mHCl$$

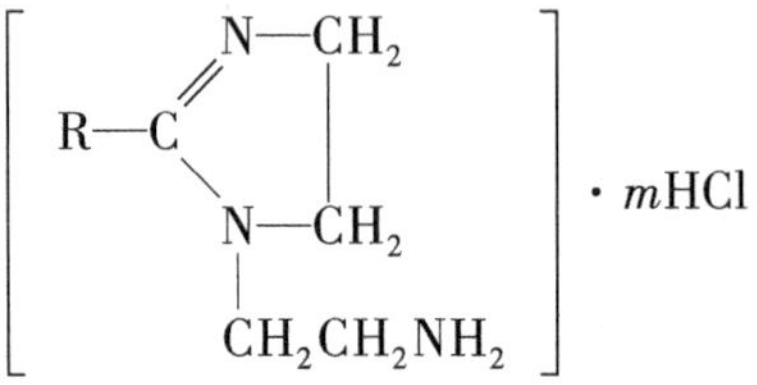

$$\left[\begin{array}{l} \quad\quad N-CH_2 \\ \quad\ // \quad\quad | \\ R-C \quad\quad\ \ | \\ \quad\ \diagdown \quad\quad | \\ \quad\quad N-CH_2 \\ \quad\quad | \\ \quad\quad CH_2CH_2NH_2 \end{array}\right] \cdot mHCl$$

2）季铵盐型

$$如\left[\begin{array}{c} R_2 \\ | \\ R_1-N-R_3 \\ | \\ R_4 \end{array}\right]Cl$$

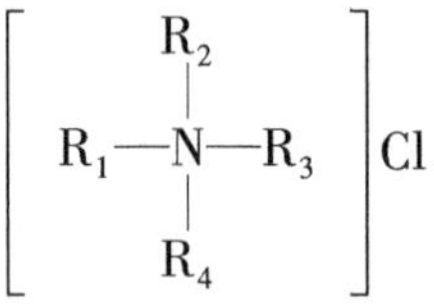

3）吡啶盐型

$$如\left[R-N\bigcirc\right]Cl$$

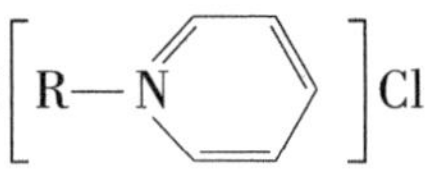

阳离子型表面活性剂主要用于防蜡、缓蚀、杀菌、乳化、减小油井的水油比、抑制黏土膨胀等，但应用范围目前还不如阴离子型表面活性剂广泛，价格较高。

(3) 非离子型表面活性剂

这类表面活性剂在水中不解离，亲水基基本上由$-CH_2CH_2O-$、$-O-$、$-OH$、$-CONH_2$组成。它又分为下面几类：

1）酯型

如山梨糖醇酐脂肪酸酯(斯盘型)

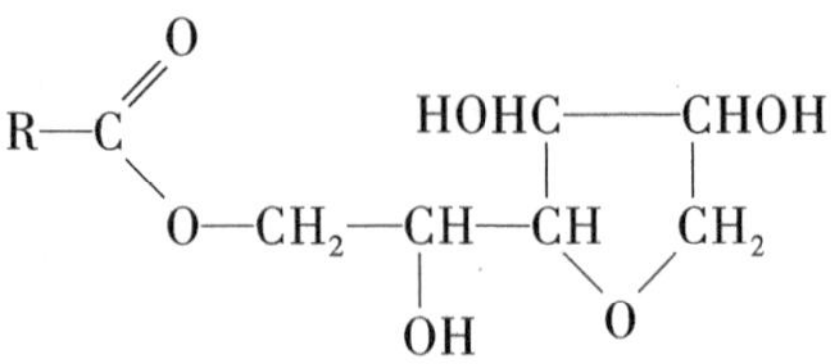

$$\begin{array}{l} \quad\quad O \\ \quad\ // \quad\quad\quad\quad\quad\quad\quad HOHC-CHOH \\ R-C \quad\quad\quad\quad\quad\quad\quad\quad\quad | \quad\quad\quad | \\ \quad\ \diagdown \\ \quad\quad O-CH_2-CH-CH \quad\quad CH_2 \\ \quad\quad\quad\quad\quad\quad\quad | \quad\quad \diagdown \ \diagup \\ \quad\quad\quad\quad\quad\quad OH \quad\quad O \end{array}$$

若 $R=C_{17}H_{33}$，为 Span 80(山梨糖醇酐油酸酯)；$R=C_{17}H_{35}$，为 Span 60(山梨糖醇酐硬脂酸酯)。

聚氧乙烯脂肪酸酯

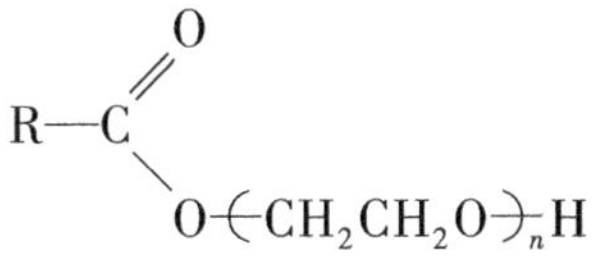

$$R-C(=O)-O\text{+}CH_2CH_2O\text{+}_nH$$

2）醚型

如聚氧乙烯烷基醇醚(平平加型)

$$R-O\text{+}CH_2CH_2O\text{+}_nH$$

聚氧乙烯烷基苯酚醚(OP 型)

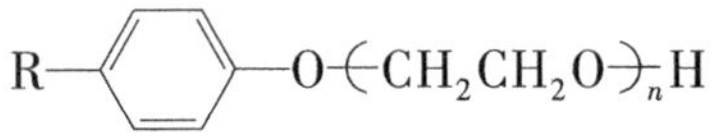

$$R-C_6H_4-O\text{+}CH_2CH_2O\text{+}_nH$$

3）胺型

如聚氧乙烯脂肪胺

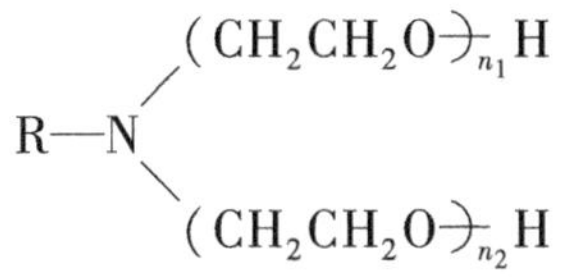

$$R-N\begin{cases}(CH_2CH_2O\text{+}_{n_1}H\\(CH_2CH_2O\text{+}_{n_2}H\end{cases}$$

4）酰胺型

如聚氧乙烯酰胺

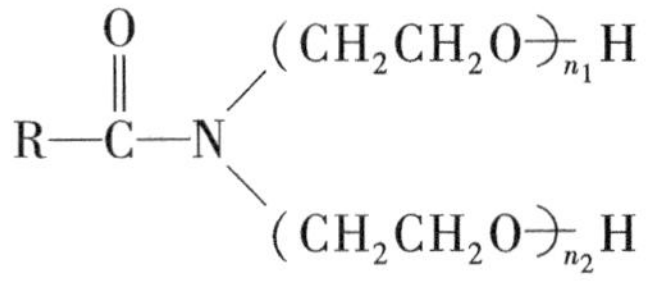

$$R-\overset{O}{\overset{\|}{C}}-N\begin{cases}(CH_2CH_2O\text{+}_{n_1}H\\(CH_2CH_2O\text{+}_{n_2}H\end{cases}$$

在进行亲水基、亲油基划分时，O、S、N 原子均属亲水基。

5）混合型

有些非离子型表面活性剂是混合型的，如山梨糖醇酐脂肪酸酯聚氧乙烯醚型(吐温型)表面活性剂

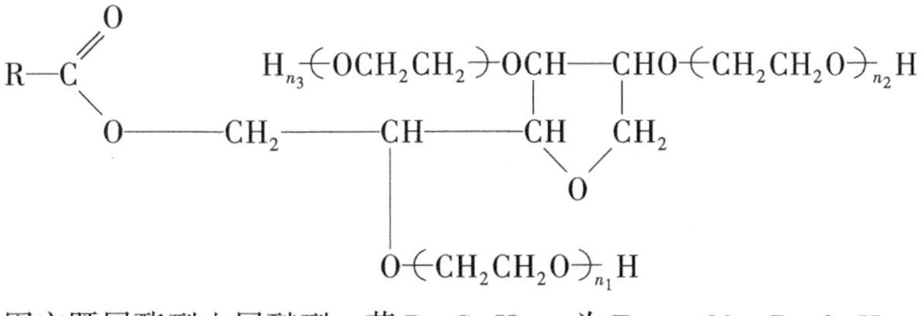

$$R-C(=O)-O-CH_2-CH(O\text{+}CH_2CH_2O\text{+}_{n_1}H)-\underset{\text{(ring: CH–O–CH}_2)}{CH}\ ;\ H_{n_3}\text{+}OCH_2CH_2\text{+}OCH-CHO\text{+}CH_2CH_2O\text{+}_{n_2}H$$

应属酯醚型，因它既属酯型也属醚型。若 $R=C_{17}H_{33}$，为 Tween 80；$R=C_{17}H_{35}$，为 Tween 60。

非离子型表面活性剂主要用于起泡、乳化、防蜡、缓蚀、油井增产、水井增注、提高原油采收率等，用途同阴离子型表面活性剂一样广泛。

(4）两性表面活性剂

这类表面活性剂起活性作用部分带有两种电学性质。如烷基二甲铵基丙酸内盐

$$R-\overset{CH_3}{\underset{CH_3}{\overset{|}{\underset{|}{N^+}}}}-CH_2CH_2COO^-$$

其亲水基既有阴离子部分也有阳离子部分，故称两性表面活性剂。

两性表面活性剂又可分为非离子-阴离子型、非离子-阳离子型和阴离子-阳离子型。上例属阴离子-阳离子型，又称为两性离子表面活性剂。而聚氧乙烯烷基醇醚硫酸酯钠盐，它在水中可按下式解离：

$$R-O\leftarrow CH_2CH_2O \rightarrow_n SO_3Na \longrightarrow R-O\leftarrow CH_2CH_2O \rightarrow_n SO_3^- + Na^+$$

其中起活性作用部分为 $R-O\leftarrow CH_2CH_2O\rightarrow_n SO_3^-$，既有非离子部分也有阴离子部分，属非离子-阴离子型。

显然，二[聚氧乙烯基]烷基甲基氯化铵

$$\left[\begin{array}{l} \quad\quad / (CH_2CH_2O \rightarrow_{n_1} H \\ R-N \\ \quad\quad | \backslash \\ \quad CH_3 (CH_2CH_2O \rightarrow_{n_2} H \end{array}\right]Cl$$

属非离子-阳离子型。

还有一种氧化胺型两性表面活性剂，它在中性和碱性介质中显示非离子性质，在酸性介质中显示阳离子性质，分子式如下：

$$R-\overset{R_1}{\underset{R_2}{\overset{|}{\underset{|}{N}}}}\rightarrow O \qquad R=C_{10}\sim C_{18}，R_1，R_2 为 CH_3 或 CH_2CH_2OH$$

目前，两性表面活性剂主要用于缓蚀、杀菌、乳化、抑制黏土膨胀和提高原油采收率。

除按电学性质分类外，表面活性剂还可按相对分子质量分为低分子表面活性剂和高分子表面活性剂。前面讲的多是低分子表面活性剂，因它们相对分子质量都不大。所谓高分子表面活性剂是指那些相对分子质量较大(例如几千、几万、几十万、几百万)的表面活性剂。高分子表面活性剂也像低分子表面活性剂那样可分为阴离子型、阳离子型、非离子型和两性高分子表面活性剂等几类。例如聚氧乙烯聚氧丙烯丙二醇醚

$$\begin{array}{l} CH_3-CH-O\leftarrow C_3H_6O\rightarrow_m\leftarrow C_2H_4O\rightarrow_n H \\ \quad\quad\quad | \\ \quad\quad\ CH_2-O\leftarrow C_3H_6O\rightarrow_m\leftarrow C_2H_4O\rightarrow_n H \end{array}$$

是一种非离子型高分子表面活性剂。

高分子表面活性剂多用于破乳、乳化、稳定泡沫、抑制黏土膨胀、水处理和提高原油采收率等。可见，高分子表面活性剂也是一类重要的表面活性剂。

3. 表面活性剂的命名

(1) 阴离子型表面活性剂的命名

对盐型表面活性剂，由于它是由有机酸根和金属离子组成的盐，所以它是按盐命名的。例如 $C_{12}H_{25}-SO_3Na$ 是由十二烷基磺酸根 $C_{12}H_{25}-SO_3^-$ 和金属离子 Na^+ 组成的盐，所以叫十二烷基磺酸钠盐(最后的盐字可省略)，而 $C_{17}H_{35}-COONa$ 则是由硬脂酸根 $C_{17}H_{35}-COO^-$ 和金属离子 Na^+ 组成的盐，所以叫硬脂酸钠盐(同样，盐字可省略)。

对酯盐型表面活性剂，由于它的分子中有酯的结构也有盐的结构，所以它既按酯(即按它由什么醇与什么酸反应生成)也按盐(即按酸中的氢为某金属离子置换)来命名。例如

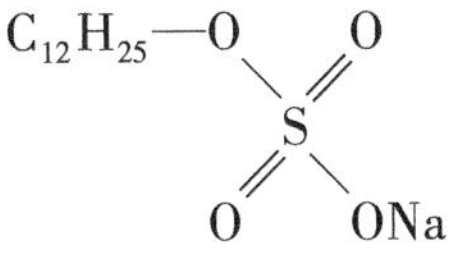

$$C_{12}H_{25}—O—S(=O)_2—ONa$$

叫十二醇硫酸酯钠盐。

同理，$C_{12}H_{25}—O—P(=O)(ONa)_2$ 应叫十二醇磷酸酯二钠盐。

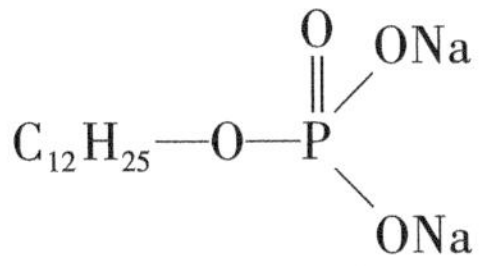

但为了方便，也有将酯盐型表面活性剂按盐型表面活性剂命名的。例如上两例的表面活性剂，也可分别叫十二烷基硫酸钠(盐)和十二烷基磷酸二钠(盐)。

(2) 阳离子型表面活性剂的命名

由于阳离子型表面活性剂是由一种有机的阳离子和一种酸根组成的盐，所以阳离子型表面活性剂也是按盐命名的。例如$(C_{12}H_{25}—NH_3)Cl$是由有机阳离子$C_{12}H_{25}—NH_3^+$和酸根Cl^-组成的盐，所以叫氯化十二烷基铵(或十二烷基氯化铵)。氯化十二烷基铵的分子式可写为$C_{12}H_{25}—NH_2 \cdot HCl$，所以也有叫十二烷基胺盐酸盐的。同理，

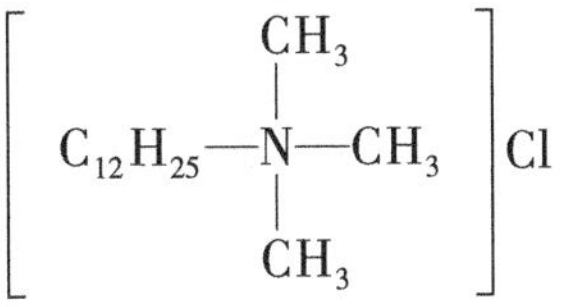

$$\left[C_{12}H_{25}—N(CH_3)_3\right]Cl$$

应叫氯化十二烷基三甲基铵(或十二烷基三甲基氯化铵)，而$\left[C_{12}H_{25}—NC_5H_5\right]Cl$则应叫氯化十二烷基吡啶(或十二烷基氯化吡啶)等。

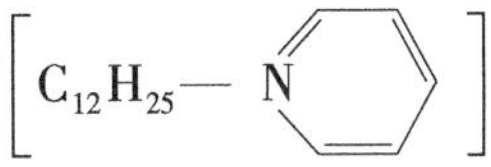

(3) 非离子型表面活性剂的命名

非离子型表面活性剂主要根据合成的原料，同时也参照产物在有机物中的分类来命名。表 5-1 列出的是非离子型表面活性剂的命名示例。

在非离子型表面活性剂命名的后面，常常附有数字，是指表面活性剂分子中氧乙烯的聚合度即分子式中的 n。例如聚氧乙烯十二醇醚-10 所表示的表面活性剂分子式应为

$$C_{12}H_{25}—O\text{+}CH_2CH_2O\text{+}_{10}H$$

表 5-1 非离子型表面活性剂的命名示例

合成原料		产物在有机物中分类	命名	分子式
1	2			
氧乙烯[①]	十二醇	醚	聚氧乙烯十二醇醚	$C_{12}H_{25}—O\text{+}CH_2CH_2O\text{+}_nH$
氧乙烯	壬基酚	醚	聚氧乙烯壬基苯酚醚	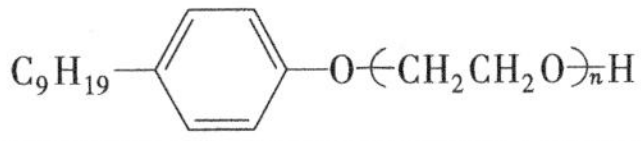 $C_9H_{19}—C_6H_4—O\text{+}CH_2CH_2O\text{+}_nH$
氧乙烯	硬脂酸	酯	聚氧乙烯硬脂酸酯	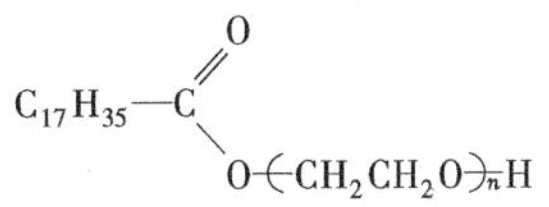 $C_{17}H_{35}—C(=O)—O\text{+}CH_2CH_2O\text{+}_nH$

续表

合成原料		产物在有机物中分类	命名	分子式
1	2			
氧乙烯	十二胺	胺	聚氧乙烯十二胺	$C_{12}H_{25}-N<^{(CH_2CH_2O)_{n_1}H}_{(CH_2CH_2O)_{n_2}H}$
氧乙烯	十二酰胺	酰胺	聚氧乙烯十二酰胺	$C_{11}H_{23}-C(=O)-N<^{(CH_2CH_2O)_{n_1}H}_{(CH_2CH_2O)_{n_2}H}$

①即环氧乙烷。

(4) 两性表面活性剂的命名

根据表面活性剂属哪“两性”(即非离子-阴离子、非离子-阳离子、阴离子-阳离子)，参考前面的原则来命名。例如

$$C_{12}H_{25}-O\text{+}CH_2CH_2O\text{+}_nSO_3Na$$

叫聚氧乙烯十二醇醚硫酸酯钠盐；

$$\left[C_{12}H_{25}-\underset{CH_3}{\overset{(CH_2CH_2O)_{n_1}H}{N}}-(CH_2CH_2O)_{n_2}H\right]Cl$$

叫二[聚氧乙烯基]十二烷基甲基氯化铵；

$$C_{12}H_{25}-\underset{CH_3}{\overset{CH_3}{N^+}}-CH_2COO^-$$

叫十二烷基二甲铵基乙酸内盐。具有类似 $R-N^+(R_1R_2)\text{+}CH_2\text{+}_nCOO^-$(含有季铵氮)结构的表面活性剂也可以甜菜碱衍生物来命名，十二烷基二甲铵基乙酸内盐也可称为*N*-十二烷基二甲基甜菜碱。

(5) 高分子表面活性剂的命名

因高分子表面活性剂是高分子，所以它的命名与后面讲到的高分子命名相同。

除了上面介绍的命名外，表面活性剂还常用英文代号和习惯的商品名称。例如 AS 是指烷基磺酸钠，ABS 是指烷基苯磺酸钠，CTAB 是指溴化十六烷基三甲基铵，平平加(Peregal)是指聚氧乙烯烷基醇醚，OP 是指聚氧乙烯烷基苯酚醚，斯盘(Span)是指山梨糖醇酐脂肪酸酯，吐温(Tween)是指斯盘与环氧乙烷的反应产物，尼纳尔(Ninol)是指十二酰二乙醇胺，尼凡丁(Neovadine)是指聚氧乙烯脂肪胺等。

二、表面活性剂的作用

1. 表面活性剂溶液

表面活性剂常配成溶液(如水溶液)使用，其作用与其溶液性质密切相关，因此要了解表面活性剂在溶液中的特性。

图 5-3 为聚氧乙烯壬基苯酚醚-5 水溶液的表面张力与浓度的关系图。从图 5-3 可以看到，随着表面活性剂在水中浓度的增加，表面张力先是下降很快，然后逐渐减少，最后基本不变。其他表面活性剂溶液的表面张力随浓度的变化也有类似的情形。

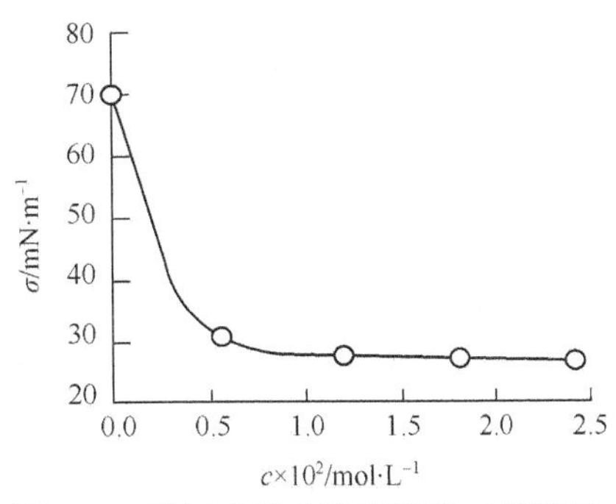

图 5-3　聚氧乙烯壬基苯酚醚-5 溶液的表面张力与其浓度的关系(25℃)

表面活性剂溶液表面张力随浓度的这种变化关系，是由表面活性剂分子在溶液中的分布特性所决定的。表面活性剂分子在溶液中随浓度变化的分布特性可用图 5-4 表示。

从图 5-4 可以看到：

① 当溶液极稀时，表面活性剂分子在溶液中的分布只有一种动平衡。该动平衡包括两种运动倾向下的平衡。在该动平衡中，一方面是表面活性剂分子由于降低表面能的需要倾向于到液体表面上来，另一方面由于表面活性剂在液体表面吸附(正吸附)，使表面浓度大于内部浓度，因此表面的表面活性剂分子也倾向于向溶液内部扩散。该动平衡可这样表示：

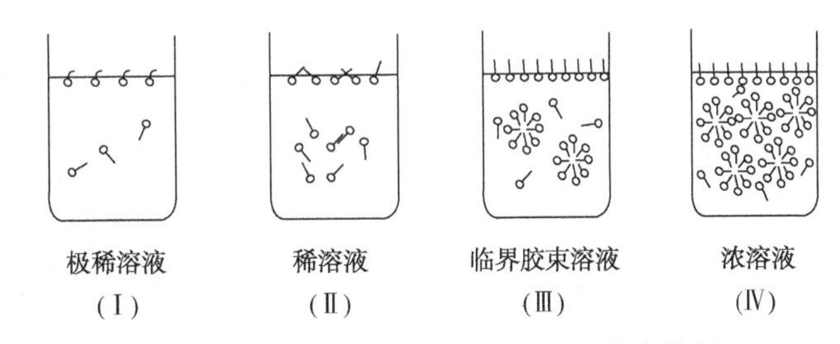

图 5-4　表面活性剂分子随浓度的分布特性

$$\text{溶液中表面活性剂的单个分子} \rightleftharpoons \text{吸附层中的表面活性剂分子}$$

图 5-4 的(Ⅰ)就是表示这两种倾向存在下的动平衡状态。由于浓度极稀，表面上表面活性剂分子彼此不影响，所以表面活性剂分子可平铺于液面。因此，在极稀溶液中，表面活性剂对表面张力有显著的影响。

② 当表面活性剂溶液为稀溶液时，由于表面活性剂分子的相互接近，使它们能像图 5-4 的(Ⅱ)那样，按极性相近规则缔合起来。这时，表面活性剂分子在溶液中的分布开始存在两种动平衡，即

$$\text{溶液中表面活性剂的缔合分子} \rightleftharpoons \text{溶液中表面活性剂的单个分子} \rightleftharpoons \text{吸附层中的表面活性剂分子}$$

由于表面活性剂分子在表面的浓度增加，所以它们不能像极稀溶液的情况下那样平铺于液面，而是倾斜于液面。因此对表面张力的影响就相对减小，表现在图 5-3 中则为表面张力随浓度增加而下降减少。

③ 当浓度增至某一数值，表面活性剂将在溶液表面吸附达到饱和。这时，表面活性剂分子在溶液表面将如图 5-4 的(Ⅲ)那样紧密地排列着。从该浓度开始，再增加表面活性剂的浓度，表面活性剂分子将主要分布在溶液内部而不是分布在吸附层，所以对表面张力的影响大大减小。在图 5-3 中的表现是曲线接近水平。正是由于表面吸附达饱和后，表面活性剂的加入主要用于增加其在溶液内部的浓度，从而使表面活性剂的缔合分子有条件转变为如

图 5-5 所示的结合体。这时，溶液存在下列的动平衡：

溶液中表面活性剂分子的结合体(胶束) ⇌ 溶液中表面活性剂的单个分子 ⇌ 吸附层中的表面活性剂分子

表面活性剂超过了某一特定浓度，溶液中表面活性剂分子缔合形成结合体，称为胶束。开始明显形成胶束时的特定浓度称为临界胶束浓度(*cmc*)。目前普遍认为，当表面活性剂水溶液浓度超过 *cmc* 不很大时，胶束是一个表面不平的球状结构，亲油基朝内以液体状态存在，球的外层区为水化的亲水基；当活性剂浓度大于 *cmc* 10 倍以上时，胶束转为棒状结构，内核由亲油基构成，外层由亲水基排列而成。胶束的这种结构使表面活性剂的烃链与水的接触面积缩小，使胶束具有更好的热稳定性。随着表面活性剂浓度再增大，棒状胶束可转变为层状胶束，如图 5-5 所示。

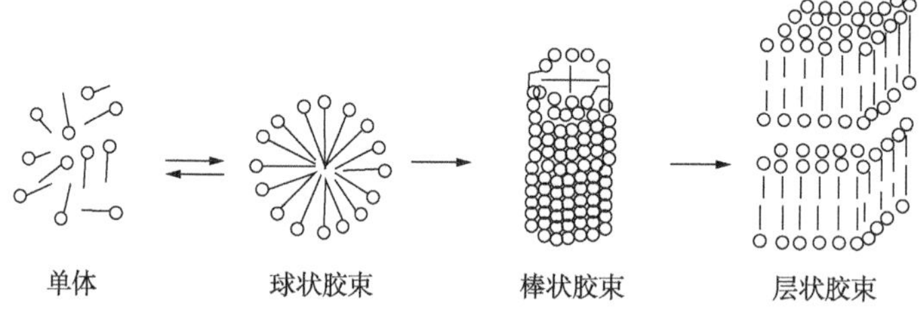

图 5-5　表面活性剂溶液中的胶束结构

还有一种特殊的胶束，一些表面活性剂在特定条件下，可以形成直径在 5nm 左右、长度可达 100~1000nm 的线型柔性棒状胶束(或称蠕虫状胶束)，这些胶束在溶液中相互缠绕形成网络结构，从而表现出类似于聚合物溶液的流变行为，具有黏弹性，使得表面活性剂溶液同时具有表面活性剂和聚合物的性质(图 5-6)。只有少数表面活性剂溶液具有这种特性，具有这种特性的表面活性剂常被称为黏弹性表面活性剂(VES)。在压裂施工中，黏弹性表面活性剂溶液即使其在很低的黏度下(小于等于 20mPa · s)，也能对支撑剂达到悬浮稳定作用，这一性质是聚合物无法比拟的。目前，国内外广泛应用的黏弹性表面活性剂压裂液(又称为清洁压裂液或无聚合物压裂液)多由阳离子表面活性剂和一定浓度的盐溶液组成，阳离子表面活性剂为 C_{16}~C_{22}含不饱和双键的季铵盐，盐一般为 2%~4%的 KCl 或 KBr。

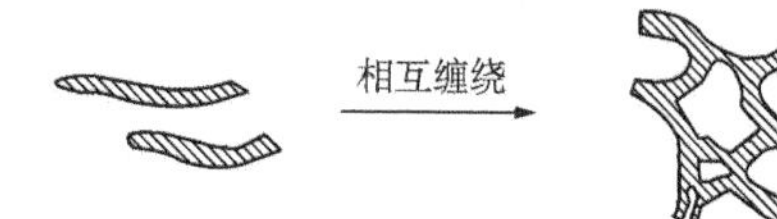

图 5-6　棒状胶束相互缠绕形成的网状结构示意图

由于不同表面活性剂分子间的吸引力各不相同，所以在相同条件(温度、溶剂)下，不同表面活性剂的 *cmc* 也不相同。在常温下，一些由试验测得的表面活性剂的临界胶束浓度列于表 5-2、表 5-3。临界胶束浓度的测定可以用表面张力法，也可用电导率法等。

表 5-2　一些阴离子型表面活性剂的临界胶束浓度

表面活性剂	$cmc\times10^2$/mol · L^{-1}		
	40℃	60℃	80℃
癸烷基磺酸钠	4.02	4.31	5.82
十二烷基磺酸钠	1.10	1.21	1.40
十四烷基磺酸钠	0.250	0.330	0.450

表 5-3　一些非离子型表面活性剂的临界胶束浓度

表面活性剂	$cmc\times10^2$/mol·L^{-1}		
	25℃	50℃	75℃
聚氧乙烯癸醇醚-5	0.164	0.156	0.104
聚氧乙烯癸醇醚-10	0.267	0.160	0.142
聚氧乙烯癸醇醚-15	0.342	0.176	0.146
聚氧乙烯癸醇醚-20	0.576	0.278	0.182
聚氧乙烯癸醇醚-25	0.830	0.450	0.340

2. 表面活性剂的几个重要作用

（1）起泡和消泡作用

起泡作用是指表面活性剂使泡沫易于产生并在产生后有一定稳定性的作用，具有这种作用的表面活性剂叫起泡剂。起泡剂的起泡作用是由它在气泡的气液界面上吸附所引起的。由于表面活性剂的吸附可以大大降低表面张力，从而大大降低泡沫的表面能，亦即大大降低产生泡沫所要做的表面功，因而使泡沫易于产生。同时，由于起泡剂在气液界面上吸附产生一个有一定强度的保护膜，可以防止泡沫中的气泡聚并变大，使泡沫有一定稳定性。

在一些过程中，由于产生泡沫导致负面影响。在这种情况下，须加消泡剂。消泡剂实际上是一些表面张力低、溶解度较小的物质，如 $C_5\sim C_6$ 的醇类或醚类、磷酸三丁酯、有机硅等。消泡剂的表面张力低于气泡液膜的表面张力，容易在气泡液膜表面顶走原来的起泡剂，而其本身由于链短又不能形成坚固的吸附膜，故产生裂口，泡内气体外泄，导致泡沫破裂，起到消泡作用。

（2）乳化作用

乳化作用是指表面活性剂使乳状液易于产生并在产生后有一定稳定性的作用，具有这种作用的表面活性剂叫乳化剂。乳化剂的乳化作用是由它在液珠的液液界面上吸附所引起的。由于乳化剂的吸附(如图 5-7 所示)可以大大降低界面张力，从而大大降低乳状液的界面能，亦即大大降低产生乳状液所要做的界面功，因而使乳状液易于产生。同时，由于乳化剂在液液界面上吸附产生一个有一定强度的保护膜，可以防止乳状液中的液珠聚并变大，使乳状液有一定稳定性。

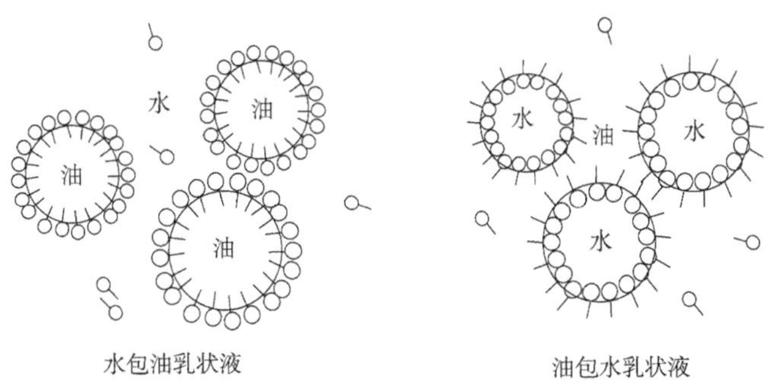

图 5-7　乳化剂在液液界面上的吸附

（3）增溶作用

增溶作用是指表面活性剂使难溶的固体或液体的溶解度显著增加的作用。具有增溶作用的表面活性剂叫增溶剂。很早以前，人们就知道浓的肥皂水溶液可以溶解甲苯等有机物，但只是在系统研究缔合胶束的性质后才对其本质有所认识。例如 50°C 时，煤油在水中的溶解度很小，但在 100mL 质量分数 w(OP-10)为 0.20 的溶液中却可溶解 10.2mL。苯在水中的溶度很小，室温下 100g 水只能溶解约 0.07g 苯，而在皂类等表面活性剂溶液中苯却有相当大的溶解度，100g 10%的油酸钠溶液可以溶解约 9g 苯。不仅对苯，对其他非极性碳氢化合物的溶解也有同样的现象。增溶作用是表面活性剂胶束所起的作用，因为在水中或油中的表面活性剂胶束都可按极性相近规则“溶解”油或水(参考图 5-8)。

图 5-8 增溶作用示意图

如图 5-9 所示，被增溶物质与胶束之间的作用可有四种形式。

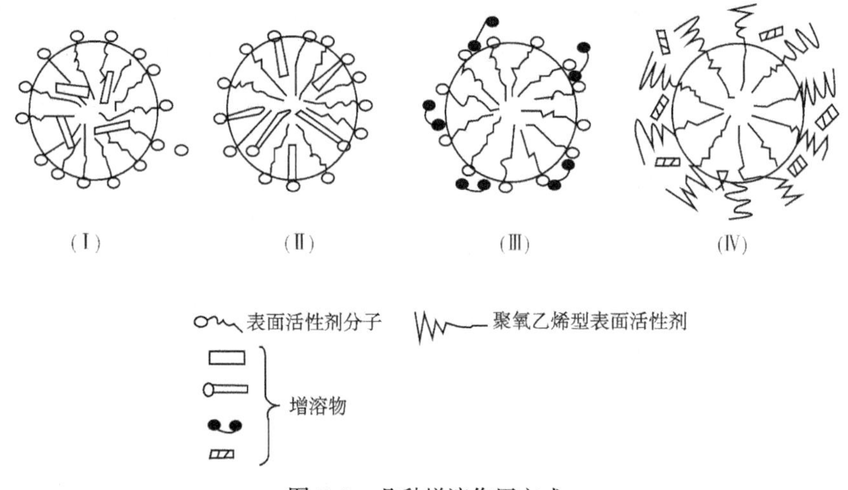

图 5-9 几种增溶作用方式

① 增溶作用发生于胶束的内核：对于非极性物质，如烃类，进入胶束的内核而使胶束直径有所增大，如图 5-9 中的(Ⅰ)。

② 增溶作用发生于形成胶束的表面活性剂分子或离子之间：高碳醇、胺、脂肪酸等极性的难溶有机物与形成胶束的表面活性剂分子穿插排列，非极性基插入胶束内核，极性基存在于活性剂的极性基之间，如图 5-9 中的(Ⅱ)。

③ 增溶作用是通过吸附于胶束的外层：较小的极性分子，如邻苯二甲酸二甲酯(不溶于水也不溶于非极性烃类)以及一些染料分子，吸附于胶束表面的亲水部分，如图 5-9 中的(Ⅲ)。

④ 聚氧乙烯型非离子活性剂形成的胶束，可将易极化的短链芳烃如苯酚增溶于聚氧乙烯链之间，如图 5-9 中的(Ⅳ)。

增溶后形成的体系和溶解形成的体系都不存在两相，呈透明的稳定状态。增溶作用不同于一般的溶解作用，因为一般的溶解作用是指溶质分子在溶剂分子中的均匀分散，溶解作用会使溶剂的依数性质(沸点升高、凝固点下降、渗透压上升等)有很大改变。而增溶作用则是溶质集中在胶束内部，增溶作用并未把溶质拆开成分子或离子，而是“整团”集中在胶束内部，因而质点数目没有改变，从而依赖于质点数目的溶液依数性不会改变。实验证明，在临界胶束浓度以前基本上无增溶作用，只是在 *cmc* 以后增溶作用才明显地表现出来。

增溶作用也不同于乳化作用，增溶作用是一个自发的过程，所形成的体系是一个稳定体系。因乳化作用是增加界面从而增加界面能，乳化作用需要做功，不是自发的。按界面能趋于减少的规律，乳状液是不稳定的，而增溶作用则是溶质在胶束内部的溶解，不增加界面，因而是稳定的。

人们在了解增溶作用的机理之前，就在许多方面应用了增溶作用，合成橡胶的乳液聚合就是应用增溶作用的一例。乳液聚合是将聚合物单体分散在水中形成水包油型乳状液，在催化剂的作用下进行的聚合反应。聚合反应在胶束中进行，胶束因逐渐聚合成所需的高聚物而逐渐长大，形成所谓的“高聚物胶束”，经酸或盐处理，可分离出高聚物。

利用增溶作用可提高原油采收率，即所谓的“胶束驱油”。首先配制含有水、表面活性剂(包括辅助活性剂，如脂肪醇等)和油组成的“胶束溶液”，它能增溶大量原油，在地层推进时能有效地洗脱下附着于岩石表面上的原油，从而显著提高原油的采收率。

（4）润湿反转作用

润湿反转作用是指表面活性剂使固体表面的润湿性向相反方面转化的作用。能使固体表面润湿性发生反转的表面活性剂叫润湿反转剂或润湿剂。润湿剂的润湿反转作用是由它在固体表面上吸附所引起的。将水滴在石蜡片上，石蜡片几乎不湿。但水中加入一些表面活性剂后，水就能在石蜡片上铺展开。例如砂岩表面是亲水表面(即水对砂岩表面的润湿角小于90°)。当它与原油接触时，原油中的天然表面活性剂吸附到砂岩表面上来，按极性相近规则排列在砂岩表面，使它如图 5-10 的(Ⅰ)所示那样，由亲水反转为亲油(即水对砂岩表面的润湿角大于 90°)，这就是表面活性剂的润湿反转作用。若继续添加表面活性剂，它可以在第一吸附层上按极性相近规则再吸附一层表面活性剂，使砂岩表面如图 5-10 的(Ⅱ)所示那样，重新变成亲水表面，这也是表面活性剂的润湿反转作用。

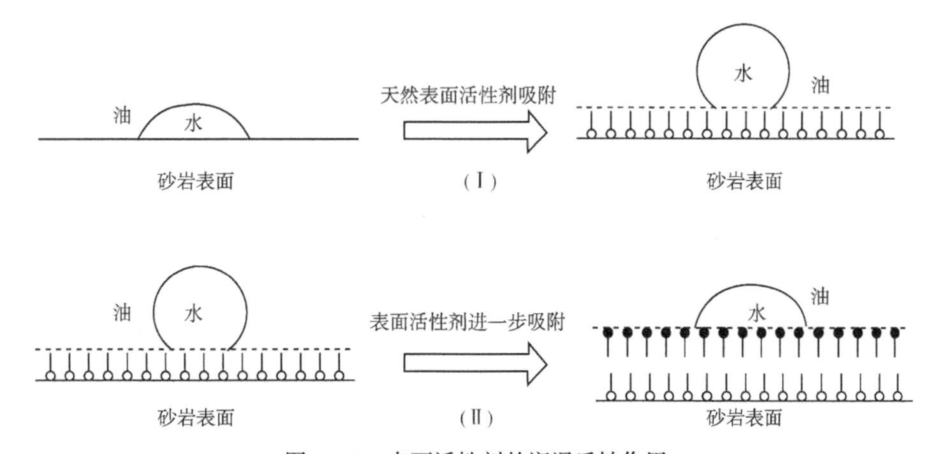

图 5-10　表面活性剂的润湿反转作用

在喷洒农药消灭虫害时，要求农药对植物枝叶表面有良好的润湿性，以便液滴在枝叶的表面上易于铺展，待水分蒸发后，枝叶的表面上即留有薄薄一层农药。可在农药中加入少量表面活性剂，以增强农药对枝叶表面的润湿性。

润湿剂的润湿反转作用还可通过与表面反应来改变固体表面润湿性。

例如砂岩表面有两个特性：

① 砂岩表面是羟基化了的。这是由于砂岩表面与水作用而产生的羟基化：

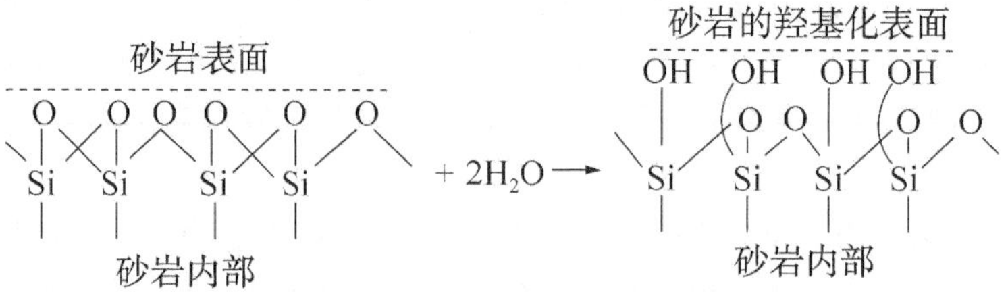

砂岩表面

$+ 2H_2O \longrightarrow$

砂岩的羟基化表面

砂岩内部

砂岩内部

砂岩的羟基化表面可简示为：

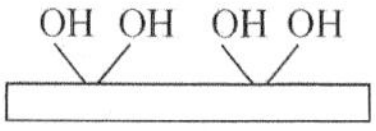

OH OH OH OH

② 砂岩表面是带负电的。这是由于晶格中原子的取代而产生。例如正三价的铝取代了正四价的硅，就会由于电价不平衡而使表面带负电。此外，还有由于砂岩表面的羟基解离，或选择性地吸附一些负离子而使表面带负电的。

由于砂岩表面有这两个特性，因此有两类能与砂岩表面反应从而改变砂岩表面润湿性的表面活性剂：

一类是能与表面羟基反应的表面活性剂。例如十二烷基二甲基一氯甲硅烷属这一类表面活性剂，它通过下面反应使砂岩表面由亲水反转为亲油：

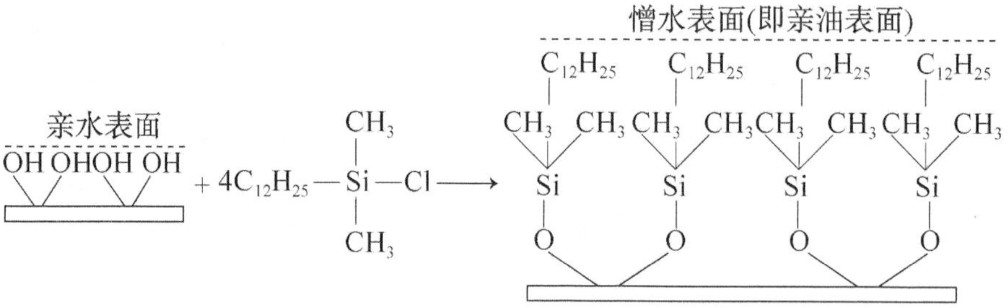

亲水表面

$+ 4C_{12}H_{25}-Si(CH_3)_2-Cl \longrightarrow$

憎水表面(即亲油表面)

另一类是能与负电表面反应的表面活性剂。如氯化十二烷基吡啶属这类表面活性剂，它可与负电表面反应：

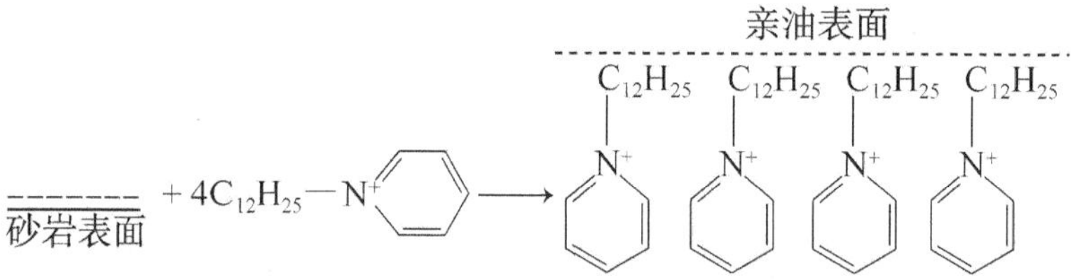

砂岩表面

$+ 4C_{12}H_{25}-N^{+}C_5H_5 \longrightarrow$

亲油表面

砂岩表面

从而使砂岩的亲水表面反转为亲油表面。

通过与表面反应的表面活性剂在砂岩表面形成的吸附层是比较牢固的。这样形成的吸附层通常叫化学吸附层，它区别于那些仅靠降低表面能而较弱地吸附在表面的物理吸附层。在一些场合(例如黏土膨胀的抑制)需要用到这种化学吸附层。

(5) 洗净作用

洗净作用是指表面活性剂使一种液体(例如水)将其他物质(例如油)从固体表面洗脱下来的作用，即洗涤作用。具有洗净作用的表面活性剂叫洗净剂或洗涤剂。洗净作用是一种综合的作用，它包括表面活性剂的润湿反转作用、乳化作用和增溶作用。洗净作用可用来解释表面活性剂的洗油作用。

图 5-11 给出了洗净机理示意图，它说明表面油膜是如何从砂岩表面上被表面活性剂洗脱下来的。图 5-11(Ⅰ)表明油在砂岩表面铺展，由于水的润湿性差，只靠水是不能洗脱油膜的；图 5-11(Ⅱ)说明加入表面活性剂后，表面活性剂分子以亲油基朝向砂岩表面或油膜的方式吸附，结果在外力作用下油膜开始从砂岩表面脱落；图 5-11(Ⅲ)是表面活性剂分子在砂岩表面和油滴表面上形成吸附层，使原油乳化或增溶，脱离砂岩表面，从而被水携带走，达到洗油的目的。

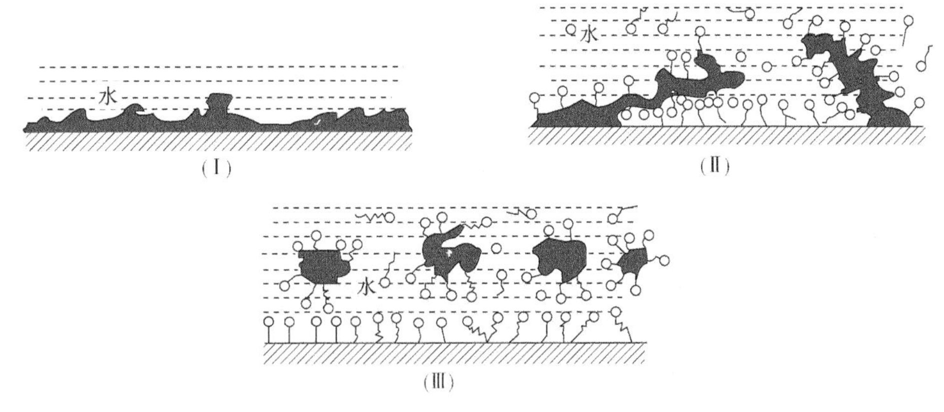

图 5-11　洗净机理示意图

三、表面活性剂的分子结构与性能的关系

这里只讨论用得最多的起泡剂、乳化剂、润湿剂和增溶剂的分子结构。

1. 起泡剂的分子结构

一种好的起泡剂应满足两个条件：一个条件是易于产生泡沫；另一个条件是产生的泡沫有较好的稳定性。

先考虑前一个条件对起泡剂分子结构的要求。

为了使泡沫易于产生，起泡剂应有较好的降低表面张力的能力，因而对一定的亲水基，要求亲油基有一个适当长度的烃链。例如 $R—OSO_3Na$ 中要求 R：C_{14}～C_{16}，$R—SO_3Na$ 中要求 R：C_{13}～C_{14}，R—COONa 中要求 R：C_{12}～C_{14}，$R—O\text{+}CH_2CH_2O\text{+}_{5\sim6}H$ 中要求 R：C_{12}等。因为只有当亲水基和适当长度的烃链取得平衡，才有利于表面活性剂在界面上吸附并有更好的降低表面张力的能力。

虽然具有分支结构的表面活性剂降低表面张力的能力比没有分支结构的表面活性剂好，因而易于起泡，但由于下面讲到的原因，起泡剂最好不具有分支结构。

再考虑后一个条件对起泡剂分子结构的要求。

为了使产生的泡沫有较好的稳定性，应要求起泡剂的吸附层(即保护膜)有足够的强度，因此起泡剂的分子结构应满足下面的要求：

① 非极性部分的烃链最好没有分支，因没有分支的结构更有利于泡沫中表面活性剂吸附层的非极性部分的横向结合，例如

$$CH_3\text{+}CH_2\text{+}_{11}SO_3Na$$

$$\begin{array}{ccccccccccccccc} CH_3 & — & CH & — & CH_2 & — & CH & — & CH_2 & — & CH & — & CH_2 & — & CH — SO_3Na \\ & & | & & & & | & & & & | & & & & | \\ & & CH_3 & & & & CH_3 & & & & CH_3 & & & & CH_3 \end{array}$$

都是十二烷基磺酸钠，但前者非极性部分没有分支，而后者非极性部分有分支，故前者比后者有较好的稳定泡沫的能力。

② 非极性部分若有苯基，则苯基最好在烃基的一端；若苯基上有烃基和亲水基，则当它们处在对位时，有较好的稳定泡沫的能力。例如

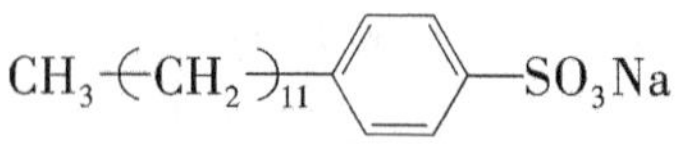

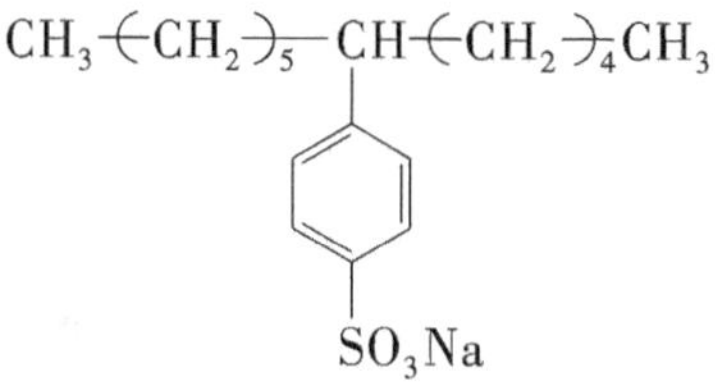

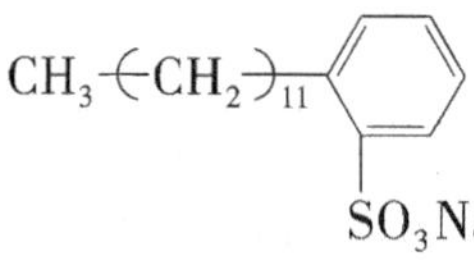

$$CH_3\text{—}(CH_2)_{11}\text{—}C_6H_4\text{—}SO_3Na \ (\text{对位})$$

$$CH_3\text{—}(CH_2)_5\text{—}CH\text{—}(CH_2)_4CH_3 \ (\text{CH 上连 }\text{—}C_6H_4\text{—}SO_3Na,\ \text{对位})$$

$$CH_3\text{—}(CH_2)_{11}\text{—}C_6H_4\text{—}SO_3Na \ (\text{邻位})$$

都是十二烷基苯磺酸钠，但它们稳定泡沫的能力是前者大于后两者。

③ 有两个或两个以上亲水基的表面活性剂不宜作起泡剂。例如

$$CH_3\text{—}(CH_2)_5\text{—}\underset{\displaystyle OH}{\underset{|}{CH}}\text{—}CH_2\text{—}CH{=}CH\text{—}(CH_2)_7COONa$$

蓖酸钠

$$\begin{array}{l} CH_3\text{—}CH\text{—}O\text{—}(C_3H_6O)_{17}\text{—}(C_2H_4O)_{53}H \\ \qquad\ \ | \\ \qquad CH_2\text{—}O\text{—}(C_3H_6O)_{17}\text{—}(C_2H_4O)_{53}H \end{array}$$

聚氧乙烯聚氧丙烯丙二醇醚（2070）

等都不宜作起泡剂。

2. 乳化剂的分子结构

因泡沫和乳状液都是分散相分散体系，所以起泡剂与乳化剂有共同的地方。前面讲过的起泡剂对表面活性剂在分子结构上的要求（例如要求烃链有适当长度、没有分支、苯基处在烃基末端、烃基与亲水基处在苯基的对位、不宜有两个或两个以上亲水基等），同样适用于乳化剂。

但泡沫毕竟与乳状液有区别，因前者是气体分散在液体中所形成的分散体系，只有一种类型，而后者是一种液体分散在另一种与它不相溶液体中所形成的分散体系，它有两种类型，即水包油型和油包水型。因此，乳化剂也有两类，即水包油型乳化剂和油包水型乳化剂。

若表面活性剂的亲水基较强，例如有$\text{—}OSO_3Na$、$\text{—}COONa$、$\text{—}COOK$、$\text{—}SO_3Na$以及聚合度较大的聚氧乙烯基（如$\text{—}(CH_2CH_2O)_nH$中的$n=3\sim100$），并当这些亲水基的亲水能力稍大于与它结合的亲油基的亲油能力，则这种表面活性剂可作为水包油型乳化剂。例如

$R\text{—}OSO_3Na$　　　R：$C_{10}\sim C_{20}$

$R\text{—}COONa$　　　R：$C_{10}\sim C_{20}$

$R\text{—}O\text{—}(CH_2CH_2O)_nH$　　　R：$C_{10}\sim C_{20}$，n：$3\sim100$

等都是水包油型乳化剂。

若表面活性剂的亲水基较弱，例如有

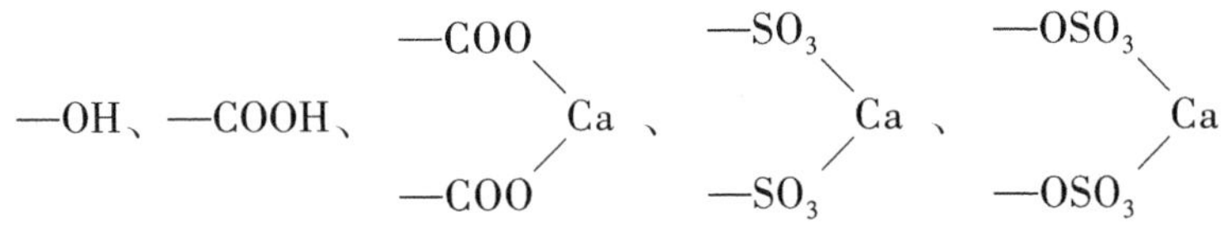

$$-OH、-COOH、\begin{matrix}-COO \\ \quad\quad\diagdown \\ \quad\quad\quad Ca \\ \quad\quad\diagup \\ -COO\end{matrix}、\begin{matrix}-SO_3 \\ \quad\quad\diagdown \\ \quad\quad\quad Ca \\ \quad\quad\diagup \\ -SO_3\end{matrix}、\begin{matrix}-OSO_3 \\ \quad\quad\diagdown \\ \quad\quad\quad Ca \\ \quad\quad\diagup \\ -OSO_3\end{matrix}$$

以及聚合度较小的聚氧乙烯基(例如$\leftarrow CH_2CH_2O \rightarrow_n H$中的$n=1\sim2$)，并当亲水基的亲水能力稍小于与它结合的亲油基的亲油能力，则这种表面活性剂可作为油包水型乳化剂。例如

$R-COOH$　　　　R：$C_{10}\sim C_{20}$

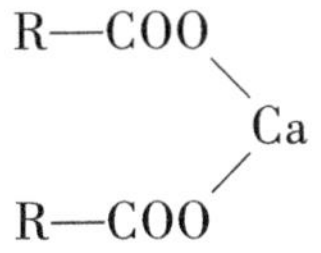

$$\begin{matrix}R-COO \\ \quad\quad\diagdown \\ \quad\quad\quad Ca \\ \quad\quad\diagup \\ R-COO\end{matrix}$$　　　　R：$C_{10}\sim C_{20}$

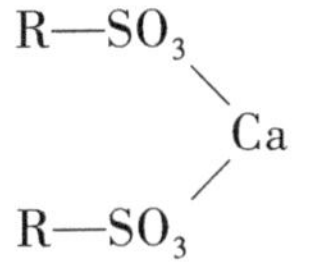

$$\begin{matrix}R-SO_3 \\ \quad\quad\diagdown \\ \quad\quad\quad Ca \\ \quad\quad\diagup \\ R-SO_3\end{matrix}$$　　　　R：$C_{10}\sim C_{20}$

$R-O \leftarrow CH_2CH_2O \rightarrow_n H$　　　　R：$C_{10}\sim C_{20}$，n：$1\sim2$

等都是油包水型乳化剂。

3. 润湿剂的分子结构

润湿剂分两类：

一类是通过降低表面能的吸附来改变固体表面的润湿性的。这类润湿剂最好有分支结构，因分支结构不利于形成表面活性剂的缔合分子和胶束，而有利于它在表面上吸附改变固体表面的润湿性。例如：

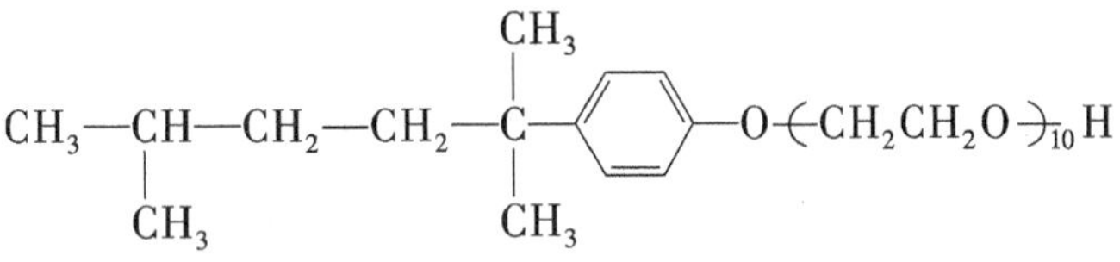

$$CH_3-\underset{\underset{CH_3}{|}}{CH}-CH_2-CH_2-\overset{\overset{CH_3}{|}}{\underset{\underset{CH_3}{|}}{C}}-C_6H_4-O\leftarrow CH_2CH_2O\rightarrow_{10}H$$

聚氧乙烯异辛基苯酚醚-10

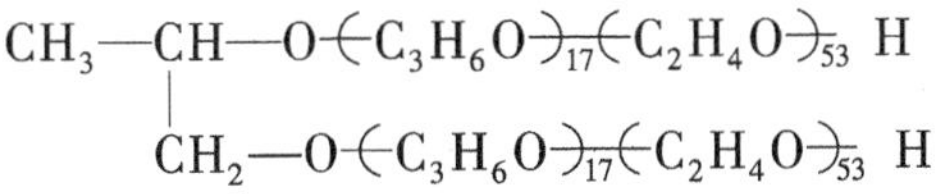

$$\begin{matrix}CH_3-CH-O\leftarrow C_3H_6O\rightarrow_{17}\leftarrow C_2H_4O\rightarrow_{53}H \\ \quad\quad | \\ \quad\quad CH_2-O\leftarrow C_3H_6O\rightarrow_{17}\leftarrow C_2H_4O\rightarrow_{53}H\end{matrix}$$

聚氧乙烯聚氧丙烯丙二醇醚(2070)

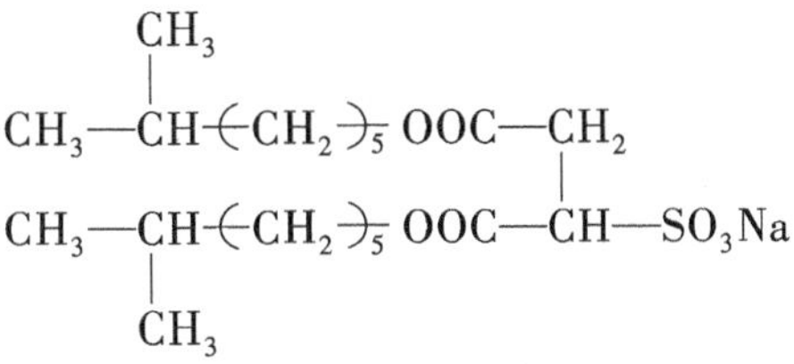

$$\begin{matrix}\overset{\overset{CH_3}{|}}{CH_3-CH}\leftarrow CH_2\rightarrow_5 OOC-CH_2 \\ \quad\quad\quad\quad\quad\quad\quad\quad | \\ \underset{\underset{CH_3}{|}}{CH_3-CH}\leftarrow CH_2\rightarrow_5 OOC-CH-SO_3Na\end{matrix}$$

丁二酸二异辛基酯磺酸钠

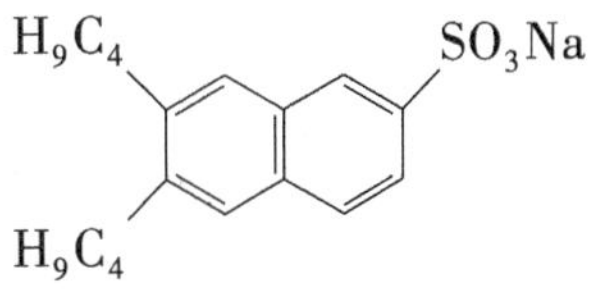

$$(H_9C_4)_2C_{10}H_5SO_3Na$$

二丁基萘磺酸钠，俗称“拉开粉”

等都是一些比较符合上述要求的润湿剂。

同起泡剂一样，这类润湿剂也要求亲水基与烃链有一定的平衡关系，即与亲水基相连结的烃链不能太长或太短，否则将影响润湿剂的吸附而减小润湿反转效果。

另一类是通过与表面反应来改变固体表面润湿性的。如氯化十二烷基吡啶和十二烷基二甲基一氯甲硅烷改变砂岩表面的润湿性，它们都有特定的结构。

4. 增溶剂的分子结构

增溶作用由于胶束存在而产生，因此增溶剂应是那些易于形成胶束的表面活性剂。为了易于形成胶束，要求表面活性剂的烃基最好没有分支，烃基上最好只有一个亲水基，而且亲水基最好在烃链的一端。

符合上述条件的表面活性剂，临界胶束浓度都较低(参考表5-4)，即胶束在较低的浓度下就可形成，因而有较好的增溶能力。

增溶剂对表面活性剂在分子结构方面的要求，恰恰与吸附型的润湿剂相反，而与起泡剂、乳化剂的要求类似。

表5-4　一些表面活性剂在水中的临界胶束浓度

表面活性剂	结构特点	T/℃	$cmc\times10^2$/mol·L^{-1}
$CH_3(CH_2)_{11}-C_6H_4-SO_3Na$	烃基上没有分支	75	0.119
$CH_3(CH_2)_5-CH(C_4H_9)-CH_2-C_6H_4-SO_3Na$	烃基上有分支	75	0.319
$C_{12}H_{25}-CH_2-COOK$	有一个亲水基	25	0.624
$C_{12}H_{25}-CH(COOK)_2$	有两个亲水基	25	4.800
$CH_3(CH_2)_{13}-OSO_3Na$	亲水基在烃链一端	40	0.247
$CH_3(CH_2)_6-CH(OSO_3Na)(CH_2)_5CH_3$	亲水基不在烃链一端	40	0.430

四、表面活性剂的*HLB*值

每种表面活性剂都有亲水部分和亲油部分，因此每种表面活性剂都有一个亲水部分的亲水能力对亲油部分的亲油能力的平衡问题。表面活性剂的这个亲水能力对亲油能力的平衡关系，可用一个亲水亲油平衡值，即*HLB*(Hydrophile-Lyophile Balance)值来定量表示。

1. *HLB*值的确定

(1) 乳化实验法

*HLB*值是一个相对的数值。为了决定*HLB*值，可先选择一种亲油表面活性剂和一种亲

水表面活性剂作标准，给它们一定数值。例如将亲油表面活性剂油酸的 *HLB* 值定为 1，将亲水表面活性剂油酸钠的 *HLB* 值定为 18。*HLB* 值越大，亲水性越强。有了这两个给定的标准，就可由乳化试验决定其他表面活性剂的 *HLB* 值。

一些由试验测得的表面活性剂的 *HLB* 值列于表 5-5。

表 5-5　由实验测得的表面活性剂的 *HLB* 值

表面活性剂	*HLB* 值	表面活性剂	*HLB* 值
油酸	1.0	聚氧乙烯壬基苯酚醚-9	13.0
斯盘 85	1.8	聚氧乙烯十二胺-5	13.0
斯盘 65	2.1	吐温 21	13.3
斯盘 80	4.3	聚氧乙烯辛基苯酚醚-10	13.5
斯盘 60	4.7	吐温 60	14.9
聚氧乙烯月桂酸酯-2	6.1	吐温 80	15.0
斯盘 40	6.7	十二烷基三甲基氯化铵	15.0
聚氧乙烯油酸酯-4	7.7	聚氧乙烯十二胺-15	15.3
斯盘 20	8.6	吐温 40	15.6
聚氧乙烯月桂酸酯-4	9.4	聚氧乙烯硬脂酸酯-30	16.0
聚氧乙烯十二醇醚-4	9.5	聚氧乙烯硬脂酸酯-40	16.7
吐温 61	9.6	吐温 20	16.7
吐温 81	10.0	聚氧乙烯十八胺-15	16.7
二[十二烷基]二甲基氯化铵	10.0	聚氧乙烯辛基苯酚醚-30	17.0
吐温 85	10.5	油酸钠	18.0
吐温 65	10.5	油酸钾	20.0
十四烷基苯磺酸钠	11.7	十二醇硫酸酯钠盐	40.0
油酸三乙醇胺	12.0		

（2）计算法

用乳化试验测定表面活性剂 *HLB* 值的方法是最直接最可靠的方法，但在试验数据的基础上，也整理出一些计算 *HLB* 值的公式，提出一些计算 *HLB* 值的方法。

下面是其中两个计算表面活性剂 *HLB* 值的方法：

1）基数法

这方法适用于计算一些阴离子型表面活性剂和非离子型表面活性剂的 *HLB* 值，计算公式为：

$$HLB = 7 + \Sigma H - \Sigma L$$

式中　ΣH——表面活性剂中亲水基基数总和；

ΣL——表面活性剂中亲油基基数总和。

表面活性剂中亲水基和亲油基基数的数值列于表 5-6。

表 5-6　亲水基和亲油基的基数

亲水基	H	亲油基	L
$—OSO_3Na$	38.7	—CH—（|）	0.475
—COOK	21.1	$—CH_2—$	0.475
—COONa	19.1	$—CH_3$	0.475
$—SO_3Na$	11.0	═CH—	0.475
—COO(R)	2.4	$—CF_2—$	0.870
—COOH	2.1	$—CF_3$	0.870
—OH	1.9	苯环	1.662

表 5-7 列出的是按这方法计算的一些表面活性剂的 *HLB* 值。

表 5-7　一些表面活性剂的 *HLB* 值

羧酸盐		磺酸盐		硫酸酯盐	
名称	*HLB* 值	名称	*HLB* 值	名称	*HLB* 值
十二酸钠	20.9	十二烷基磺酸钠	12.3	十二醇硫酸酯钠盐	40.0
十四酸钠	19.9	十四烷基磺酸钠	11.4	十四醇硫酸酯钠盐	39.1
十六酸钠	19.0	十六烷基磺酸钠	10.4	十六醇硫酸酯钠盐	38.1
十八酸钠	18.0	十八烷基磺酸钠	9.4	十八醇硫酸酯钠盐	37.1

2）质量分数法

这一方法适用于计算有聚氧乙烯基的非离子型表面活性剂的 *HLB* 值。计算公式为：

$$HLB = \frac{\text{亲水基质量}}{\text{亲水基质量} + \text{亲油基质量}} \times 20$$

表 5-8 列出的是按这一方法计算的一些非离子型表面活性剂的 *HLB* 值。

表 5-8　一些非离子型表面活性剂的 *HLB* 值

氧乙烯数 n	*HLB* 值			
	聚氧乙烯十二醇醚	聚氧乙烯十八醇醚	聚氧乙烯辛基苯酚醚	聚氧乙烯壬基苯酚醚
1	5.3	3.9	4.9	4.6
3	9.3	7.4	8.8	8.5
5	11.7	9.7	11.1	10.8
10	14.6	12.9	14.1	13.9
15	16.0	14.6	15.6	15.4
20	16.8	15.6	16.5	16.3
30	17.7	16.8	17.4	17.3

此外，*HLB* 值具有加和性，可以从每一种表面活性剂的 *HLB* 值计算出复合表面活性剂的 *HLB* 值。

例如：某复合表面活性剂含油酸钠 40%，十四烷基苯磺酸钠 40%，斯盘 80 20%，则该

复合表面活性剂的 *HLB* 值 = 18×40%+11.7×40%+4.3×20% = 12.7

2. 表面活性剂的 *HLB* 值与应用的关系

因为不同用途的表面活性剂有不同的 *HLB* 值，所以 *HLB* 值可以帮助我们选用表面活性剂。表 5-9 说明表面活性剂的 *HLB* 值与应用的关系。

表 5-9　表面活性剂的 *HLB* 值与应用的关系

表面活性剂的 *HLB* 值	应　　用
3~6	油包水型乳化剂
7~18	水包油型乳化剂、起泡剂
12~15	润湿剂
13~15	洗净剂
15~18	增溶剂

按表 5-9 所列的关系和实际应用的要求，可选用不同的表面活性剂。例如：

要将稠油乳化成油包水乳状液，可选用斯盘 80(*HLB* 值 4.3)、OP-1(*HLB* 值 4.9)、平平加-1(例如聚氧乙烯十二醇醚-1，*HLB* 值 5.3)等表面活性剂作乳化剂。

要将稠油乳化成水包油乳状液，可选用 AS(*HLB* 值 9.4~12.3)、ABS(*HLB* 值 8.5~10.4)、平平加 SA-20(*HLB* 值 15)、平平加 O-20(*HLB* 值 16.5)、OP-10(*HLB* 值 13.5)等表面活性剂作乳化剂。

要制备泡沫，可选用 AS(*HLB* 值 9.4~12.3)、ABS(*HLB* 值 8.5~10.4)、松香酸钠(*HLB* 值 17.1)、平平加 OS-15(*HLB* 值 14.5)等表面活性剂作起泡剂。

要改变亲油地层的润湿性，可选用 2070(*HLB* 值 14)、OP-10(*HLB* 值 13.5)、丁二酸二异辛基酯磺酸钠(*HLB* 值 14.2)等表面活性剂。

表面活性剂的分子结构和 *HLB* 值是选用表面活性剂的两个标准，它们是互相补充的。例如聚氧乙烯十二醇醚是适合于作乳化剂的一类分子结构相同的表面活性剂，但聚合度(即氧乙烯数)不同，它们能稳定的乳状液的类型也不同，这就要靠 *HLB* 值的标准进一步选择。又如下列表面活性剂的 *HLB* 值都是 12.3：

$$CH_3\text{-}(CH_2)_{11}\text{-}SO_3Na$$

$$CH_3\text{—}\underset{\displaystyle CH_3}{\underset{|}{CH}}\text{—}CH_2\text{—}\underset{\displaystyle CH_3}{\underset{|}{CH}}\text{—}CH_2\text{—}\underset{\displaystyle CH_3}{\underset{|}{CH}}\text{—}CH_2\text{—}\underset{\displaystyle CH_3}{\underset{|}{CH}}\text{—}SO_3Na$$

若按分子结构的标准，则应选前者作为起泡剂和乳化剂，而选后者作润湿剂。可见，选用表面活性剂时，应全面考虑这两个标准。

五、重要的表面活性剂

1. 烷基磺酸钠(AS)

烷基磺酸钠可以用石油馏分做原料制得。例如在紫外光下，可先将 220~320℃ 主要含 C_{12}~C_{18} 正构烷烃的石油馏分与氯、二氧化硫反应，生成烷基磺酰氯：

$$\underset{(R：C_{12}\sim C_{18})}{R\text{—}H} + Cl_2 + SO_2 \xrightarrow[28\sim35℃]{紫外光} \underset{(烷基磺酰氯)}{R\text{—}SO_2Cl} + HCl$$

然后与氢氧化钠反应，即可制得烷基磺酸钠：

$$R—SO_2Cl + 2NaOH \longrightarrow \underset{\text{(烷基磺酸钠)}}{R—SO_3Na} + NaCl + H_2O$$

这样制得的烷基磺酸钠的相对分子质量在270~360范围。

虽然C_{12}~C_{18}的烷基磺酸钠有很好的水溶性，甚至连它的钙盐和镁盐的水溶性也很好，因而可用于含Ca^{2+}、Mg^{2+}的水中而不像脂肪酸钠那样产生沉淀。但是，随着烷基碳原子数增加，烷基磺酸钠的水溶性减小，而相应地油溶性增加。例如当相对分子质量超过380，即烷基碳原子数超过20时，烷基磺酸钠就开始变成亲油的表面活性剂，因而可用于配制油包水乳状液。

除烷基磺酸钠外，与烷基磺酸钠相似的表面活性剂是烷基苯磺酸钠(ABS)，它是洗衣粉的重要有效成分，由烷基苯用发烟硫酸或三氧化硫磺化而得：

$$R—C_6H_5 + H_2SO_4 \xrightarrow{35\sim40℃} \underset{\text{(烷基苯磺酸)}}{R—C_6H_4—SO_3H} + H_2O$$

$$R—C_6H_4—SO_3H + NaOH \longrightarrow \underset{\text{(烷基苯磺酸钠)}}{R—C_6H_4—SO_3Na} + H_2O$$

这样制得的烷基苯磺酸钠的相对分子质量在320~380范围。

2. 季铵盐型表面活性剂

季铵盐型表面活性剂是由叔胺与卤代烷反应生成。例如十八烷基三甲基氯化铵是由十八烷基二甲基胺与一氯甲烷反应得到：

$$\underset{\text{(十八烷基二甲基胺)}}{C_{18}H_{37}—N(CH_3)_2} + \underset{\text{(一氯甲烷)}}{CH_3Cl} \xrightarrow{85\sim90℃} \underset{\text{(十八烷基三甲基氯化铵)}}{(C_{18}H_{37}—N(CH_3)_2—CH_3)Cl}$$

季铵盐型表面活性剂可用于含酸、含碱或含钙、镁离子的水中，因它在这些溶液中都可溶解并能解离出起活性作用的阳离子。

季铵盐型表面活性剂和其他阳离子型表面活性剂一样，不能在高浓度下与阴离子型表面活性剂复配使用，否则会发生沉淀。例如十八烷基三甲基氯化铵与十二烷基磺酸钠可发生下面反应：

$$(C_{18}H_{37}—N(CH_3)_2—CH_3)Cl + C_{12}H_{25}—SO_3Na \longrightarrow (C_{18}H_{37}—N(CH_3)_2—CH_3)C_{12}H_{25}SO_3\downarrow + NaCl$$

但在沉淀发生前的低浓度下，阳离子型表面活性剂与阴离子型表面活性剂复配使用，常可发生显著的协同效应，即复配表面活性剂降低表面张力的能力远大于同条件下阳离子型表面活性剂或阴离子型表面活性剂单独存在时降低表面张力的能力。

下面表面活性剂都属季铵盐型表面活性剂，都有十八烷基三甲基氯化铵那样的性质：

$$(C_{18}H_{37}—N(CH_3)_2—CH_3)Br \qquad (C_{18}H_{37}—N(CH_3)_2—CH_3)NO_3$$

$$\left(C_{18}H_{37}-\underset{CH_3}{\overset{CH_3}{\underset{|}{\overset{|}{N}}}}-CH_3\right)_2SO_4 \qquad \left(C_{18}H_{37}-\underset{CH_3}{\overset{CH_3}{\underset{|}{\overset{|}{N}}}}-CH_3\right)CH_3COO$$

3. 聚氧乙烯烷基醇醚

聚氧乙烯烷基醇醚(即平平加型表面活性剂)是一类重要的醚型表面活性剂。它是由烷基醇和环氧乙烷反应生成:

$$R-OH \quad + \quad n\,\underset{\diagdown\ O\ \diagup}{CH_2-CH_2} \xrightarrow[\substack{120\sim150℃ \\ 0.2\sim1.2MPa}]{NaOH} R-O\leftarrow CH_2CH_2O\rightarrow_n H$$

(聚氧乙烯烷基醇醚)

这类表面活性剂的烷基的碳原子数通常为10~20,而氧乙烯的聚合度为1~100。像一般规律那样,烷基中碳原子数越多,表面活性剂越亲油,而氧乙烯聚合度越大,表面活性剂越亲水。因此,在聚氧乙烯烷基醇醚中,由于碳原子数和聚合度不同的组合,可以得到一系列性质不同的表面活性剂。

和其他有聚氧乙烯基的表面活性剂一样,聚氧乙烯烷基醇醚也主要靠聚氧乙烯基(即醚链)与水形成氢键而溶于水的。由于温度升高,氢键减弱,所以聚氧乙烯烷基醇醚在水中的溶解度也是随着温度升高而下降的。例如将质量分数为0.01的聚氧乙烯十二醇醚-10的水溶液逐渐升温到88℃时就出现混浊(表示表面活性剂已饱和析出)。通常把某一质量分数的表面活性剂水溶液混浊出现的温度叫该质量分数下的浊点。表5-10列出的是质量分数为0.01的聚氧乙烯烷基醇醚水溶液的浊点。只有含有聚氧乙烯基的表面活性剂才有浊点,而这些有浊点的表面活性剂必须在低于浊点温度下使用才有好的效果。

表5-10 质量分数为0.01的聚氧乙烯烷基醇醚水溶液的浊点

分子式	浊点/℃
$C_{12}H_{25}-O\leftarrow CH_2CH_2O\rightarrow_7 H$	59
$C_{12}H_{25}-O\leftarrow CH_2CH_2O\rightarrow_9 H$	75
$C_{12}H_{25}-O\leftarrow CH_2CH_2O\rightarrow_{10} H$	88
$C_{14}H_{29}-O\leftarrow CH_2CH_2O\rightarrow_{10} H$	75
$C_{16}H_{33}-O\leftarrow CH_2CH_2O\rightarrow_{10} H$	74
$C_{18}H_{37}-O\leftarrow CH_2CH_2O\rightarrow_{10} H$	68

由于聚氧乙烯烷基醇醚是一类非离子型表面活性剂,所以它特别适用于有钙、镁离子和矿化度高的地层。

与聚氧乙烯烷基醇醚性能相似的表面活性剂是聚氧乙烯烷基苯酚醚(即OP型表面活性剂),它也属醚型表面活性剂,由烷基苯酚与环氧乙烷反应制得。该类表面活性剂同样存在浊点,只能在浊点以下使用。

4. 斯盘型和吐温型表面活性剂

斯盘型表面活性剂是由脂肪酸与山梨糖醇通过酯化反应生成。由于酯化反应的同时,山梨糖醇还发生脱水成酐的反应,因此反应的最终产物是山梨糖醇酐脂肪酸酯,这是一种酯型表面活性剂。

由于山梨糖醇脱水成酐时可生成几种山梨糖醇酐:

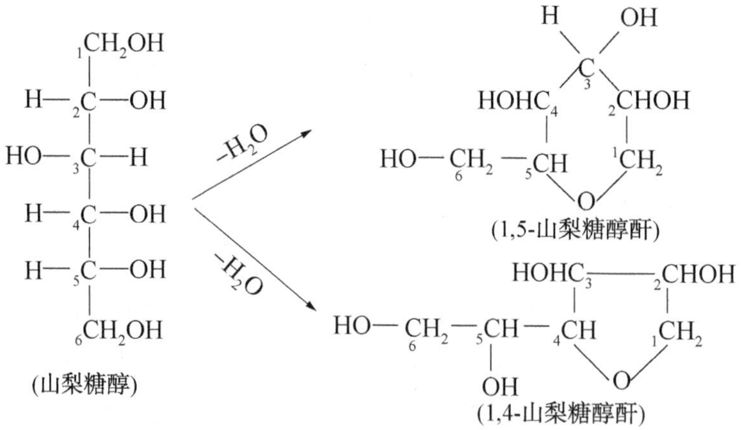

$$\text{山梨糖醇} \xrightarrow{-H_2O} \text{1,5-山梨糖醇酐}$$

$$\text{山梨糖醇} \xrightarrow{-H_2O} \text{1,4-山梨糖醇酐}$$

(山梨糖醇)　(1,5-山梨糖醇酐)　(1,4-山梨糖醇酐)

因此反应生成的山梨糖醇酐脂肪酸酯是几种产物的混合物。为了简化，以1,4-山梨糖醇酐脂肪酸酯表示山梨糖醇酐脂肪酸酯。

例如用油酸与山梨糖醇反应，可得山梨糖醇酐单油酸酯，即通常使用的斯盘80：

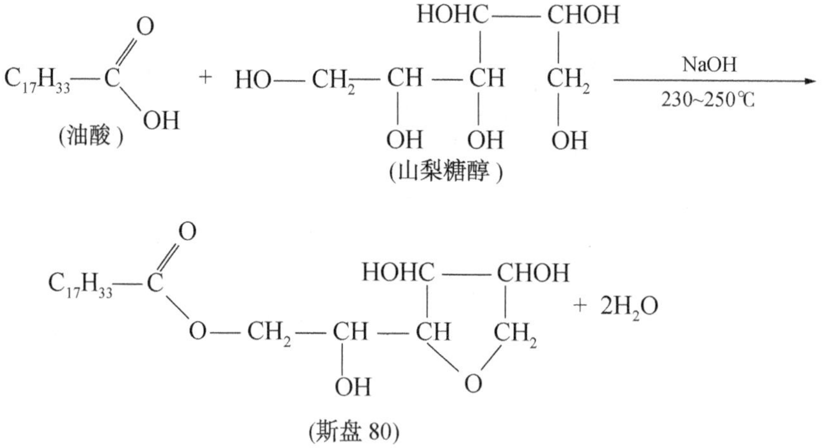

$$C_{17}H_{33}COOH + \text{山梨糖醇} \xrightarrow[230\sim250℃]{NaOH} \text{斯盘 80} + 2H_2O$$

(油酸)　(山梨糖醇)　(斯盘 80)

由于脂肪酸可以不同，而它可以与山梨糖醇酐中一个、二个或三个羟基进行酯化反应(即可以是山梨糖醇酐单脂肪酸酯、二脂肪酸酯、三脂肪酸酯)，因而有不同的斯盘型表面活性剂。例如斯盘20、斯盘40、斯盘60、斯盘65、斯盘85等都属这一类型表面活性剂。

吐温型表面活性剂是斯盘型表面活性剂与环氧乙烷的反应产物，因此吐温型表面活性剂比相应的斯盘型表面活性剂亲水性强，即*HLB*值高。例如斯盘80与环氧乙烷反应，可得吐温80：

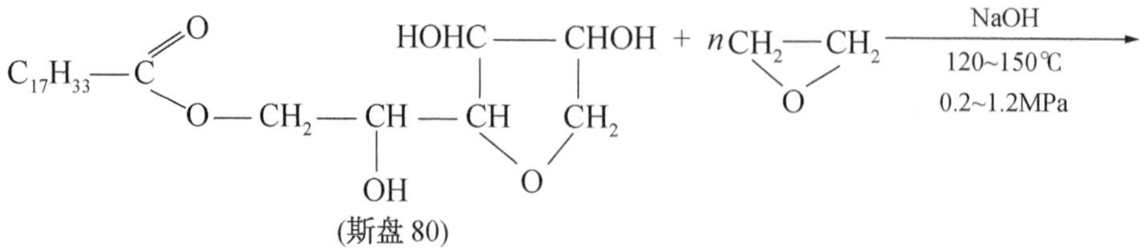

$$\text{斯盘 80} + n\,CH_2\text{—}CH_2(\text{O}) \xrightarrow[120\sim150℃,\ 0.2\sim1.2MPa]{NaOH}$$

(斯盘 80)

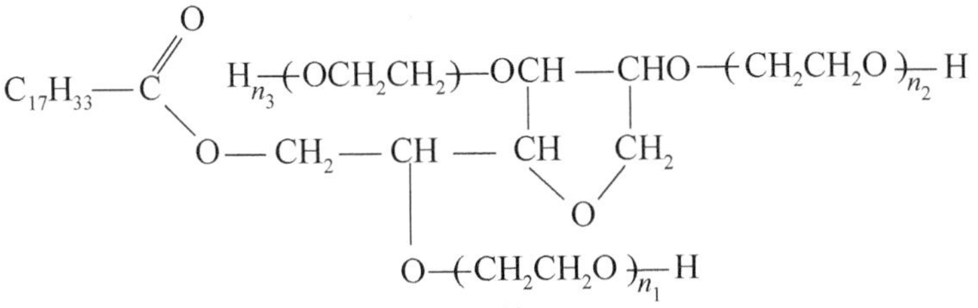

$$
\begin{array}{l}
C_{17}H_{33}—C(=O)—O—CH_2—CH—CH—CH_2 \quad (\text{CH 与 }CH_2\text{ 经 O 成环}) \\
H\!\left(OCH_2CH_2\right)_{n_3}—OCH—CHO\!\left(CH_2CH_2O\right)_{n_2}H \\
\quad | \\
O\!\left(CH_2CH_2O\right)_{n_1}H
\end{array}
\qquad n=n_1+n_2+n_3=21\sim26
$$

(吐温 80)

对应着不同的斯盘型表面活性剂和不同的氧乙烯的聚合度，有不同的吐温型表面活性剂。例如吐温 20、吐温 40、吐温 60、吐温 61、吐温 65、吐温 81、吐温 85 等都属这一类型表面活性剂。

5. 聚醚型表面活性剂

聚醚型表面活性剂也是醚型表面活性剂，它不同于前面讲过的醚型表面活性剂的是它的亲油基由氧丙烯(即环氧丙烷)聚合而成。由于聚氧丙烯的相对分子质量超过 1000 就具有亲油的性质(每一个—C_3H_6O—约相当 0.4 个—CH_2—的作用)，所以只要在相对分子质量超过 1000 的聚氧丙烯的两端接上亲水的聚氧乙烯基，就可形成既有亲油部分也有亲水部分的聚醚型表面活性剂。聚醚型表面活性剂相对分子质量都很大，它们都属于高分子表面活性剂。

聚氧乙烯聚氧丙烯丙二醇醚(如 2070)是一种聚醚型表面活性剂。它可以通过下面两步反应生成：

第一步是丙二醇与氧丙烯反应生成聚氧丙烯丙二醇醚：

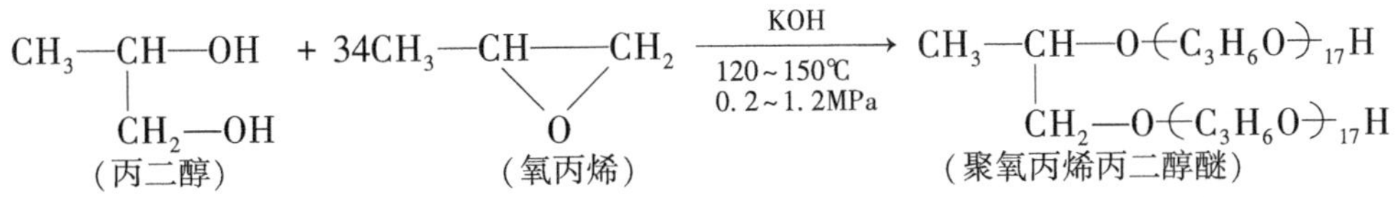

$$
\underset{(\text{丙二醇})}{\begin{array}{l}CH_3—CH—OH\\ \qquad\ |\\ \qquad CH_2—OH\end{array}} + 34\underset{(\text{氧丙烯})}{CH_3—\overset{}{CH}—CH_2\ (\text{环氧})} \xrightarrow[\substack{120\sim150℃\\0.2\sim1.2MPa}]{KOH} \underset{(\text{聚氧丙烯丙二醇醚})}{\begin{array}{l}CH_3—CH—O\!\left(C_3H_6O\right)_{17}H\\ \qquad\ |\\ \qquad CH_2—O\!\left(C_3H_6O\right)_{17}H\end{array}}
$$

第二步是聚氧丙烯丙二醇醚与氧乙烯反应，生成聚氧乙烯聚氧丙烯丙二醇醚：

$$
\begin{array}{l}CH_3—CH—O\!\left(C_3H_6O\right)_{17}H\\ \qquad\ |\\ \qquad CH_2—O\!\left(C_3H_6O\right)_{17}H\end{array} + 106CH_2—CH_2\ (\text{环氧}) \xrightarrow[\substack{120\sim150℃\\0.2\sim1.2MPa}]{KOH}
$$

$$
\begin{array}{l}CH_3—CH—O\!\left(C_3H_6O\right)_{17}\!\left(C_2H_4O\right)_{53}H\\ \qquad\ |\\ \qquad CH_2—O\!\left(C_3H_6O\right)_{17}\!\left(C_2H_4O\right)_{53}H\end{array}
$$

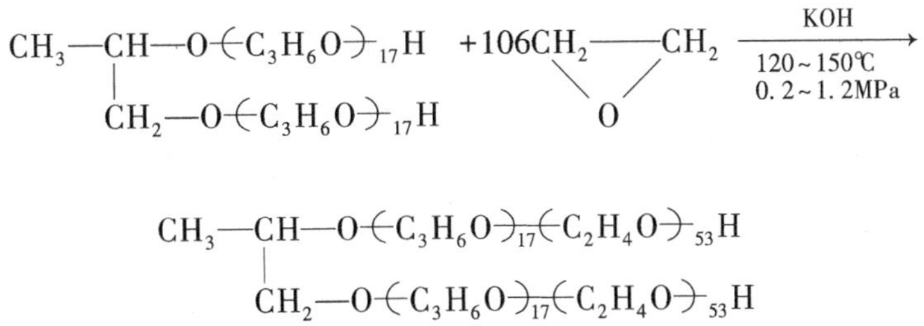

(2070)

2070 命名是指亲油聚氧丙烯部分的相对分子质量为 2000，而亲水的聚氧乙烯部分占整个聚醚相对分子质量的 70%。

除 2070 外，还有 2020、2040、2060、2080 等都属于这一类型的表面活性剂。在这些表面活性剂中，由于它们的亲水基在聚醚分子中占有不同的质量分数，有不同的 *HLB* 值，所以它们有不同的用途。

聚醚型表面活性剂及聚氧乙烯烷基醇(苯酚)醚等以聚氧乙烯链作为亲水基的非离子表面活性剂可以通过化学反应转变为离子型表面活性剂，如羧酸盐型、磺酸盐型、磷酸酯盐型等，提高其水溶性、耐温抗盐能力，其中以磺酸盐型最耐高温。由于采油油层越来越深，要求表面活性剂使用在温度越来越高、油层水矿化度也越来越高的油层，因此，可以认为，磺酸盐型表面活性剂是很有发展前景的采油用耐温抗盐表面活性剂。它可通过以下反应制得：

$$R—O\text{⫷}CH_2CH_2O\text{⫸}_nH+\overline{O(CH_2)_3SO_2} \longrightarrow R—O\text{⫷}CH_2CH_2O\text{⫸}_nCH_2CH_2CH_2SO_3H$$

（1,3-丙烷磺内酯）

$$R—O\text{⫷}CH_2CH_2O\text{⫸}_nCH_2CH_2CH_2SO_3H+NaOH \longrightarrow R—O\text{⫷}CH_2CH_2O\text{⫸}_nCH_2CH_2CH_2SO_3Na+H_2O$$

$$R—O\text{⫷}CH_2CH_2O\text{⫸}_nH+ClSO_3H \longrightarrow R—O\text{⫷}CH_2CH_2O\text{⫸}_nSO_3H+HCl$$

（氯磺酸）

$$R—O\text{⫷}CH_2CH_2O\text{⫸}_nSO_3H+NaOH \longrightarrow R—O\text{⫷}CH_2CH_2O\text{⫸}_nSO_3Na+H_2O$$

6. 甜菜碱型和咪唑啉型两性表面活性剂

甜菜碱是三甲铵基乙(酸)内盐，即 $(CH_3)_3\overset{+}{N}CH_2COO^-$，是从甜菜中提取出来的一种天然化合物，后来用甜菜碱命名具有相似结构的化合物。天然甜菜碱自身并不具有表面活性，只有当其中一个—CH_3被长链疏水烷基取代后才具有表面活性，因此甜菜碱型表面活性剂在结构上可看作是甜菜碱的衍生物。甜菜碱型表面活性剂是带有季铵氮及阴离子基团的两性表面活性剂。

将 *N*-烷基-*N*,*N*-二甲胺与氯乙酸钠在水溶液中反应可制得烷基二甲基甜菜碱：

$$R_1—\underset{CH_3}{\overset{CH_3}{N}} + ClCH_2COONa \longrightarrow R_1—\underset{CH_3}{\overset{CH_3}{N^+}}—CH_2COO^- + NaCl \qquad R_1=C_{12}\sim C_{16}$$

当 $R_1=C_{12}$或椰油基，商品名为 BS-12。

甜菜碱型表面活性剂易溶于水，对硬水稳定，具有良好的发泡性能和降低油水界面张力的能力。甜菜碱型表面活性剂在酸性介质(盐酸)中具有独特的增黏性能。在酸性介质(如盐酸)中，随着 pH 值的升高，及 Ca^{2+}、Mg^{2+}等离子的存在，表面活性剂分子形成蠕虫状胶束，互相交织形成三维空间网状结构，使得溶液的黏度迅速增大。这种特性使得甜菜碱型表面活性剂在油田的钻井液、基质酸化和酸化压裂中得到应用。

咪唑啉型表面活性剂是含有咪唑啉(间二氮杂环戊烯)结构的表面活性剂，也是重要的两性表面活性剂，它无毒、无刺激、生物降解性好，具有良好的洗涤、润湿、发泡性能，还是很好的酸液缓蚀剂，对硫酸、盐酸、氢氟酸等具有良好的缓蚀效果。其合成方法包括两步，第一步由脂肪酸或其衍生物与羟乙基乙二胺反应合成长链烷基咪唑啉：

$$RCOOH+H_2NCH_2CH_2NHCH_2CH_2OH \longrightarrow RCONHCH_2CH_2NHCH_2CH_2OH \xrightarrow{-H_2O}$$

$$\begin{matrix} & CH_2 & \\ & / \quad \backslash & \\ N & & CH_2 \\ \| & & | \\ R—C & — & N—CH_2CH_2OH \end{matrix}$$

（1-羟基-2-烷基咪唑啉）

第二步是引入阴离子基团，阴离子基团有羧基、磺基、硫酸基、磷酸基等，以羧基为例，由 1-羟基-2-烷基咪唑啉与氯乙酸钠反应得到。这个反应比较复杂，咪唑啉非常容易发生水解开环，副反应多，目前比较公认的主要反应是：

$$\underset{\text{(R—C(=N—CH}_2\text{—CH}_2\text{—N—CH}_2\text{CH}_2\text{OH)}}{} + 2ClCH_2COONa \longrightarrow RCONCH_2CH_2N(CH_2COONa)CH_2COONa\ (\text{N上连 }CH_2CH_2OH)$$

产品中活性物主要是开环咪唑啉结构，是一种酰胺基氨基酸结构。但该类物质脱水后仍可以形成咪唑啉环，所以习惯上仍称该类表面活性剂为咪唑啉型两性表面活性剂。

7. 含氟表面活性剂

含氟表面活性剂是指碳链中的氢原子为氟原子取代的表面活性剂。

这类表面活性剂可在无水氟化氢中电解带碳氢链的表面活性剂得到，例如

$$C_nH_{2n+2}+Cl_2+SO_2 \longrightarrow C_nH_{2n+1}SO_2Cl \xrightarrow[HF]{电解} C_nF_{2n+1}SO_2F \xrightarrow{NaOH} C_nF_{2n+1}SO_3Na$$

下面是一些有代表性的含氟表面活性剂：

$$CF_3\text{+}CF_2\text{+}_6COONa$$

$$CF_3\text{+}CF_2\text{+}_7SO_3Na$$

$$[CF_3\text{+}CF_2\text{+}_7\text{—}C(=N\text{—}CH_2\text{—}CH_2\text{—}N^+(H)(CH_2CH_2O)_2H)]\ I^-$$

$$[CF_3\text{+}CF_2\text{+}_6C(=O)\text{—}NH\text{+}CH_2\text{+}_2\text{—}N^+C_5H_5]\ I^-$$

$$[CF_3\text{+}CF_2\text{+}_6C(=O)\text{—}NH\text{+}CH_2\text{+}_2\text{—}N^+(C_2H_5)_2\text{—}CH_3]\ I^-$$

$$[CF_3\text{+}CF_2\text{+}_2O\text{+}CF(CF_3)CF_2O\text{+}_2CF(CF_3)\text{—}C(=O)\text{—}NH\text{+}CH_2\text{+}_2\text{—}N^+(C_2H_5)_2\text{—}CH_3]\ I^-$$

含氟表面活性剂具有高表面活性及高化学稳定性的特点，其独特的性质与氟原子和碳-氟键的性质有关。它的含氟烃基既憎水又憎油，因此氟碳表面活性剂是迄今为止所有表面活性剂中表面活性最高的一种。例如碳氢表面活性剂水溶液的最低表面张力一般只能达到30~35mN · m^{-1}，而碳氟表面活性剂的水溶液表面张力可低至 20mN · m^{-1}(有些甚至可低至12mN · m^{-1})。

由于含氟表面活性剂的独特性能，使它有着特殊的用途。特别是在一些特殊应用领域，有着其他表面活性剂无法替代的作用，显示强大的生命力。但含氟表面活性剂价格高，主要与普通表面活性剂复配使用。

8. 双子表面活性剂

双子表面活性剂，又叫 Gemini 表面活性剂、孪连表面活性剂，是通过一个联接基将两个传统表面活性剂分子在其亲水头基或接近亲水头基处联接在一起而形成的一类新型表面活性剂。双子表面活性剂分子中含有 2 个亲水头基及 2 个亲油烷基链，结构示意图如下：

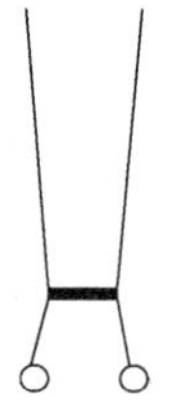

第一个实现工业化的双子表面活性剂是美国 Dow 化学公司在 1958 年研发的烷基二苯醚双磺酸盐双子表面活性剂，反应路线为：

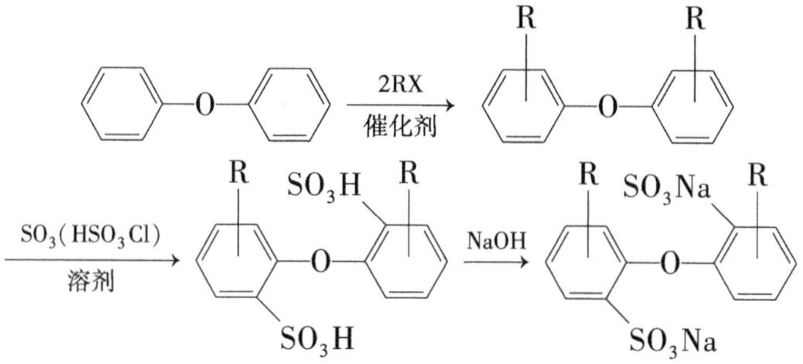

$$\text{Ph-O-Ph} \xrightarrow[\text{催化剂}]{2RX} \text{R-C}_6\text{H}_4\text{-O-C}_6\text{H}_4\text{-R} \xrightarrow[\text{溶剂}]{SO_3(HSO_3Cl)} \text{R(SO}_3\text{H)C}_6\text{H}_3\text{-O-C}_6\text{H}_3\text{(SO}_3\text{H)R} \xrightarrow{NaOH} \text{R(SO}_3\text{Na)C}_6\text{H}_3\text{-O-C}_6\text{H}_3\text{(SO}_3\text{Na)R}$$

聚氧乙烯型非离子双子表面活性剂可用如下路线合成：

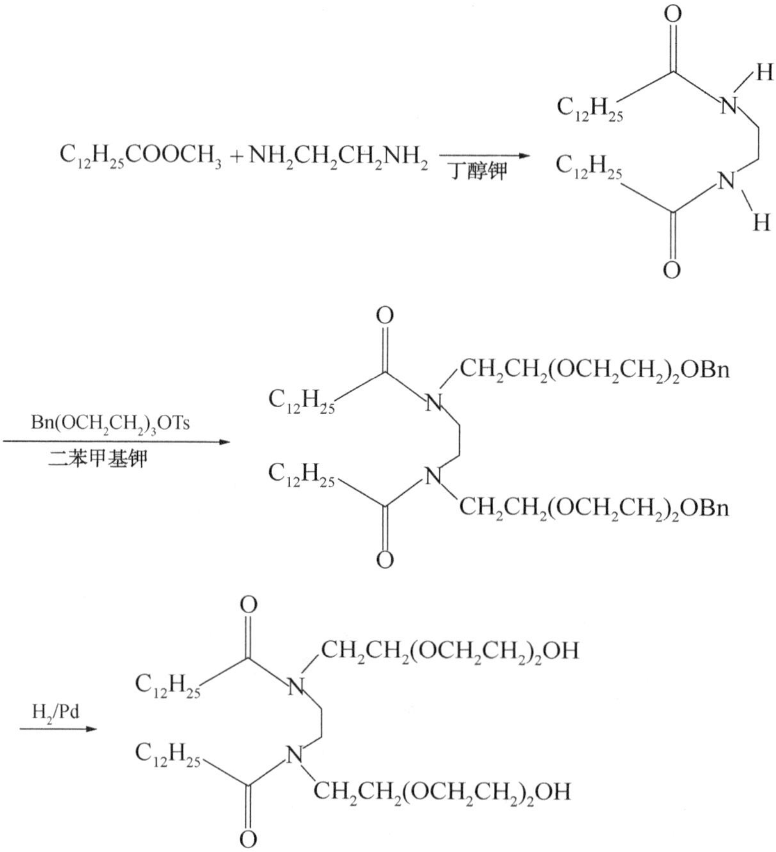

$$C_{12}H_{25}COOCH_3 + NH_2CH_2CH_2NH_2 \xrightarrow{\text{丁醇钾}} C_{12}H_{25}CONHCH_2CH_2NHCOC_{12}H_{25}$$

$$\xrightarrow[\text{二苯甲基钾}]{Bn(OCH_2CH_2)_3OTs} C_{12}H_{25}CON[CH_2CH_2(OCH_2CH_2)_2OBn]CH_2CH_2N[CH_2CH_2(OCH_2CH_2)_2OBn]COC_{12}H_{25}$$

$$\xrightarrow{H_2/Pd} C_{12}H_{25}CON[CH_2CH_2(OCH_2CH_2)_2OH]CH_2CH_2N[CH_2CH_2(OCH_2CH_2)_2OH]COC_{12}H_{25}$$

双子表面活性剂具有极高的表面活性、优良的起泡能力和稳泡能力，临界胶束浓度 *cmc* 值也很低，因此具有极大的应用潜力。

第二节　高分子

高分子也称聚合物或大分子，是指那些相对分子质量从几千到几百万(甚至几千万)的化合物，例如部分水解聚丙烯酰胺(HPAM)

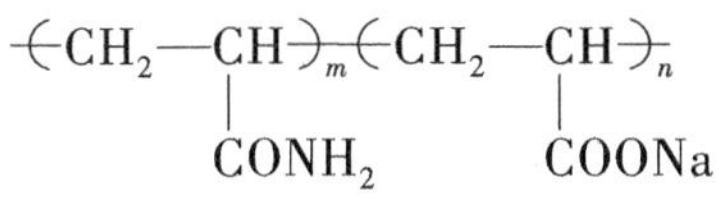

$$\left[CH_2-\underset{\displaystyle CONH_2}{\underset{|}{CH}}\right]_m\left[CH_2-\underset{\displaystyle COONa}{\underset{|}{CH}}\right]_n$$

褐藻酸钠(Na-Alg)

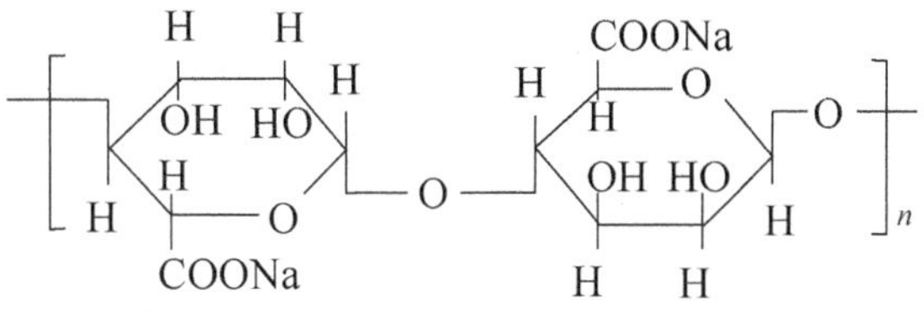

钠羧甲基纤维素(Na-CMC)

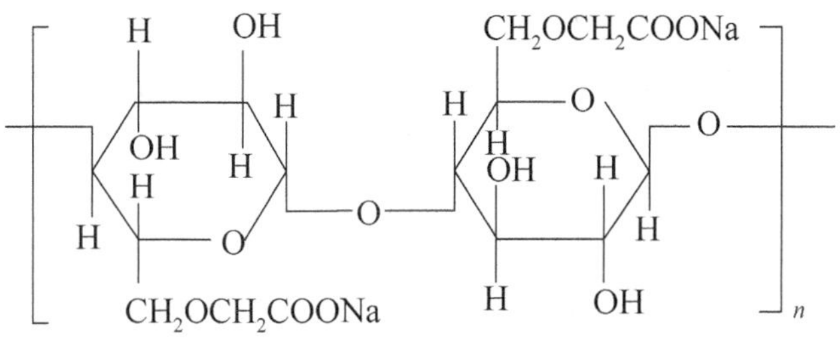

瓜尔胶(GG)

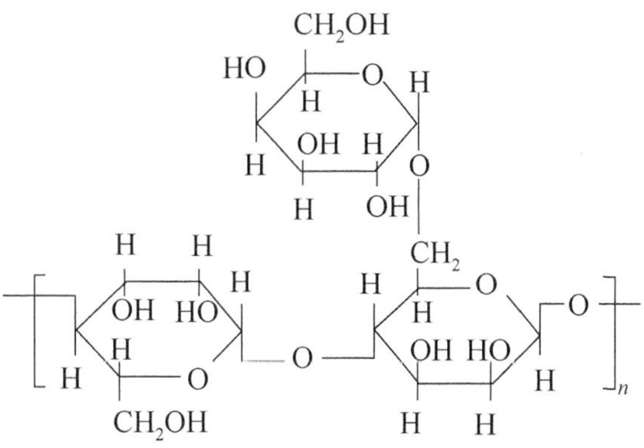

黄胞胶(XC)

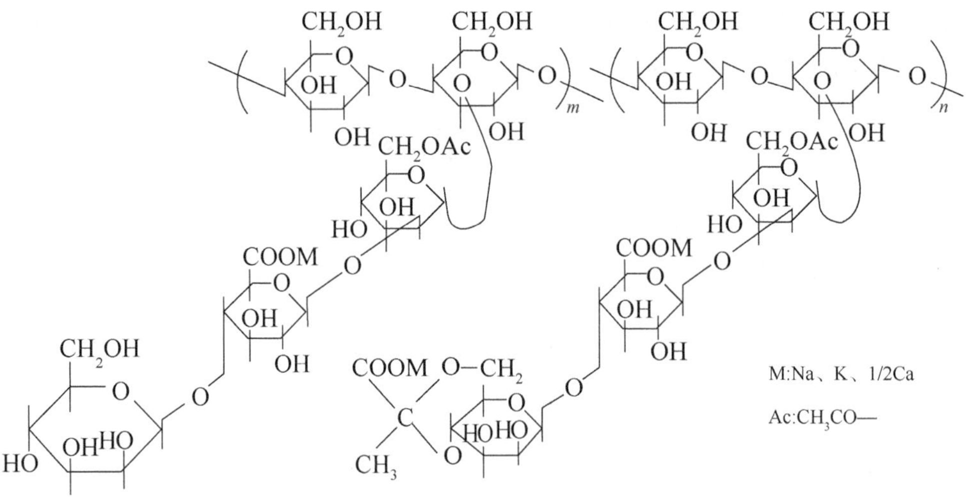

M:Na、K、1/2Ca

Ac:CH_3CO—

高分子在钻井、采油和原油集输过程中同样有着广泛的应用。例如钻井液用的降黏剂和增黏剂、防砂和堵水用的各种树脂、稳定黏土用的黏土稳定剂、降低原油凝点用的降凝剂、减少原油输送阻力的减阻剂，以及代替金属使用的工程塑料等都是高分子。

一、高分子的结构特点

高分子是相对于相对分子质量只有几十或几百的低分子而言，通常是由一种或几种低分子聚合而成。高分子与低分子相比，具有如下特点：

① 高分子的分子间力比低分子大。

这是由于分子间力中的色散力是随相对分子质量的增大而增大，所以高分子的分子间力中，色散力常常超过定向力、诱导力而起主要作用，从而使高分子的分子间力远大于低分子的分子间力。

② 高分子的构象比低分子多。

所谓构象是指同种分子在运动中的各种形象。一种分子之所以有不同的形象是由于分子中的原子在保持键角不变的情况下绕单键进行内旋转而产生的。例如乙烷，由于分子中的碳原子间是单键，所以当分子中的原子绕碳-碳键进行内旋转时，就可以产生如图 5-12 所示的构象。

由于高分子(例如聚乙烯)分子中的原子比低分子(例如乙烷)多得多，所以高分子的构象比低分子多得多。同样，由于分子中原子的内旋转，使高分子主要采取蜷曲程度各不相同的许许多多的类似图 5-13 的构象，而不是采取伸直的构象。

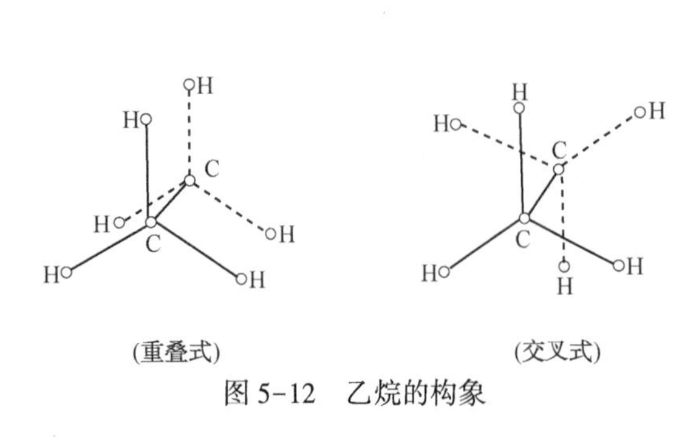

图 5-12　乙烷的构象

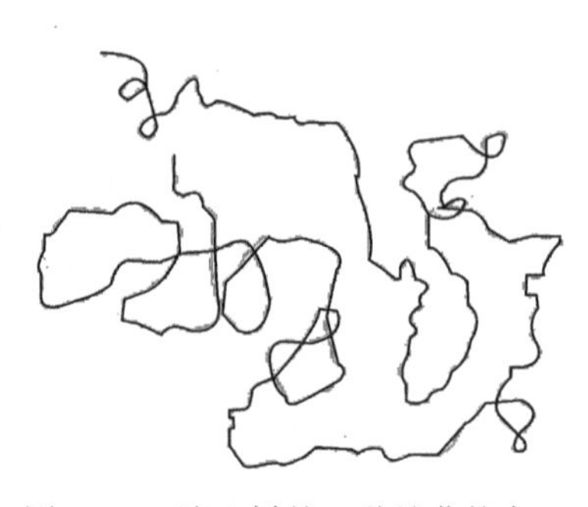
图 5-13　聚乙烯的一种蜷曲构象

③ 高分子有低分子所没有的多分散性。

一种高分子，虽然化学组成相同，但其中每个分子的相对分子质量不完全相同。可见，高分子是一种大小不同的同系分子的混合物。这种特性叫多分散性，是低分子所没有的。由于这个特性，所以测得的高分子的相对分子质量都是平均相对分子质量。

尽管高分子与低分子相比有很多不同，但前面说过，高分子是由低分子聚合而成的。例如聚乙烯是由乙烯聚合而成。在化学上常将组成高分子(例如聚乙烯)的低分子(例如乙烯)叫作单体。由于高分子是由单体聚合而成，所以每个高分子都含有许多重复的结构单位。这些重复的结构单位叫链节。例如聚乙烯的分子式可写为

$$\text{+}CH_2\text{—}CH_2\text{+}_n$$

式中的—CH_2—CH_2—是聚乙烯的链节，而 n 是它的链节数。如果把链节中元素相对原子质量的总和叫作链节相对分子质量，则高分子的相对分子质量、链节数和链节相对分子质量之间应有如下关系：

$$\text{链节数}=\frac{\text{高分子相对分子质量}}{\text{链节相对分子质量}}$$

例如当聚乙烯的相对分子质量为 3×10^4，而聚乙烯的链节相对分子质量为 28，则由上式计算，得链节数为 1071。

可见，高分子虽然相对分子质量很大，但它的化学组成并不是很复杂的。

二、高分子的结构分类

根据高分子链节的连接方式，高分子的结构可分成如下三种：

(1) 直链线型结构

这种结构的高分子是由高分子链节连成长链的高分子。由于长链高分子中原子的内旋转，所以直链线型高分子除采取伸直的构象外，主要采取蜷曲的构象[参考图 5-14 的(Ⅰ)和(Ⅱ)]。

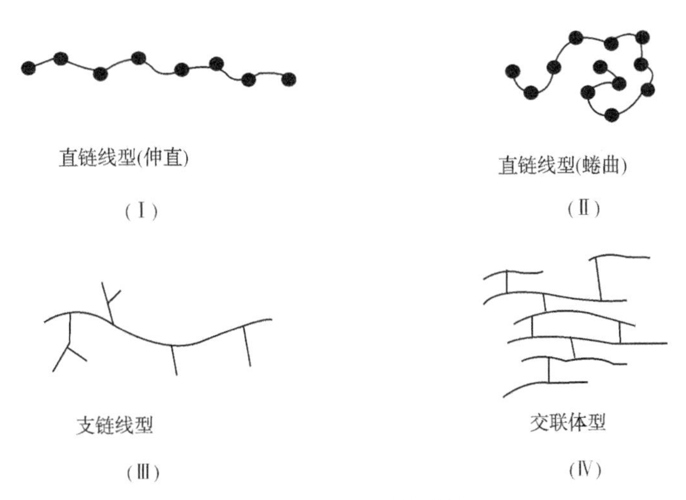

图 5-14　高分子的结构

(2) 支链线型结构

这种结构的高分子除由链节连成长链高分子外，在长链的周围还有相当数量的侧链，有时侧链上还有分支[参考图 5-14 的(Ⅲ)]。在这种高分子中，通常把连成长链的部分叫主

链，而连在主链周围的侧链叫支链。

(3) 交联体型结构

当高分子的链与链间用交联链把它们连接起来，就形成交联体型结构[参考图 5-14 的(Ⅳ)]。高分子的不同结构是由合成高分子的单体的官能度所决定的。所谓官能度是指合成高分子的单体中能生成新键的活性点数目。例如乙烯 $CH_2{=}CH_2$，在反应时，由于双键中的一个单键断裂形成两个能生成新键的活性点，故官能度为 2；乙二醇 $HO{-}CH_2{-}CH_2{-}OH$，其中两个羟基为能生成新键的活性点，故官能度为 2；而乙二胺 $NH_2{-}CH_2{-}CH_2{-}NH_2$，其中 4 个氢为能生成新键的活性点，故官能度为 4。表 5-11 列出的是一些单体的官能度。

表 5-11　一些单体的官能度

名称	分子式	官能度
乙烯	$CH_2{=}CH_2$	2
乙炔	$CH{\equiv}CH$	4
甲醛	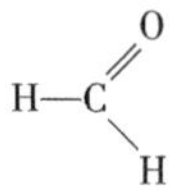 H—C(=O)—H	2
苯酚	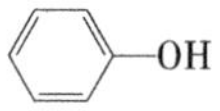 $C_6H_5{-}OH$	3
乙二醇	$HO{-}CH_2{-}CH_2{-}OH$	2
乙二胺	$H_2N{-}CH_2{-}CH_2{-}NH_2$	4
乙烯苯	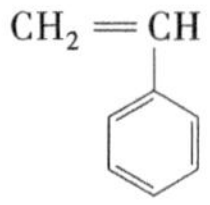 $CH_2{=}CH{-}C_6H_5$	2
二乙烯苯	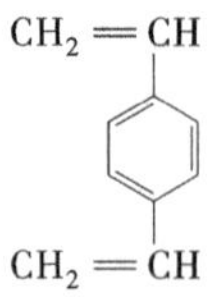 $CH_2{=}CH{-}C_6H_4{-}CH{=}CH_2$	4

任何有机低分子如果具有两个或两个以上的官能度，就可作为制备高分子的单体。

正是由于单体具有不同的官能度，所以形成不同的高分子结构。例如若合成高分子单体的官能度为 2，同时又不发生任何副反应，则形成直链线型高分子。乙二醇通过缩聚反应生成直链线型的聚乙二醇就是一例。直链线型高分子通常是可溶可熔的。若聚合反应中有官能度大于2的单体，那么，根据反应物的比例和聚合程度，产物可以是直链线型、支链线型或交联体型的高分子。例如当苯酚(官能度为3)与甲醛(官能度为2)进行缩聚，并当后者与前者的摩尔比大于1时，则随着聚合程度的不同，可形成直链线型、支链线型或交联体型的酚醛树脂。支链线型高分子和直链线型高分子一样是可溶可熔的。在一些场合(例如注入水增黏、油井防蜡)用到支链线型高分子。交联体型高分子与直链、支链线型高分子的性质都不同，它是不溶不熔的。有些高分子(例如酚醛树脂)之所以能用于防砂、堵水，就是因为它们最后变成不溶不熔的交联体型结构。

三、高分子的相对分子质量

由于高分子的多分散性，所以高分子的相对分子质量是平均相对分子质量，而且由于平均方法不同，所得的平均相对分子质量也不同。

1. 平均相对分子质量的分类

(1)数均相对分子质量 M_{rn}

表示式为：

$$M_{rn}=\sum x_iM_{ri}=\frac{\sum N_iM_{ri}}{\sum N_i}$$

式中 M_{ri}——分子 i 的相对分子质量；

N_i——相对分子质量为 M_{ri} 的分子的总数目；

x_i——相对分子质量为 M_{ri} 的分子的分子分数，即 $\frac{N_i}{\sum N_i}$。

用端基分析、冰点降低、沸点升高、渗透压、蒸气压降低等方法测得的相对分子质量是数均相对分子质量。

(2) 重均相对分子质量 M_{rw}

表示式为：

$$M_{rw}=\sum w_iM_{ri}=\frac{\sum m_iM_{ri}}{\sum m_i}=\frac{\sum N_iM_{ri}^2}{\sum N_iM_{ri}}$$

式中 m_i——相对分子质量为 M_{ri} 的分子的总质量；

w_i——相对分子质量为 M_{ri} 的分子的质量分数，即 $\frac{m_i}{\sum m_i}$ 或 $\frac{N_iM_{ri}}{\sum N_iM_{ri}}$

用光散射法测得的相对分子质量是重均相对分子质量。

(3) Z均相对分子质量 M_{rz}

表示式为：

$$M_{rz}=\frac{\sum(m_iM_{ri})M_{ri}}{\sum m_iM_{ri}}=\frac{\sum N_iM_{ri}^3}{\sum N_iM_{ri}^2}$$

用超速离心法测得的相对分子质量为Z均相对分子质量。

(4) 黏均相对分子质量 M_{rv}

表示式为：

$$M_{rv}=[\sum w_i M_{ri}^{\alpha}]^{\frac{1}{\alpha}}=\left[\frac{\sum_i N_i M_{ri}^{\alpha+1}}{\sum_i N_i M_{ri}}\right]^{\frac{1}{\alpha}}$$

式中　α——常数。

用黏度法测得的相对分子质量是黏均相对分子质量。

2. 各种平均相对分子质量之间的关系

从上面的表示式可以看到，高分子中各个分子的相对分子质量对各种平均相对分子质量的贡献是不一样的。表示式中 M_i 的指数越大，相对分子质量大的分子对该平均相对分子质量的贡献越大。因此，对于一种高分子，这几种平均相对分子质量有如下的关系：

(1) Z 均相对分子质量最大，重均相对分子质量其次，数均相对分子质量最小，即 $M_{rn}<M_{rw}<M_{rz}$。只有当高分子是均一的情况下，这三种平均相对分子质量才相等。数均相对分子质量与重均相对分子质量或数均相对分子质量与 Z 均相对分子质量相差越大，表示高分子的分子越不整齐，故 M_{rw}/M_{rn} 或 M_{rz}/M_{rn} 的大小可用于判断高分子的多分散程度。

(2) 只有当 $\alpha=1$ 时，黏均相对分子质量才与重均相对分子质量相等，而当 $0<\alpha<1$ 时，则有如下关系，即 $M_{rn}<M_{rv}<M_{rw}$。如有一种高分子，它由相对分子质量 1×10^5 的分子 1000 个和相对分子质量 1×10^6 的分子 500 个混合而成。若按上述表示式，可以算出高分子各平均相对分子质量(设 $\alpha=0.6$)：

$$M_{rn}=\frac{1000\times(1\times10^5)+500\times(1\times10^6)}{1000+500}=4.00\times10^5$$

$$M_{rw}=\frac{1000\times(1\times10^5)^2+500\times(1\times10^6)^2}{1000\times(1\times10^5)+500\times(1\times10^6)}=8.50\times10^5$$

$$M_{rz}=\frac{1000\times(1\times10^5)^3+500\times(1\times10^6)^3}{1000\times(1\times10^5)^2+500\times(1\times10^6)^2}=9.82\times10^5$$

$$M_{rv}=\left[\frac{1000\times(1\times10^5)^{1.6}+500\times(1\times10^6)^{1.6}}{1000\times(1\times10^5)+500\times(1\times10^6)}\right]^{\frac{1}{0.6}}=8.01\times10^5$$

从上面的计算结果可以看到，一种高分子中，低相对分子质量的分子对数均相对分子质量影响大，而高相对分子质量的分子对黏均相对分子质量、重均相对分子质量和 Z 均相对分子质量影响大。各种平均相对分子质量的大小关系，也可从计算结果中清楚看到。

四、高分子的溶解

高分子在溶剂中完全分散成分子或离子状态的过程叫溶解。和低分子物质不同，高分子溶解要缓慢得多，且总要经过一个吸收溶剂从而使高分子膨胀的过程，这过程叫溶胀(图 5-15)。高分子溶解时必须首先溶胀的原因主要有两个：一个是由于高分子主要采取蜷曲的形状，它能提供溶剂分子扩散进去的空间；另一个是高分子的分子特别大，扩散速度特别慢，而溶剂分子较小，扩散速度快，所以当高分子扩散到溶剂引起它溶解之前，溶剂分子已扩散到蜷曲的高分子之间引起它的溶胀。并不是所有高分子都可在溶剂中溶胀并进一步溶解的。能溶胀并进一步溶解的高分子必须满足三个条件：

① 高分子必须是线型的结构，因线型高分子为交联链交联成体型高分子后是不能溶

解的。

② 高分子极性必须近于溶剂的极性，即极性相近规则同样适用于高分子的溶解。聚丙烯酰胺可溶于水但不溶于油，而聚异丁烯可溶于油，但不溶于水，就是极性相近规则适用于高分子溶解的一些例子。

③ 高分子的分子间作用力不能太大。有些线型高分子(如纤维素)，即使在极性相近的溶剂(如水)中也不溶解，这是由于纤维素分子间存在着很强的分子间力(氢键)，如果在纤维素链节中引入短的、与溶剂极性相近的基团(如钠羧甲基纤维素)，减小高分子间的作用力，就可使高分子在溶剂中溶解。

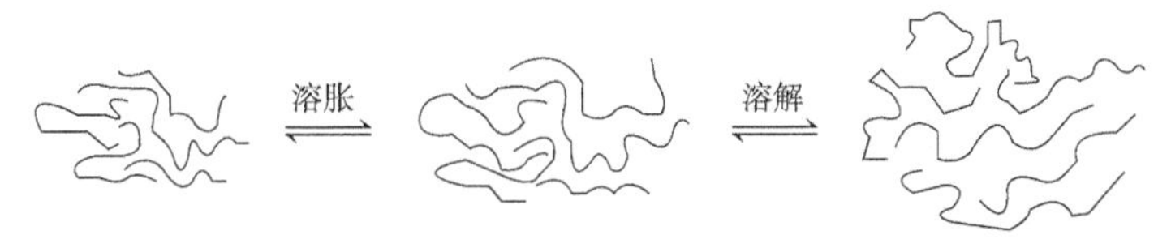

图 5-15　高分子在溶剂中的分散过程

高分子溶解以后在溶液中存在多种不同的形态(如图 5-16 所示)。分子链是伸直还是蜷曲，以及蜷曲的程度等是由高分子链的柔顺性(或刚性)和溶剂的性质所决定。越柔顺的高分子链在溶液中越易蜷曲，因而能产生不同的形态(构象)。在高分子链中，碳碳单键构成链段的柔顺性较好，因它的碳-碳键可以绕着固定键角(109°28′)不断地旋转，产生各种构象。

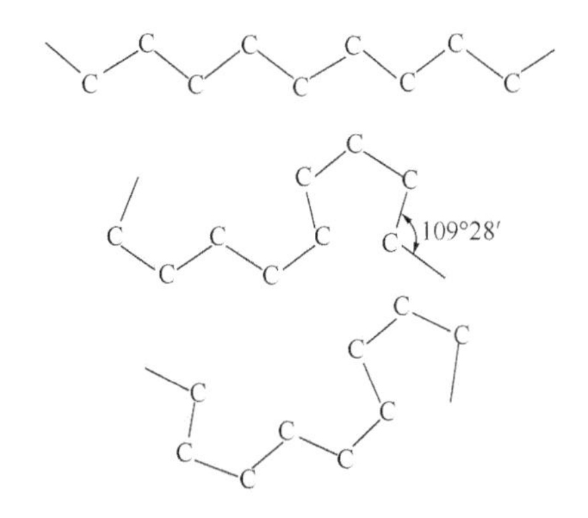

图 5-16　由碳-碳键内旋转产生的一种构象

当碳碳链上的氢为极性基如 Cl 、OH 、CN 或 COOH 取代时，由于极性基间的相互作用，影响了碳-碳键的内旋转，降低了高分子链的柔顺性(即增加了它的刚性)。

若对比聚丙烯酰胺与黄胞胶的结构，就可得出，前者的柔顺性远大于后者，即后者的刚性远大于前者，因此聚丙烯酰胺和黄胞胶有不同的使用性质。

溶解高分子的溶剂可分为良溶剂和不良溶剂。前者是指高分子与溶剂间的吸引力超过高分子内聚力的溶剂，在这种溶剂中高分子线团能舒展松开；后者是指高分子与溶剂间的吸引力小于高分子间内聚力的溶剂，在这种溶剂中高分子线团紧缩。

例如水是聚丙烯酰胺的良溶剂，而乙醇则是聚丙烯酰胺的不良溶剂。

在一定条件下良溶剂可转化为不良溶剂。例如随着盐含量的增加，水对聚丙烯酰胺从良溶剂转化为不良溶剂，聚丙烯酰胺高分子的构象则由相对舒展松开的状态变为相对蜷缩的状态，由此对聚合物溶液的黏度特性产生重要影响；对于含羧基的高分子，其良溶剂的 pH 值变化也可转化为不良溶剂。例如当 pH 值降至 5 以下时，水对聚丙烯酸钠就是不良溶剂。

五、重要的高分子

1. 聚丙烯酰胺及其衍生物

聚丙烯酰胺是由丙烯酰胺聚合而成：

$$n\underset{\displaystyle\quad\;\; \mathrm{CONH_2}}{\mathrm{CH_2{=}\underset{|}{C}H}} \xrightarrow[\substack{50\sim60^{\circ}\mathrm{C}\\ \mathrm{pH}=6\sim7}]{(\mathrm{NH_4})_2\mathrm{S_2O_8}} \left[\mathrm{CH_2{-}\underset{\underset{\displaystyle \mathrm{CONH_2}}{|}}{C}H}\right]_n$$

（聚丙烯酰胺）

聚丙烯酰胺对热比较稳定。它的固体在 220~230℃ 才软化，它的水溶液在高温易发生后面讲到的降解反应。聚丙烯酰胺不溶于汽油、煤油、柴油、苯、甲苯和二甲苯，但溶于水。由于聚丙烯酰胺在水中不能解离，所以它的链节在水中不带电。为了区别于后面讲到的离子型的聚丙烯酰胺，可将这种聚丙烯酰胺叫非离子型聚丙烯酰胺。

聚丙烯酰胺的主要化学性质如下：

（1）与碱反应

聚丙烯酰胺可在碱的作用下进行水解：

$$\left[\mathrm{CH_2{-}\underset{\underset{\displaystyle \mathrm{CONH_2}}{|}}{C}H}\right]_n + y\mathrm{NaOH} \xrightarrow{80\sim100^{\circ}\mathrm{C}}$$

$$\left[\mathrm{CH_2{-}\underset{\underset{\displaystyle \mathrm{CONH_2}}{|}}{C}H}\right]_x\left[\mathrm{CH_2{-}\underset{\underset{\displaystyle \mathrm{COONa}}{|}}{C}H}\right]_y + y\mathrm{NH_3}\uparrow$$

（部分水解聚丙烯酰胺）

由于水解产物中还含有—$CONH_2$，这表示聚丙烯酰胺仅是部分水解，因此这种聚丙烯酰胺叫部分水解聚丙烯酰胺。如果将部分水解聚丙烯酰胺溶于水，它可解离出带负电的链节，所以这种聚丙烯酰胺也叫阴离子型聚丙烯酰胺。由于链节间的静电斥力，可使蜷曲的高分子变得松散起来，因此部分水解聚丙烯酰胺比聚丙烯酰胺更易溶解并有更好的增黏能力。

（2）与酸反应

在强酸性（pH≤2.5）下，聚丙烯酰胺分子内和分子间可产生亚胺化，减小它在水中的溶解度。

分子内亚胺化：

$$\mathrm{-CH_2{-}\underset{\underset{\displaystyle \mathrm{CONH_2}}{|}}{C}H{-}CH_2{-}\underset{\underset{\displaystyle \mathrm{CONH_2}}{|}}{C}H{-}} + \mathrm{H^+} \longrightarrow \mathrm{-CH_2{-}\underset{\underset{\displaystyle \mathrm{CO}}{|}}{C}H{-}CH_2{-}\underset{\underset{\displaystyle \mathrm{CO}}{|}}{C}H{-}} + \mathrm{NH_4^+}$$

（两个 CO 通过 NH 相连成环）

分子间亚胺化：

$$\begin{array}{c}-CH_2-\underset{|}{CH}-\\ CONH_2\\ CONH_2\\ -CH_2-\overset{|}{CH}-\end{array} + H^+ \longrightarrow \begin{array}{c}-CH_2-CH-\\ |\\ CO\\ |\\ NH\\ |\\ CO\\ |\\ -CH_2-CH-\end{array} + NH_4^+$$

（3）与醛反应

聚丙烯酰胺可与甲醛作用生成羟甲基化聚丙烯酰胺：

$$\underset{\displaystyle CONH_2}{\left[CH_2-\underset{|}{CH}\right]_n} + nCH_2O \xrightarrow[pH8\sim10]{40\sim60℃} \underset{\displaystyle CONHCH_2OH}{\left[CH_2-\underset{|}{CH}\right]_n}$$

（羟甲基化聚丙烯酰胺）

羟甲基化聚丙烯酰胺与胺的盐酸盐作用，可得阳离子型聚丙烯酰胺：

$$\underset{\displaystyle CONHCH_2OH}{\left[CH_2-\underset{|}{CH}\right]_n} + nR_2NH\cdot HCl \xrightarrow{70\sim75℃}$$

$$\underset{\displaystyle CONHCH_2NR_2\cdot HCl}{\left[CH_2-\underset{|}{CH}\right]_n} + nH_2O$$

阳离子型聚丙烯酰胺用于水处理和黏土稳定处理。

(4)降解反应

降解反应是指高分子在物理因素或化学因素作用下发生的相对分子质量降低的反应。例如在光、热和机械作用下，聚丙烯酰胺可发生如下的降解反应：

$$-CH_2-\underset{\displaystyle CONH_2}{\underset{|}{CH}}-CH_2-\underset{\displaystyle CONH_2}{\underset{|}{CH}}- \longrightarrow -CH=\underset{\displaystyle CONH_2}{\underset{|}{CH}} + CH_3-\underset{\displaystyle CONH_2}{\underset{|}{CH}}-$$

因此使用聚丙烯酰胺时，要尽量避免光、热和剧烈的机械作用。

又如在氧存在下，聚丙烯酰胺可发生降解，下面是一个可能的反应式：

$$-CH_2-\underset{\displaystyle CONH_2}{\underset{|}{CH}}-CH_2-\underset{\displaystyle CONH_2}{\underset{|}{CH}}- + O_2 \longrightarrow -CH_2-\overset{\displaystyle H}{\overset{\displaystyle O}{\overset{|}{\overset{\displaystyle O}{\overset{|}{\underset{\displaystyle CONH_2}{\underset{|}{C}}}}}}}-CH_2-\underset{\displaystyle CONH_2}{\underset{|}{CH_2}}- \longrightarrow -CH_2-\overset{\displaystyle O}{\overset{\|}{\underset{\displaystyle CONH_2}{\underset{|}{C}}}} + HO-CH_2-\underset{\displaystyle CONH_2}{\underset{|}{CH}}-$$

所以配聚丙烯酰胺的水最好先除去氧。例如可用除氧剂亚硫酸钠除氧：

$$O_2+2Na_2SO_3 \longrightarrow 2Na_2SO_4$$

（5）交联反应

交联反应是指线型高分子通过分子间化学键的形成而产生体型高分子的过程。能使线型高分子产生交联的物质叫交联剂。对聚丙烯酰胺，甲醛(包括三聚甲醛以及在酸溶液中能产生甲醛的物质如六亚甲基四胺)、乙醛、乙二醛等都可在一定条件下作为交联剂。

聚丙烯酰胺的甲醛交联反应如下：

$$
\begin{array}{c}
-CH_2-\underset{\substack{| \\ CONH_2 \\ \\ CH_2O \\ \\ CONH_2 \\ |}}{CH}- \\
-CH_2-CH-
\end{array}
\xrightarrow[pH<3]{}
\begin{array}{c}
-CH_2-CH- \\
| \\
CONH \\
| \\
CH_2 \\
| \\
CONH \\
| \\
-CH_2-CH-
\end{array}
+ H_2O
$$

除醛外，许多无机锆化合物(如氧氯化锆、四氯化锆、硝酸锆等)、无机钛化合物(如四氯化钛、硫酸钛等)都可交联聚丙烯酰胺。

交联后的聚丙烯酰胺可用做注水井的调剖剂、油井的堵水剂和油水井压裂用的压裂液。

通过丙烯酰胺与其他单体共聚，可以制备聚丙烯酰胺的改性产物，这些改性产物在化学上称为衍生物，因它是由一种物质衍生而来，但具有另一些性质的物质。

聚丙烯酰胺有下面几种衍生物：

(1) 丙烯酰胺与2-丙烯酰胺基-2-甲基丙磺酸共聚物

采用功能单体共聚合的方法，是改善聚丙烯酰胺类高分子耐温抗盐性能的有效方法，在功能性单体中，含磺酸基的单体价格便宜，制备简单。2-丙烯酰胺基-2-甲基丙磺酸(简称AMPS)是一种丙烯酰胺类阴离子单体，由于分子结构中含有强阴离子、水溶性的磺酸基团，因而具有良好的亲水性和抗阳离子沉淀性能；甲基给酰胺基团造成位阻，使其具有很好的水解稳定性、抗酸碱及热稳定性；活泼的碳碳双键使其具高的反应活性，极容易与其他各种烯类单体共聚生成不同的功能高分子。AMPS 及其钠盐与丙烯酰胺等水溶性单体的共聚物，是近年来油田化学品中出现的新品种，丙烯酰胺与2-丙烯酰胺基-2-甲基丙磺酸共聚物的结构式如下：

$$
\left[CH_2-\underset{\substack{| \\ C=O \\ | \\ NH_2}}{CH} \right]_m \left[CH_2-\underset{\substack{| \\ C=O \\ | \\ NH \\ | \\ CH_3-C-CH_3 \\ | \\ CH_2 \\ | \\ SO_3H}}{CH} \right]_n
$$

(2) 丙烯酰胺与二甲基二烯丙基氯化铵共聚物

丙烯酰胺与二甲基二烯丙基氯化铵(DMDAAC)共聚物是一种带有阳离子基团的线型水溶性高分子，它的大分子链上所带的正电荷密度高，具有良好的水溶性、吸附能力、絮凝能力、耐温和耐盐性能。在油田化学上，丙烯酰胺与二甲基二烯丙基氯化铵共聚物可用作黏土稳定剂、钻井液处理剂、防垢剂、酸化液添加剂、含油废水的絮凝剂等。丙烯酰胺与二甲基二烯丙基氯化铵共聚物的结构式如下：

$$
\left[CH_2-\underset{\substack{| \\ C=O \\ | \\ NH_2}}{CH} \right]_m \left[CH_2-CH-CH-CH_2 \right]_n \quad
\begin{array}{c}
CH_2 \quad CH_2 \\
\diagdown \;\; \diagup \\
\overset{+}{N} \\
\diagup \;\; \diagdown \\
CH_3 \quad CH_3
\end{array}
\quad Cl^-
$$

2. 聚乙二醇

聚乙二醇(PEG)也叫聚乙二醇醚，是一种水溶性高分子化合物。聚乙二醇是由环氧乙烷与水或乙二醇逐步加成而制备的。商业上作为纯品化合物的最大分子是三缩四乙二醇。更大分子的，因其蒸气压太小，无法蒸馏分离，因此，只能得到不同相对分子质量的混合物。聚乙二醇产品以平均相对分子质量来分类，如 PEG-400，其聚合度 n 为 8~9；PEG-1000，聚合度 n 为 22~23。反应通式为：

$$n\underset{\text{环氧乙烷}}{\underbrace{CH_2—CH_2}_{\backslash O/}} + \underset{\text{水}}{H_2O} \longrightarrow \underset{\text{聚乙二醇}}{HO \left(CH_2—CH_2—O \right)_n H}$$

根据相对分子质量的不同，聚乙二醇物理形态可以从白色黏稠液体(相对分子质量200~700)到蜡质半固体(相对分子质量 1000~2000)直至坚硬的蜡状固体(相对分子质量 3000~20000)。它完全溶于水，并和很多物质相容，有很好的稳定性和润滑性，低毒且无刺激性。这些特性，使聚乙二醇获得了广泛的用途。

聚乙二醇能与水以任何比例互溶，但当温度升高到接近水的沸点时，它就要沉淀析出来。其析出温度，取决于高分子的相对分子质量和浓度。浓度在 0.2%以下的稀溶液，高分子沉淀析出的现象是以溶液变浑浊的形式出现的；浓度在 0.5%以上，则沉淀成胶状。

聚乙二醇是非离子型，因此，它们对于溶解性盐类或离子化物质的存在是不敏感的。但当存在较大量的某种盐时，会降低沉淀析出温度。例如，在 0.5%的 PEG-6000 的溶液中，当 NaCl 浓度为 5%时，加热至 100℃，不发生沉淀或混浊；但当 NaCl 浓度提高到 10%时，在 86℃左右就出现混浊；当 NaCl 浓度为 20%时，浑浊温度变为 60℃。然而 $CaCl_2$ 没有如此明显的影响，这是由于钙离子本身可以与醚基络合，而不会夺走聚醚的缔合水分子。

3. 酚醛树脂

酚醛树脂可由苯酚与甲醛通过缩聚反应生成。选用不同性质的催化剂和不同的配料比，可以合成两种不同性质的酚醛树脂，即热固性酚醛树脂和热塑性酚醛树脂。

(1)热固性酚醛树脂

热固性酚醛树脂是在碱性催化(例如氢氧化铵、氢氧化钠、氢氧化钡)作用下，保持苯酚和甲醛的摩尔比小于 1(例如 0.85∶1)的条件下合成的。

这种树脂的合成反应可定性表示如下：

$$2n\ C_6H_5OH + 3n\ CH_2O \xrightarrow[pH>7]{80\sim100℃} \left(C_6H_3(OH)—CH_2—C_6H_2(OH)(CH_2OH)—CH_2 \right)_n + 2n\ H_2O$$

(热固性酚醛树脂)

在工业上，这样合成的酚醛树脂通常是橙黄色到红棕色的黏稠液体，易溶于丙酮、乙醇或乙酸乙酯，微溶于水，不溶于汽油、煤油、柴油、苯、甲苯、二甲苯等非极性溶剂。这种酚醛树脂加热后，可变成不溶不熔的交联体型的酚醛树脂：

$$\left(C_6H_3(OH)—CH_2—C_6H_2(OH)(CH_2OH)—CH_2 \right)_n \xrightarrow{\text{加热}} \left(C_6H_2(OH)(—)—CH_2—C_6H_2(OH)(CH_2—)—CH_2 \right)_n + n\ H_2O$$

(体型酚醛树脂)

因此，这种酚醛树脂叫热固性酚醛树脂。由于这种酚醛树脂热固前为液体，可以注入地层，而热固后不溶不熔，因此可用这种树脂作封堵剂和胶结剂。

热固反应可在催化剂作用下加速进行。例如用酸性催化剂(如盐酸、草酸或可产生酸的盐如氯化亚锡、氯化铵等)，可使热固性酚醛树脂在较短的时间内固化。在油水井防砂中，就是用酸性催化剂使热固性酚醛树脂加速固化的。

热固性酚醛树脂中的羟基都可与环氧乙烷作用，生成聚氧乙烯酚醛树脂：

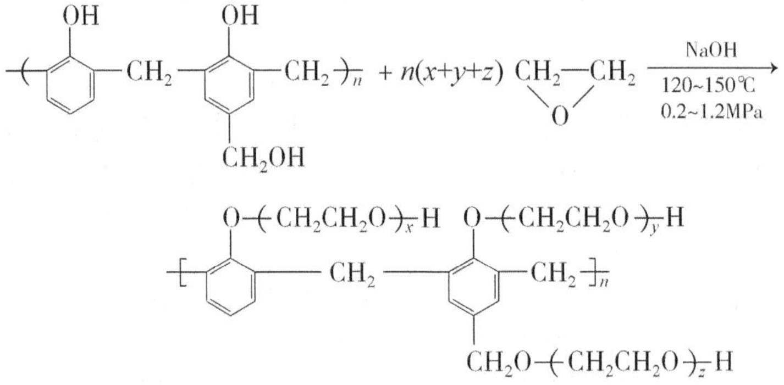

$$\left[C_6H_3(OH)-CH_2-C_6H_2(OH)(CH_2OH)-CH_2 \right]_n + n(x+y+z)\ \underset{O}{CH_2-CH_2} \xrightarrow[120\sim150℃,\ 0.2\sim1.2MPa]{NaOH}$$

$$\left[C_6H_3(O(CH_2CH_2O)_xH)-CH_2-C_6H_2(O(CH_2CH_2O)_yH)(CH_2O(CH_2CH_2O)_zH)-CH_2 \right]_n$$

(聚氧乙烯酚醛树脂)

由于在酚醛树脂中加入亲水的聚氧乙烯基，因此产物的水溶性可以大大提高，而且由于它的支链结构，使它对水有很好的增黏作用。

(2) 热塑性酚醛树脂

热塑性酚醛树脂是在酸性催化剂(例如盐酸、草酸)作用下，保持苯酚对甲醛的摩尔比大于1(例如1:0.85)的条件下合成。这种树脂的合成反应可定性表示如下：

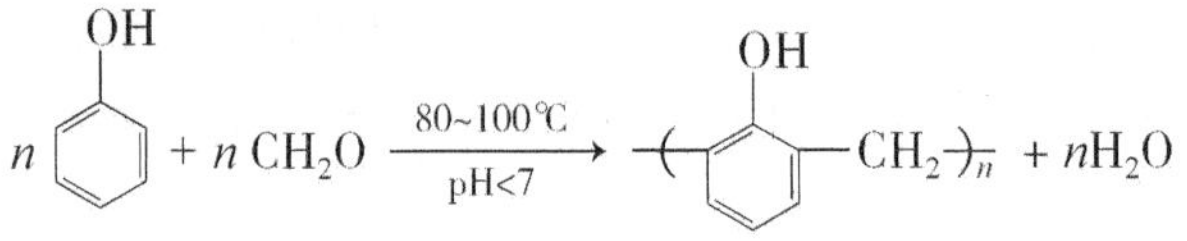

$$n\ C_6H_5OH + n\ CH_2O \xrightarrow[pH<7]{80\sim100℃} \left[C_6H_3(OH)-CH_2 \right]_n + nH_2O$$

(热塑性酚醛树脂)

在工业上，这样合成的酚醛树脂在室温下是黄色到棕色的透明固体。升温时固体逐渐软化，最后变成液体；冷却时液体又逐渐硬化，最后变成固体。这样的过程可以反复进行。因此这种酚醛树脂叫热塑性酚醛树脂。

热塑性酚醛树脂升温之所以只熔化而不固结，主要由于它没有交联用的甲醛。若追加一定数量的甲醛，即可在催化剂(例如氢氧化铵)的作用下变成不溶不熔的交联体型的酚醛树脂：

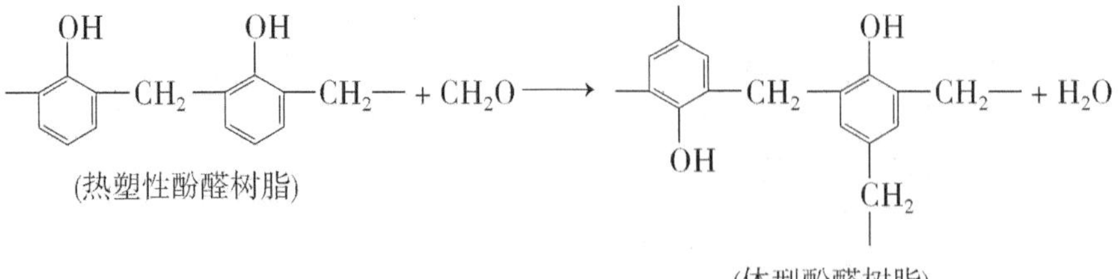

$$-C_6H_3(OH)-CH_2-C_6H_3(OH)-CH_2- + CH_2O \longrightarrow -C_6H_2(OH)(-)-CH_2-C_6H_2(OH)(CH_2-)-CH_2- + H_2O$$

(热塑性酚醛树脂) (体型酚醛树脂)

工业上常用六亚甲基四胺使热塑性酚醛树脂由线型变成体型，这是因为六亚甲基四胺加热分解后既可产生交联用的甲醛，也可产生作催化剂用的氢氧化铵：

$$(CH_2)_6N_4 + 10H_2O \xrightarrow{\text{加热}} 6CH_2O + 4NH_4OH$$

(六亚甲基四胺)

因此，做绝缘材料用的热塑性酚醛树脂都是加入六亚甲基四胺后再成型的。热塑性酚醛树脂可与环氧乙烷反应，制得水溶性增黏剂。

酚醛树脂不溶于水，而亲水改性后的磺甲基酚醛树脂可以溶于水，是一种重要的钻井液处理剂。磺甲基酚醛树脂有两种合成办法：①以线型酚醛树脂为原料，在碱性条件下加入磺甲基化试剂进行分步磺化，得到磺化度较高和相对分子质量较大的产品。②将苯酚、甲醛、亚硫酸钠和亚硫酸氢钠一次投料，在碱催化条件下，缩合反应和磺化反应同时进行，最后生成磺甲基酚醛树脂：

$$n\,C_6H_5OH + 2n\,HCHO + n\begin{matrix}NaHSO_3\\Na_2SO_3\end{matrix} \xrightarrow[\text{pH>8}]{90\sim100℃} \left[C_6H_2(OH)(CH_2SO_3Na)-CH_2\right]_n + 2nH_2O$$

磺甲基酚醛树脂分子的主链由亚甲基和苯环构成，分子中又引入了大量磺酸基，故抗温和抗盐性能优良。

4. 脲醛树脂

脲醛树脂可由尿素与甲醛通过缩聚反应生成。常用的脲醛树脂是热固性脲醛树脂。热固性脲醛树脂是在碱性催化剂(例如氢氧化铵、氢氧化钠或六亚甲基四胺)作用下，保持尿素对甲醛的摩尔比小于1(一般为1:2)的条件下合成。

热固性脲醛树脂的合成反应可定性表示如下：

$$nNH_2-\overset{\overset{\large O}{\|}}{C}-NH_2 + 2nCH_2O \xrightarrow[\text{pH>7}]{80\sim100℃} \left[\underset{\underset{\large HN-CH_2OH}{|}}{\underset{\underset{\large CO}{|}}{N}}-CH_2\right]_n + nH_2O$$

(热固性脲醛树脂)

在工业上，这样合成的脲醛树脂通常是无色到浅色的黏稠液体，易溶于乙醇、丙酮，微溶于水，但不溶于非极性溶剂。这种脲醛树脂加热后，可变成不溶不熔的交联体型的脲醛树脂：

$$\left[\underset{\underset{\large HN-CH_2OH}{|}}{\underset{\underset{\large CO}{|}}{N}}-CH_2\right]_n \xrightarrow{\text{加热}} \left[\underset{\underset{\large -N-CH_2-}{|}}{\underset{\underset{\large CO}{|}}{N}}-CH_2\right]_n + nH_2O$$

(体型脲醛树脂)

在使用时，为了加速热固反应的进行，可使用酸性催化剂(例如盐酸、草酸)。这种脲醛树脂可用作封堵剂和胶结剂，也可与环氧乙烷反应，制得水溶性的增黏剂：

$$\left[\begin{array}{l} N-CH_2 \\ | \\ CO \\ | \\ NH-CH_2OH \end{array} \right]_n + n(m+p)\,\underset{\diagdown O \diagup}{CH_2-CH_2} \xrightarrow[\substack{120\sim150℃ \\ 0.2\sim1.2MPa}]{NaOH}$$

$$\left[\begin{array}{c} N-CH_2 \\ | \\ CO \\ | \\ H\left(OCH_2CH_2\right)_m N-CH_2O\left(CH_2CH_2O\right)_p H \end{array} \right]_n$$

（聚氧乙烯脲醛树脂）

5. 环氧树脂

凡含环氧基 $\underset{\diagdown O \diagup}{CH_2-CH-}$ 的树脂都叫环氧树脂。环氧树脂可由环氧氯丙烷与二酚基丙烷(也叫双酚 A)，在氢氧化钠催化下制得：

$$(n+2)\,\underset{\diagdown O \diagup}{CH_2-CH}-CH_2Cl + (n+1)HO-C_6H_4-\underset{CH_3}{\overset{CH_3}{C}}-C_6H_4-OH \xrightarrow{NaOH}$$

(环氧氯丙烷)　　　　(二酚基丙烷)

$$\underset{\diagdown O \diagup}{CH_2-CH}-CH_2\left(O-C_6H_4-\underset{CH_3}{\overset{CH_3}{C}}-C_6H_4-O-CH_2-\underset{OH}{CH}-CH_2\right)_n O-C_6H_4-\underset{CH_3}{\overset{CH_3}{C}}-C_6H_4-O-CH_2-\underset{\diagdown O \diagup}{CH-CH_2} + (n+2)HCl$$

(线型的环氧树脂)

在不同条件下，可制得不同相对分子质量的环氧树脂。相对分子质量低的环氧树脂是淡黄色的黏稠液体，相对分子质量高的环氧树脂是琥珀色的热塑性固体。可用交联剂(也叫硬化剂或固化剂)将线型环氧树脂交联。表 5-12 列出的是环氧树脂常用的交联剂，它们多属胺类。

表 5-12　环氧树脂的交联剂

名称	分子式
乙二胺	$H_2N-CH_2-CH_2-NH_2$
二乙烯三胺	$H_2N\left(CH_2CH_2NH\right)_2H$
三乙烯四胺	$H_2N\left(CH_2CH_2NH\right)_3H$
二甲氨基丙胺	$(CH_3)_2N-CH_2-CH_2-CH_2-NH_2$

续表

名称	分子式
二乙氨基丙胺	$(CH_3-CH_2)_2N-CH_2-CH_2-CH_2-NH_2$
顺丁烯二酸酐	$H-C(=O)...$：$\begin{matrix} H-C-C{=}O \\ \Vert \quad\ \ \ \ O \\ H-C-C{=}O \end{matrix}$（五元环酸酐）
邻苯二甲酸酐	$C_6H_4(CO)_2O$（苯环并五元环酸酐）

例如用乙二胺，线型环氧树脂可通过下面反应变成不溶不熔的体型环氧树脂：

$$H_2N-CH_2-CH_2-NH_2+4\,\underset{\diagdown O \diagup}{CH_2-CH}-CH_2\!-\!(R')\!-\!CH_2-\underset{\diagdown O \diagup}{CH-CH_2}\longrightarrow$$

(线型环氧树脂简单表示式)

$$\left[\underset{\diagdown O \diagup}{CH_2-CH}-CH_2\!-\!(R')\!-\!CH_2-\underset{OH}{\underset{|}{CH}}-CH_2\right]_2N-CH_2-CH_2-N\left[CH_2-\underset{OH}{\underset{|}{CH}}-CH_2\!-\!(R')\!-\!CH_2-\underset{\diagdown O \diagup}{CH-CH_2}\right]_2\xrightarrow[\text{乙二胺}]{\text{环氧树脂}}$$

$$\begin{matrix} & CH_2-CH-CH_2\!-\!(R')\!-\!CH_2-\underset{OH}{\underset{|}{CH}}-CH_2 \diagdown & \\ \diagup N-CH_2-CH_2-N \diagup & | \quad O & N-CH_2-CH_2-N \diagdown \\ \diagdown & CH_2-\underset{OH}{\underset{|}{CH}}-CH_2\!-\!(R')\!-\!CH_2-CH-CH_2 \diagup & \\ & \qquad\qquad\qquad\qquad\qquad | \quad O & \\ \diagdown & CH_2-CH-CH_2\!-\!(R')\!-\!CH_2-\underset{OH}{\underset{|}{CH}}-CH_2 & \\ & | \quad O & \\ & CH_2-\underset{OH}{\underset{|}{CH}}-CH_2\!-\!(R')\!-\!CH_2-\underset{\diagdown O \diagup}{CH-CH_2} & \end{matrix}$$

$\xrightarrow[\text{乙二胺}]{\text{环氧树脂}}$ 不溶不熔的体型环氧树脂

为了改变各种使用性能，常在环氧树脂中加入各种添加剂。例如为了提高韧性可加入增韧剂（如邻苯二甲酸二丁酯）；为了降低黏度可加入稀释剂（如丙酮、乙醇）；为了增加强度或热稳定性可加入填充剂（如铁粉、铝粉、氧化铝、云母粉、玻璃粉等）。环氧树脂除可用于防砂、堵水外，还可用做高强度的化学粘结剂，也可制成代替钢铁使用的玻璃钢，或制成具有防蜡、防蚀性能的环氧树脂涂料。

6. 聚糖

聚糖可由单糖缩聚而成，有时候又称多糖。所谓单糖是指符合通式 $C_nH_{2n}O_n$ 的一类最简单的碳水化合物。符合高分子化合物概念的碳水化合物及其衍生物都可称为聚糖。

例如葡萄糖是最常见的一种单糖，它的分子式是 $C_6H_{12}O_6$，又称已糖。葡萄糖有两种结构式：

(α-葡萄糖)　(β-葡萄糖)

葡萄糖的两种结构式唯一不同的是 1C 上羟基和氢的位置不同。为了区别这两种结构，把 1C 上羟基在下的葡萄糖叫 α-葡萄糖，而 1C 上的羟基在上的葡萄糖叫 β-葡萄糖。

除葡萄糖外，还常遇到下面一些单糖，它们都有相应的 α、β 结构。例如：

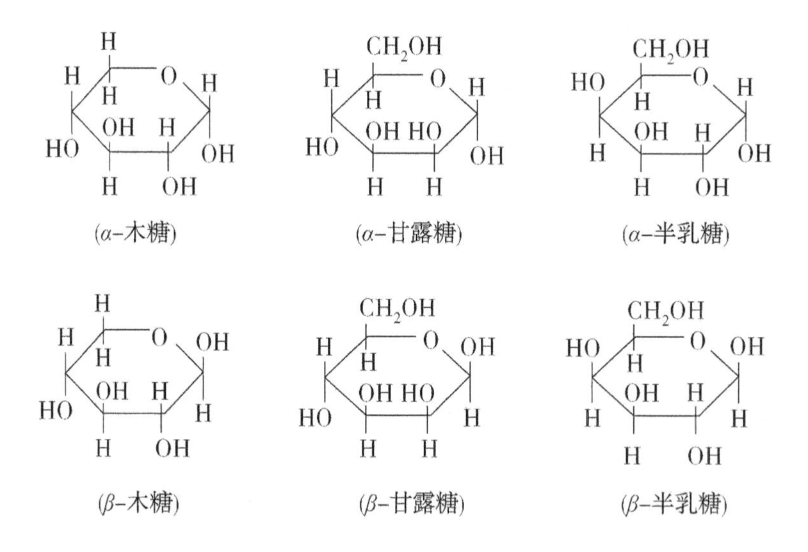
(α-木糖)　(α-甘露糖)　(α-半乳糖)

(β-木糖)　(β-甘露糖)　(β-半乳糖)

工业上使用的聚糖来自自然界。下面介绍四种重要的聚糖，即纤维素、淀粉、豆胶和甲壳素/壳聚糖。

（1）纤维素

纤维素的结构式如下：

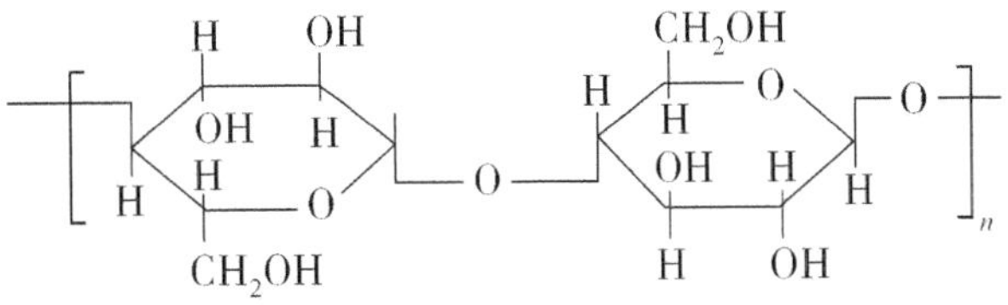

从结构式可以看到，纤维素是β-葡萄糖通过1,4碳原子上羟基缩聚而成。纤维素是植物纤维的主要成分，例如棉花中含有90%以上的纤维素。在催化剂(各种酸和酶)的作用下，纤维素可通过水解反应而降解，最后得到β-葡萄糖：

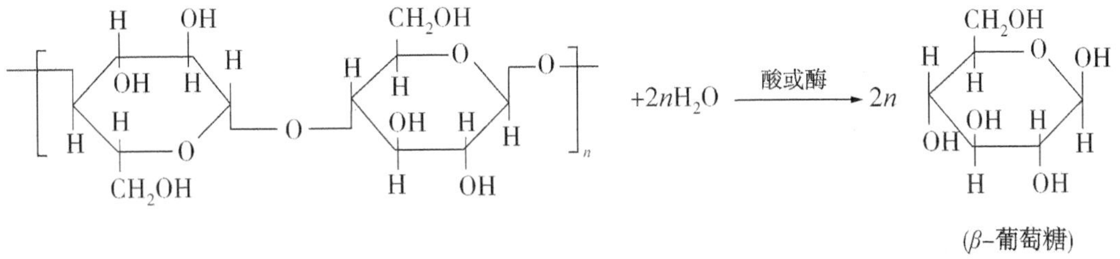

(β-葡萄糖)

在氧化剂(例如氧、过氧化氢、高锰酸钾、过硫酸铵)作用下，纤维素可在图5-17所示的位置产生醛基、酮基或羧基，并在图5-18所示的氧化碳原子β位置的C—O键上产生断裂，引起纤维素的降解。

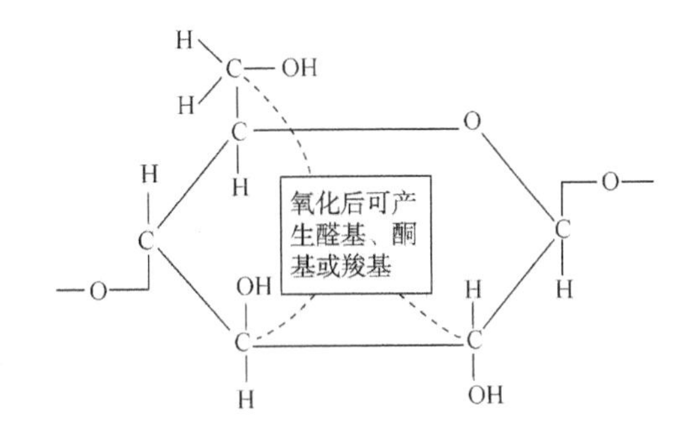

图5-17 纤维素的氧化物

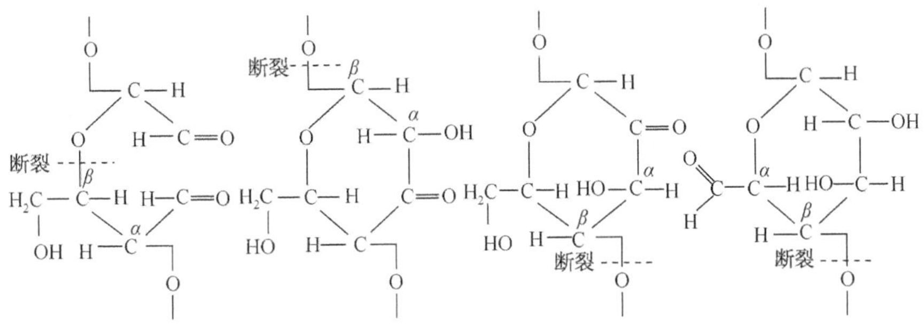

图5-18 纤维素氧化后产生降解断裂的β位置

在光、热或剧烈的机械作用下，纤维素的氧化降解反应将大大加快。在一定条件下，纤维素可交联成体型的高分子。甲醛、草酸等一些有两个官能度的化合物可做交联剂。例如纤维素和甲醛可发生下面的交联反应：

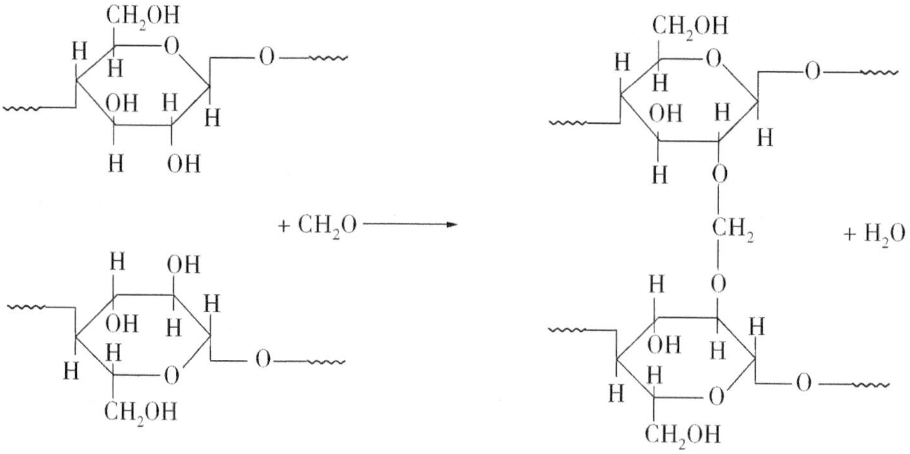

$$+ CH_2O \longrightarrow \quad + H_2O$$

因纤维素不溶于水，所以在钻井、采油过程中不是直接使用纤维素，而是使用它的改性产物。纤维素有下面几种重要的改性产物：

1）钠羧甲基纤维素

钠羧甲基纤维素是以纤维素为原料，通过下面两步反应制得：

第一步是碱化：

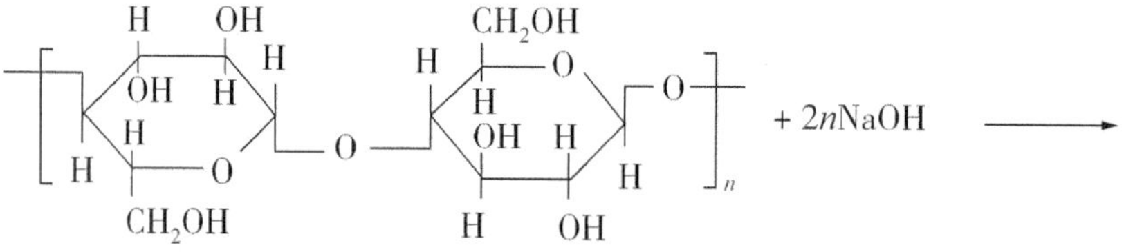

$$+ 2nNaOH \longrightarrow$$

(纤维素)

$$+ 2nH_2O$$

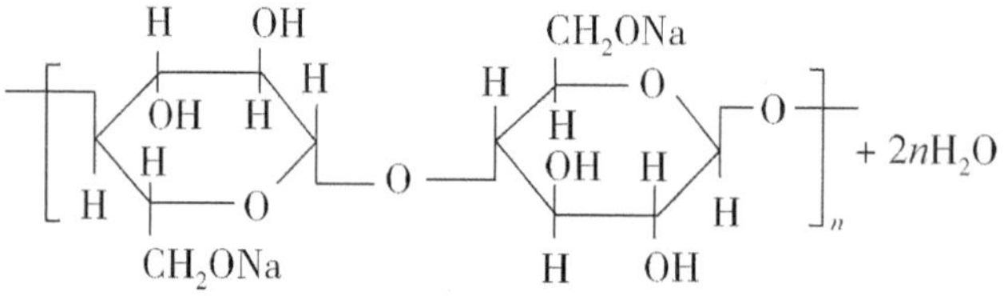

(碱纤维素)

第二步是钠羧甲基化：

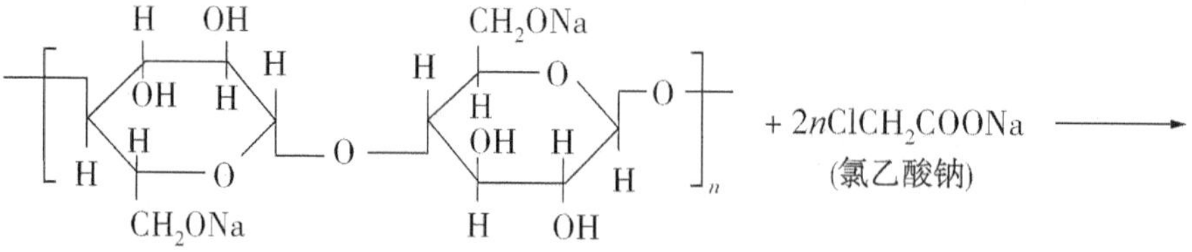

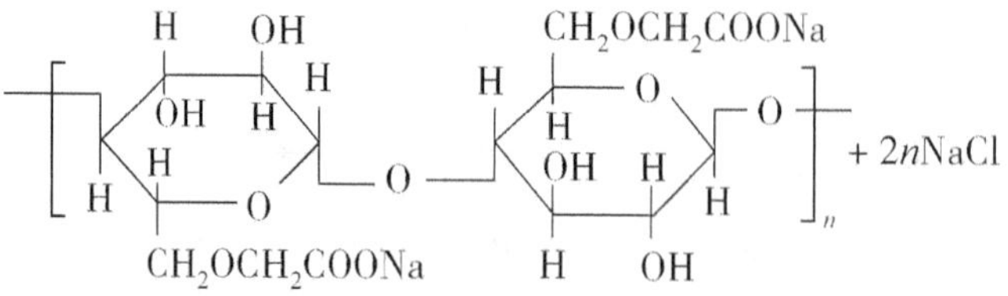

$$+ 2nClCH_2COONa \longrightarrow$$

(氯乙酸钠)

$$+ 2nNaCl$$

(钠羧甲基纤维素)

上面的反应式是按取代度为 1 写的。所谓取代度(用 DS 表示)是指失水的糖单位，例如

H OH H OH H H H O —O— CH_2OH

中三个羟基的氢被取代基(例如钠羧甲基)取代的数目。实际上，按平均而言，从工厂得到的钠羧甲基纤维素的取代度通常在0.5~1.2之间。CMC-7、CMC-9、CMC-12分别表示取代度为0.7、0.9、1.2的钠羧甲基纤维素。

钠羧甲基纤维素是白色絮状固体，易溶于水，而且由于—COONa在水中解离，使高分子的链节带上负电而互相排斥，从而使高分子的蜷曲程度减小，因此有较好的增黏能力。

钠羧甲基纤维素同样有纤维素那样的降解(水解降解、氧化降解)反应。

此外，钠羧甲基纤维素还可通过—COONa与高价金属离子反应而交联起来。例如钠羧甲基纤维素可与Ca^{2+}发生如下的反应：

H OH H OH H H H O —O~~~ $CH_2OCH_2COO^-$ + Ca^{2+} ⟶ H OH H OH H H H O —O~~~ CH_2OCH_2COO—Ca—CH_2OCH_2COO H H O —O~~~ OH H H H OH

$CH_2OCH_2COO^-$ H H O —O~~~ OH H H H OH

因此，少量Ca^{2+}的存在，可以减小钠羧甲基纤维素因降解而引起黏度的剧烈下降。同样，Cr^{3+}也可将钠羧甲基纤维素交联，但Cr^{3+}交联机理与Ca^{2+}不同。在水中，Cr^{3+}是络离子，它以6个水分子做它的配位体，并在一定的pH值条件下发生水解反应：

$$\left[Cr(H_2O)_6\right]^{3+} \rightleftharpoons \left[Cr(H_2O)_5(OH)\right]^{2+} + H^+$$

然后通过羟桥作用(即用羟基将金属原子桥接起来的作用)产生羟桥络离子：

$$2\left[Cr(H_2O)_5(OH)\right]^{2+} \rightleftharpoons \left[(H_2O)_4Cr\begin{matrix}OH\\ \\OH\end{matrix}Cr(H_2O)_4\right]^{4+} + 2H_2O$$

随着pH值的增加，羟桥络离子可进一步通过水解和羟桥作用产生多核羟桥络离子：

$$\left[(H_2O)_4Cr\left(\begin{matrix}OH\\ \\OH\end{matrix}\overset{H_2O}{\underset{H_2O}{Cr}}\right)_n\begin{matrix}OH\\ \\OH\end{matrix}Cr(H_2O)_4\right]^{n+4}$$

这种络离子可将钠羧甲基纤维素交联起来：

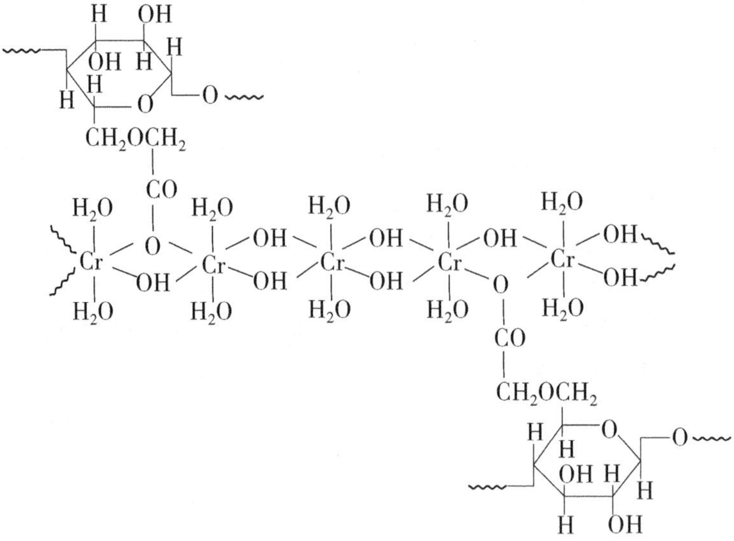

其他的三价离子(如 Al^{3+}、Sb^{3+}、Fe^{3+}等)也有类似的反应。

钠羧甲基纤维素可用做水的增黏剂和减阻剂。由于可交联成冻胶，故可用做封堵剂和配水基冻胶压裂液。

2）纤维素硫酸酯钠盐

纤维素硫酸酯钠盐是以纤维素为原料，通过下面两步反应制得：

第一步是碱化：

这一步与制备钠羧甲基纤维素的第一步相同。

第二步是酯化：

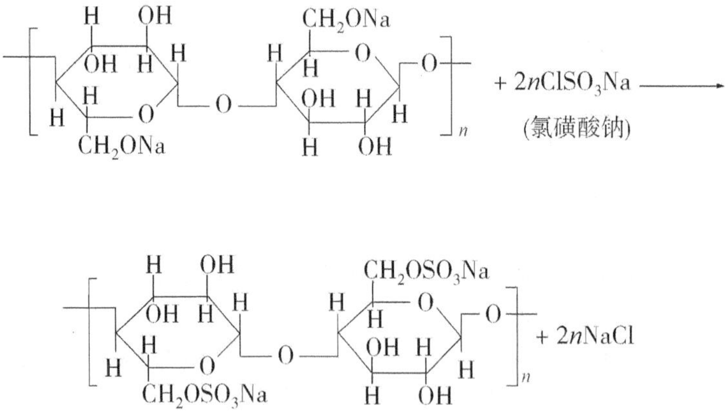

$+ 2nClSO_3Na \longrightarrow$

(氯磺酸钠)

$+ 2nNaCl$

(纤维素硫酸酯钠盐)

纤维素硫酸酯钠盐的性质类似钠羧甲基纤维素，不同的是它比钠羧甲基纤维素有更好的耐高价金属离子的能力，因它与高价金属离子的反应产物在水中有较大的溶解度。

纤维素硫酸酯钠盐可用做水的增黏剂和减阻剂。

3）羟乙基纤维素

羟乙基纤维素也是以纤维素为原料，通过碱化(用氢氧化钠)和羟乙基化(用氯乙醇)两步制得。由这两步反应制得的羟乙基纤维素的结构式如下：

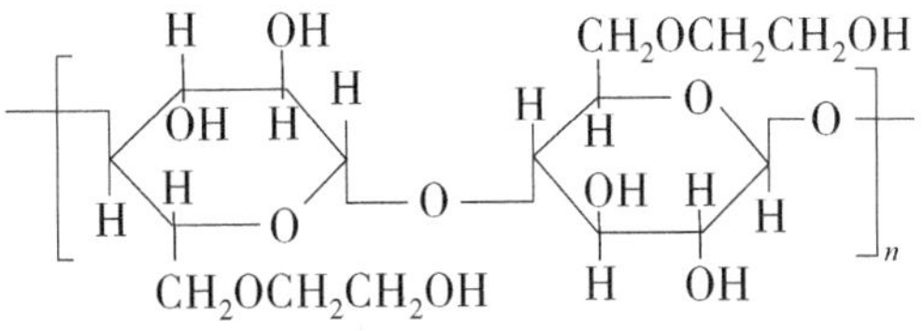

羟乙基纤维素的性质类似钠羧甲基纤维素，不同的是它在水中不能解离，是一种非离子型的水溶性高分子。

羟乙基纤维素同样可用做水的增黏剂和减阻剂。

由于碱性条件下羟乙基纤维素也可与铬的多核羟桥络离子络合，形成冻胶，因此羟乙基纤维素也可用于配水基冻胶压裂液。

下面是羟乙基纤维素与铬的多核羟桥络离子的一种络合结构：

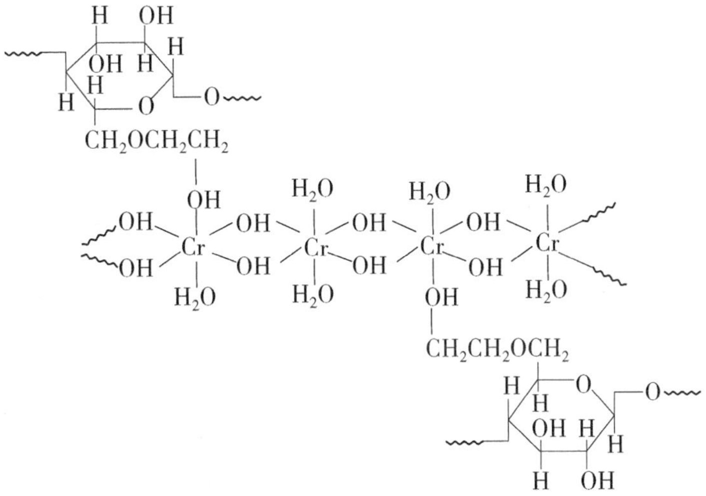

（2）淀粉

淀粉是从谷物或玉米中分离出来的聚糖，可分为直链淀粉和支链淀粉。前者为无分支的螺旋结构；后者由24~30个葡萄糖残基以α-1,4-糖苷键首尾相连而成，在支链处为α-1,6-糖苷键。淀粉的结构与纤维素相似，结构式如下：

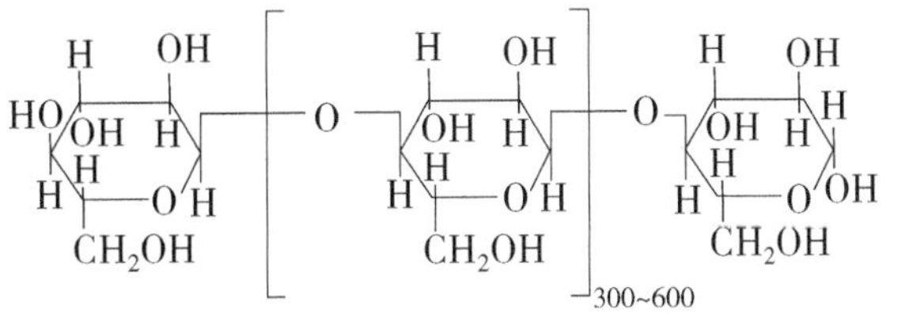

(直链淀粉)

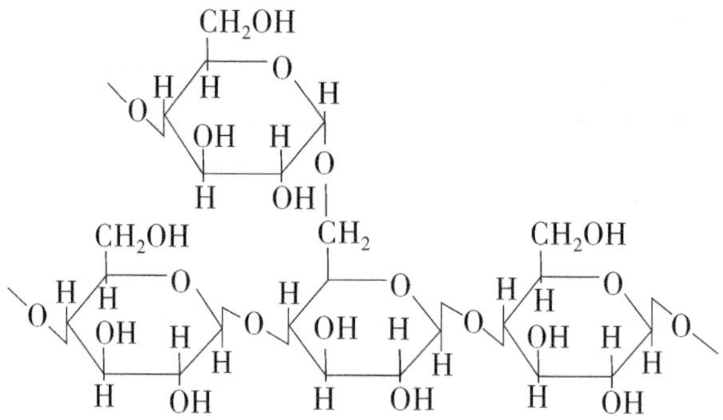

(支链淀粉)

淀粉在 50℃以下不溶于水，温度超过 55℃以上开始溶胀，直至形成半透明凝胶或胶体体系，加碱也能使它迅速而有效地溶胀。淀粉的化学性质与纤维素相似，同样可以进行羧甲基化、醚化和交联反应，从而制得一系列改性产物。

淀粉有下面几种重要的改性产物：

1) 羟乙基淀粉

常见的羧乙基淀粉通常是取代度(DS)小于 0.2 的低取代度产品，是由淀粉和环氧乙烷在碱性条件下反应制得的，反应方程式如下：

$$\text{淀粉}-OH + \underset{\diagdown O \diagup}{CH_2-CH_2} \xrightarrow{OH^-} \text{淀粉}-O-CH_2CH_2OH$$

在这个反应过程中，环氧乙烷能和淀粉分子单元三个羟基中的任何一个羟基反应，还能和已取代的羟乙基进一步反应生成多氧乙基侧链。

有时也用氯乙醇作醚化试剂，反应方程式为：

$$\text{淀粉}-OH + ClCH_2CH_2OH \xrightarrow{NaOH} \text{淀粉}-O-CH_2CH_2OH + HCl$$

羟乙基淀粉是一种非离子型淀粉衍生物，作为工业助剂主要是利用其糊液的增稠性，能在较宽的 pH 值范围内使用却不会影响其性质，有广泛的用途。在石油工业中，羟乙基淀粉可以代替羟乙基纤维素，作钻井液降滤失剂使用。

2) 羧甲基淀粉

淀粉在碱性条件下和一氯乙酸或其钠盐起羧甲基化反应，生成羧甲基淀粉。该反应是双分子亲核取代反应，产物是钠盐。反应方程式如下：

$$\text{淀粉}-OH + NaOH \longrightarrow \text{淀粉}-ONa + H_2O$$

$$\text{淀粉}-ONa + ClCH_2COOH + NaOH \longrightarrow \text{淀粉}-OCH_2COONa + NaCl + H_2O$$

羧甲基淀粉具有吸水性，溶于水，充分膨胀，其体积可达到原来的 200~300 倍。其吸水性优于羧甲基纤维素。因为它含有羧基，因此具有螯合、离子交换作用，和重金属离子、钙离子作用生成沉淀。

羧甲基淀粉作为钻井液降滤失剂在油田工业中得到广泛应用，它具有抗盐性，可抗盐至饱和，并具有防塌效果和一定的抗钙能力，是一类优质的降滤失剂。

3）阳离子淀粉

将淀粉季铵化即可得到阳离子淀粉，该产品可在较宽的 pH 值范围使用。

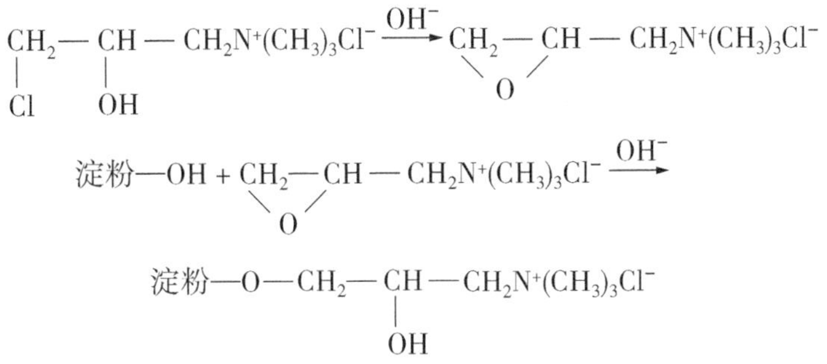

$$\underset{\displaystyle Cl}{CH_2}—\underset{\displaystyle OH}{CH}—CH_2N^+(CH_3)_3Cl^- \xrightarrow{OH^-} \underbrace{CH_2—CH}_{O}—CH_2N^+(CH_3)_3Cl^-$$

$$淀粉—OH + \underbrace{CH_2—CH}_{O}—CH_2N^+(CH_3)_3Cl^- \xrightarrow{OH^-}$$

$$淀粉—O—CH_2—\underset{\displaystyle OH}{CH}—CH_2N^+(CH_3)_3Cl^-$$

阳离子淀粉最主要的应用领域是造纸行业，也用作油田钻井液的降滤失剂。阳离子淀粉是带负电性无机悬浮物极好的絮凝剂，瓷土、无机矿石、矿泥、硅、煤炭、阴离子淀粉、纤维素、污水淤渣以及淤浆悬浮液都可用阳离子淀粉使它们絮凝。

（3）豆胶

豆胶是从豆科植物种子胚乳得来的胶，它的主要组成是半乳甘露聚糖。例如从田菁种子胚乳得来的豆胶有如下的结构式：

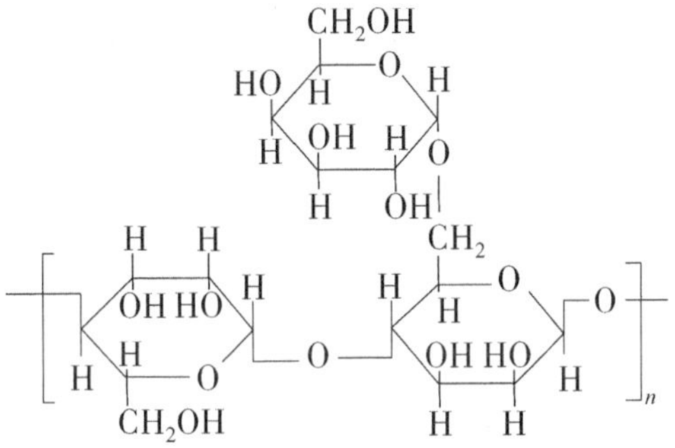

从上面结构式可以看到，田菁胶的主链是β-甘露糖通过 1,4 碳原子上的羟基缩聚而成，而α-半乳糖则是通过 1,6 碳原子的羟基缩聚接枝在主链上。

由于来源不同，豆胶中半乳糖与甘露糖的摩尔比也不相同。表 5-13 列出的是一些来自豆科植物的半乳甘露聚糖的半乳糖与甘露糖的摩尔比。

表 5-13　一些豆胶中半乳糖与甘露糖的摩尔比

豆胶	胡芦巴胶	瓜尔胶 田菁胶	决明胶	刺槐豆胶 皂荚胶	国槐豆胶
半乳糖与甘露糖的摩尔比	1∶1.2	1∶2	1∶3	1∶4	1∶8

豆胶同样有纤维素那样的降解反应和交联反应。不同的是由于半乳甘露聚糖中有邻位顺式羟基，因此它还可以用硼酸通过极性键和配价键将半乳甘露聚糖交联起来：

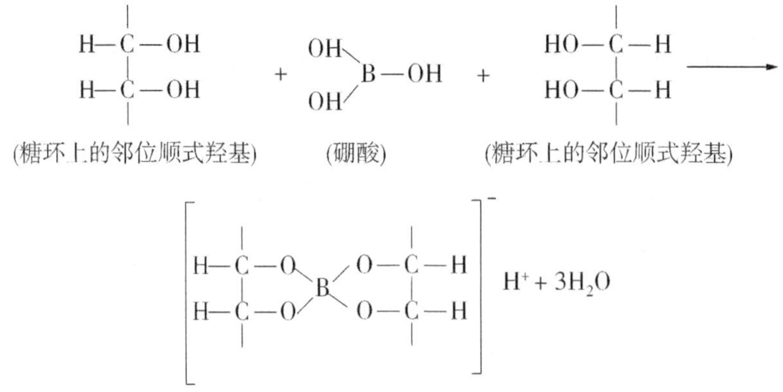

(糖环上的邻位顺式羟基) + (硼酸) + (糖环上的邻位顺式羟基) ⟶

$$[\ \cdots\ ]^{-}\ H^+ + 3H_2O$$

除硼酸外，还可用两性金属(即它的氧化物在酸中呈碱性，在碱中呈酸性)化合物(如焦锑酸钠 $Na_4Sb_2O_7$和焦锑酸钾 $K_4Sb_2O_7$)，在适当条件下将半乳甘露聚糖交联起来。

为了提高水溶性，半乳甘露聚糖也有纤维素类似的改性产物。钠羧甲基田菁胶、羟乙基田菁胶、羟丙基田菁胶、羟丙基瓜尔胶、钠羧甲基羟烷基田菁胶、钠羧甲基槐豆胶、羟乙基槐豆胶、钠羧甲基皂荚胶、羟乙基皂荚胶等就是其中的一些例子。

豆胶及其改性产物有许多用途。例如它可做增黏剂、减阻剂、乳状液与泡沫的稳定剂和配压裂液。

(4) 甲壳素/壳聚糖

甲壳素(chitin)，化学名称为β-(1,4)-2-乙酰氨基-脱氧-D-呋喃葡聚糖，又名甲壳质、几丁质、壳多糖、蟹壳素和聚乙酰基胺基葡萄糖等，是地球上存在量仅次于纤维素的聚糖，也是自然界中除蛋白质外数量最大的含氮天然有机高分子化合物。甲壳素广泛存在于虾蟹等甲壳动物及各类昆虫的表皮和乌贼、贝类等软体动物的骨骼以及蘑菇和菌类的细胞壁中，许多水生生物的体内也含有甲壳素。甲壳素的结构式如下：

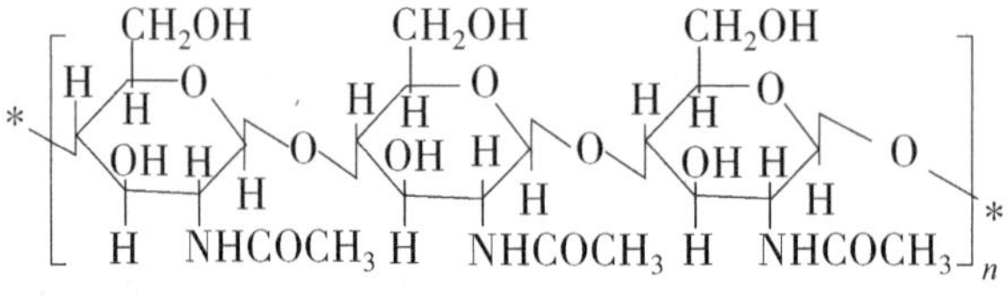

甲壳素可在一定程度上脱乙酰化，其脱乙酰产物为壳聚糖(chitosan)。壳聚糖是甲壳素最重要的衍生物，其化学名称为β-(1，4)-2-氨基-脱氧-D-呋喃葡聚糖，结构式如下：

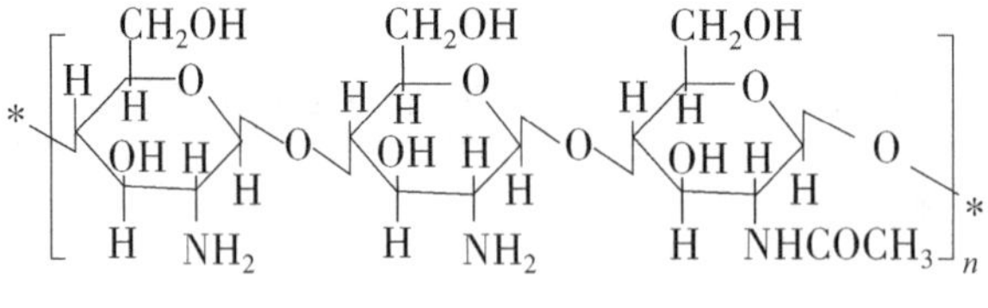

甲壳素和壳聚糖有许多独特的物理、化学和生物特性，主要包括：阳离子聚电解质性、多功能基反应活性、抗菌性、生物相容性、生物可降解性等。由于甲壳素、壳聚糖的基本单元是带有氨基的葡萄糖，分子链上同时含有氨基、羟基、乙酰氨基、羟桥等活性基团，可发生诸多衍生化反应，如脱乙酰、络合、成盐、碱化、硫酸或磷酸酯化、硝化、Schiff 碱反应、芳基化和烷基化、酰化、接枝共聚及降解反应等，上述优良特性使其在纺织印染、造纸、重

金属吸附和回收、废水处理、食品、生物医药等领域都有广泛的应用前景。

7. 木质素

木质素(lignin)广泛存在于高等植物中，与纤维素、半纤维素交联在一起形成植物的主要结构，是仅次于纤维素的地球上第二丰富的生物聚合体，也是自然界一种能提供再生芳基化合物的非石油资源。工业木质素主要来源于造纸业的制浆过程。木质素是由苯丙烷单元，通过醚键和碳碳键连接的复杂的无定形的三维网状天然高分子物质。在不同植物纤维原料中，木质素的结构不同。即使同一原料的不同部位，木质素的结构也不相同。一段木质素的分子结构式如下(R 为烷基)：

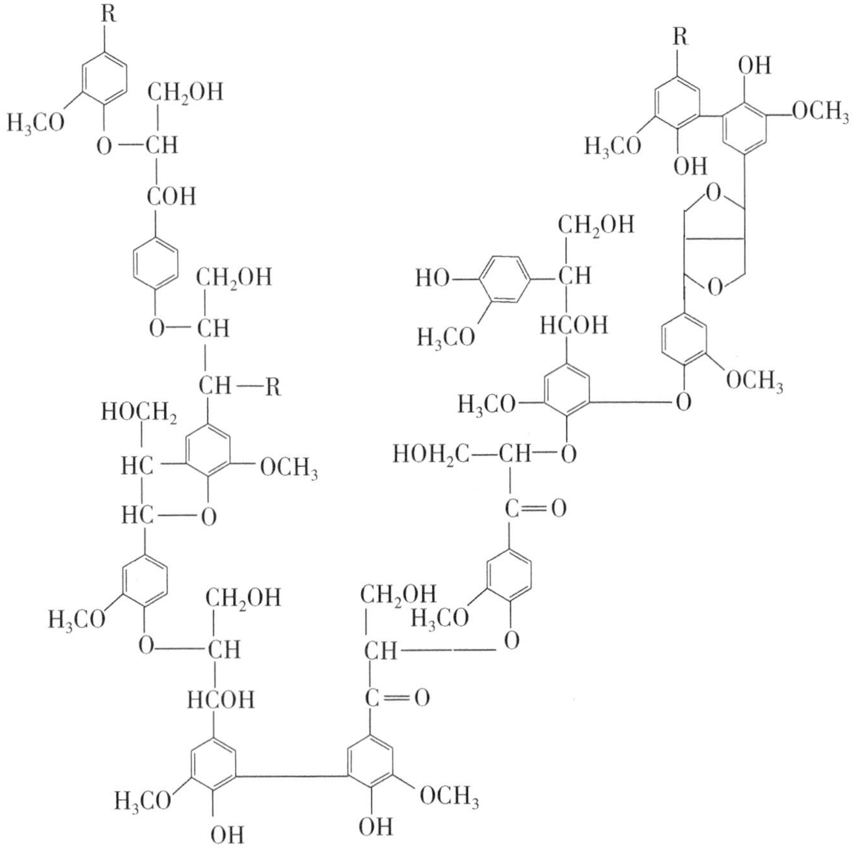

木质素结构单元的苯环和侧链上都连有各种不同的基团，它们是甲氧基、酚羟基、醇羟基、羰基等各种功能基团。木质素的结构决定了它的性质，而它的性质又决定了它在工业、农业、医药方面的广泛应用。同时，木质素是自然界中最丰富的可再生芳香族聚合物，可制备生物燃料和高附加值化学品，在以石油为基础的现代能源与化工行业中，木质素作为替代原料展现出良好的应用前景。

8. 黄胞胶

黄胞胶(xanthan gum)是将黄单胞杆菌属(xanthomonas)的细菌接种于发酵液中，在25~35℃，pH<7 条件下发酵 1~4 天制得。可用质量分数为 0.01~0.05 的碳水化合物(如淀粉、蔗糖、葡萄糖等)作发酵液。此外，还含有氮源(有机氮)、磷源(如磷酸氢二钾)和镁源(如硫酸镁)。黄胞胶相对分子质量平均为 2×10^6(其中有高达 13×10^6~

15×10^6的)，每个链节都有长的侧链。由于侧链对分子蜷曲的阻碍，所以它的主链采取较伸直的构象，从而使黄胞胶有许多特殊的性质，如增黏能力好，黏度随温度变化小，耐盐，耐剪切等。

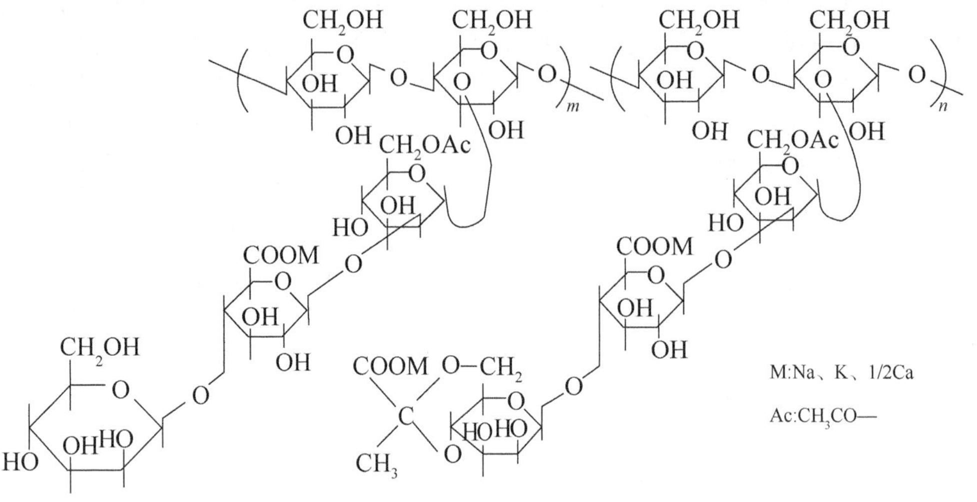

M:Na、K、1/2Ca

Ac:CH_3CO—

黄胞胶在一定条件下可为高价金属(如铬)的多核羟桥络离子所交联。黄胞胶主要用做水的增黏剂、食品添加剂，交联后可用作注水井的调剖剂和油水井的压裂液。

黄胞胶的使用有两个问题：

(1) 降解

主要是氧化降解(由溶解氧引起)、热降解(超过80℃即易发生)和生物降解(由细菌引起)。为解决降解问题，可使用相应的添加剂如除氧剂、热稳定剂和杀菌剂等。

(2) 微胶和堵塞物的存在

微胶是相对分子质量大、溶解度低的高分子，堵塞物主要来自菌体。它们悬浮在黄胞胶的水溶液中，并在通过油层渗滤面时形成滤饼，引起堵塞。为解决这个问题，已提出许多方法，如超微过滤法、黏土絮凝法、酶澄清法和化学分解法等。

9. 两性高分子

两性高分子是指分子链上同时含有正负两种电荷基团的水溶性高分子。其中，阴离子基团可以为羧酸、磺酸基团，阳离子基团可以为季铵基团、叔胺基团。叔胺基团能与水溶液中的 H^+ 反应而荷正电。以下就是两种两性高分子的结构：

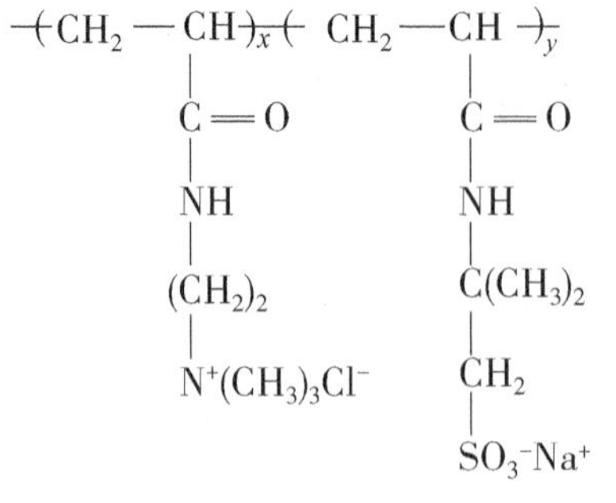

$$-\!\!\left[CH_2-\underset{\substack{|\\ C=O\\ |\\ NH\\ |\\ (CH_2)_2\\ |\\ N^+(CH_3)_3Cl^-}}{CH}\right]_x\!\!-\!\!\left[CH_2-\underset{\substack{|\\ C=O\\ |\\ NH\\ |\\ C(CH_3)_2\\ |\\ CH_2\\ |\\ SO_3^-Na^+}}{CH}\right]_y\!\!-$$

$$
\begin{array}{l}
\quad\quad\quad\quad\quad\quad\quad\quad\quad\quad\quad\quad CH_3 \\
\quad\quad\quad\quad\quad\quad\quad\quad\quad\quad\quad\quad | \\
-\!\!\left(CH_2-\underset{\substack{|\\ C=O\\ |\\ NH_2}}{CH}\right)_m\!\!-\!\!\left(CH_2-\underset{\substack{|\\ C=O\\ |\\ O\\ |\\ CH_2\\ |\\ CH_2\\ |\\ H_3C-N^+-CH_3\\ |\\ CH_2\\ |\\ CH_2\\ |\\ CH_2\\ |\\ SO_3^-}}{C}\right)_n\!\!-
\end{array}
$$

两性高分子满足分子链上正负电荷基团数目相等时，可使高分子在不同矿化度盐水中的分子伸展变化不大，黏度的变化也较小，表现出良好的抗盐性能。但由于发生分子内阴、阳离子基团的内盐结构，溶解性能较差。

10. 疏水缔合高分子

疏水缔合高分子是指亲水性高分子链上带有少量疏水基团(摩尔分数为0.01~0.05)的水溶性高分子。代表结构式如下：

$$
-\!\!\left(CH_2-\underset{\substack{|\\ C=O\\ |\\ NH_2}}{CH}\right)_m\!\!-\!\!\left(CH_2-\underset{\substack{|\\ C=O\\ |\\ O\\ |\\ C_{18}H_{37}}}{CH}\right)_n\!\!-
$$

$$
-\!\!\left(CH_2-\underset{\substack{|\\ C=O\\ |\\ NH_2}}{CH}\right)_m\!\!-\!\!\left(CH_2-\underset{\substack{|\\ C=O\\ |\\ NH\\ |\\ H_3C-C-CH_3\\ |\\ CH_2\\ |\\ SO_3Na}}{CH}\right)_n\!\!-\!\!\left(CH_2-\overset{\substack{CH_3\\ |}}{\underset{\substack{|\\ C=O\\ |\\ O\\ |\\ C_{18}H_{37}}}{C}}\right)_p\!\!-
$$

由于疏水缔合高分子具有两亲结构，其溶液性质与一般高分子溶液性质明显不同。如具有明显的抗盐性能和较好的抗剪切降解性能。这些特殊的性质使得水溶性疏水缔合物可望在许多领域得到应用，如作为石油三次采油的驱油剂、化妆品和涂料的增黏剂、水处理剂、摩擦减阻剂、流度控制剂等。

思　考　题

1. 有以下十种表面活性剂：

(1) $C_{18}H_{37}—SO_3Na$

(2) $C_{12}H_{25}—OSO_3K$

(3) $C_{17}H_{35}—COONH_4$

(4) $(C_{16}H_{33}—NH_3)Cl$

(5) 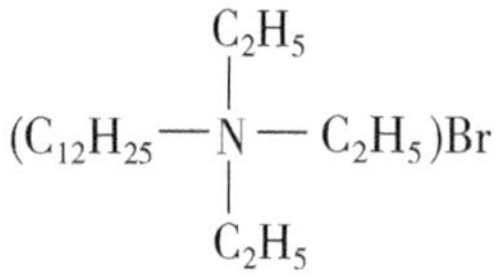 $(C_{12}H_{25}—N(C_2H_5)_2—C_2H_5)Br$（N 上连有三个 C_2H_5）

(6) 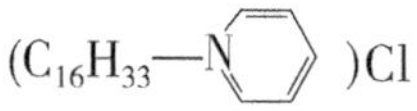 $(C_{16}H_{33}—NC_5H_5)Cl$（N 为吡啶环氮原子）

(7) $C_{12}H_{25}—O—\!\!(CH_2CH_2O)_5—SO_3Na$

(8) $CH_3—CH—O—(C_3H_6O)_{17}—(C_2H_4O)_{53}H$
　　　　$|$
　　$CH_2—O—(C_3H_6O)_{17}—(C_2H_4O)_{53}H$

(9) 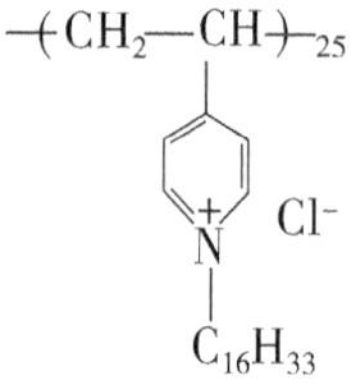 $—(CH_2—CH)_{25}—$，CH 上连吡啶环，环上 $\overset{+}{N}$ 连 $C_{16}H_{33}$，Cl^-

(10) 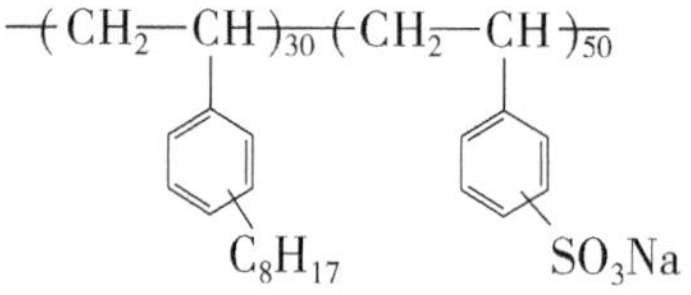 $—(CH_2—CH)_{30}—(CH_2—CH)_{50}—$，前一 CH 上连苯环（环上带 C_8H_{17}），后一 CH 上连苯环（环上带 SO_3Na）

试指出：

(1) 它们在表面活性剂中属哪一类型？

(2) 它们的极性部分和非极性部分。

(3) 它们在水中能否解离？若能，则写出它们的解离式。

2. 下列表面活性剂如何命名：

(1) $C_{12}H_{25}$— SO_3NH_4

(2) $C_{14}H_{29}$— OSO_3K

(3) $(C_{16}H_{33}—COO)_2Ca$

$$\begin{matrix} C_{16}H_{33}—COO \\ C_{16}H_{33}—COO \end{matrix} \rangle Ca$$

(4) $(C_{12}H_{25}—NH_3)Br$

(5) $\left(C_{16}H_{33}—\overset{\overset{C_3H_7}{|}}{\underset{\underset{C_3H_7}{|}}{N}}—C_3H_7\right)Br$

(6) $(C_{16}H_{33}—NC_5H_5)Br$（吡啶环）

(7) $C_8H_{17}—C_6H_4—O\!\leftarrow\!CH_2CH_2O\!\rightarrow_{15}H$

(8) $C_{16}H_{33}—O\!\leftarrow\!CH_2CH_2O\!\rightarrow_{20}H$

(9) $C_{18}H_{37}—N\begin{matrix} \diagup (CH_2CH_2O)_5H \\ \diagdown (CH_2CH_2O)_5H \end{matrix}$

(10) $C_{17}H_{35}—\overset{\overset{O}{\|}}{C}—N\begin{matrix} \diagup (CH_2CH_2O)_{10}H \\ \diagdown (CH_2CH_2O)_{10}H \end{matrix}$

(11) $C_{16}H_{33}—\overset{\overset{C_2H_5}{|}}{\underset{\underset{C_2H_5}{|}}{N^+}}—CH_2COO^-$

(12) $C_{14}H_{29}—O\!\leftarrow\!CH_2CH_2O\!\rightarrow_5SO_3NH_4$

3. 写出下列表面活性剂的分子式：

(1) 十二烷基磺酸钾

(2) 十四醇硫酸酯铵盐

(3) 十六酸钠

(4) 溴化十八烷基三乙基铵

(5) 溴化十六烷基吡啶

(6) 聚氧乙烯十八醇醚-2

(7) 聚氧乙烯辛基苯酚醚-12

(8) 聚氧乙烯十八胺-18

(9) 聚氧乙烯十八酰胺-24

(10) 十四烷基二乙铵基丙酸内盐

4. 有以下6种表面活性剂，试从分子结构说明哪种表面活性剂适宜做起泡剂？哪种表面活性剂适宜做润湿剂？

(1) $C_2H_5-CH(C_2H_5)-CH(C_2H_5)-(CH_2)_2-SO_3Na$

(2) $CH_3-(CH_2)_{11}-SO_3Na$

(3) $CH_3-(CH_2)_5-CH(SO_3Na)-(CH_2)_4-CH_3$

(4) $CH_3-(CH_2)_5-CH(C_6H_4SO_3Na)-(CH_2)_4-CH_3$

(5) $CH_3-(CH_2)_{11}-C_6H_4-SO_3Na$

(6) $CH_3-(CH_2)_{11}-C_6H_4-SO_3Na$

5. 阐述黏弹性表面活性剂具有黏弹性的机理。

6. 有以下8种表面活性剂，试从分子结构说明哪种表面活性剂适宜做水包油型乳化剂？哪种表面活性剂适宜做油包水型乳化剂？

(1) $C_{12}H_{25}-O-(CH_2CH_2O)_2-H$

(2) $C_{12}H_{25}-O-(CH_2CH_2O)_5-SO_3Na$

(3) $C_{12}H_{25}-SO_3Na$

(4) $CH_3-C_5H_8-(CH_2)_{10}-COONa$

(5) $C_8H_{17}-C_6H_4-O-(CH_2CH_2O)_3-H$

(6) $C_8H_{17}-C_6H_4-O-(CH_2CH_2O)_{20}-H$

(7) $C_{17}H_{35}-COONa$

(8) $(C_{17}H_{35}-COO)_2Ca$

7. 双子表面活性剂的结构特点是什么？

8. 水溶性高分子有什么特点？为什么大多数高分子的溶解速度都很慢？

9. 试判别下列高分子属哪一种结构(直链线型、支链线型还是交联体型)？

(1) $\mathrm{-\!\!\left(CH_2-CH_2\right)\!\!-_{n}}$

(2) $\mathrm{-\!\!\left(CH_2-\underset{\displaystyle OH}{\underset{|}{C}}H\right)\!\!-_{n}}$

(3) $\mathrm{-\!\!\left(CH_2-\underset{\displaystyle C_6H_4-C_8H_{17}}{\underset{|}{C}}H\right)\!\!-_{n}}$

(4) O$\mathrm{-\!\!\left(CH_2CH_2O\right)\!\!-_{m}}$H; $\mathrm{CH_2)_{n}}$

(5) OH　OH　CH_2　CH_2　CH_2　OH　CH_2　CH_2　OH　CH_2　CH_2　CH_2　OH　OH　CH_2

(6)

$$\begin{array}{c}
\qquad\qquad\quad | \\
\qquad\qquad\quad CO \\
\qquad\qquad\quad | \\
-N-CH_2-N-CH_2-N-CH_2- \\
\;|\qquad\qquad\qquad\qquad\;\; | \\
CO\qquad\qquad\qquad\quad CO \\
\;|\qquad\qquad\qquad\qquad\;\; | \\
-N-CH_2-N-CH_2-N-CH_2- \\
\qquad\qquad\quad |
\end{array}$$

10. 写出部分水解聚丙烯酰胺的分子式，并指出其水溶液通常会发生哪些反应？

11. 聚糖有什么结构特点？为什么它们有很多改性产物？

12. 疏水缔合高分子的结构特点是什么？推测其溶解过程和溶液性质与一般高分子有何差别？

习　题

1. 为了确定一种表面活性剂的 *HLB* 值，进行了乳化试验。试验用的已知 *HLB* 值表面活性剂为吐温 80。当用质量比为 10∶90 的吐温 80 和未知 *HLB* 值表面活性剂混合物乳化石蜡油时，可得最稳定的油包水乳状液。试计算这种表面活性剂的 *HLB* 值。有关数据可查阅。

2. 试用基数法计算下列表面活性剂的 *HLB* 值：

(1) $C_{17}H_{35}—COONa$

(2) $C_{16}H_{33}—OSO_3Na$

(3) $C_{12}H_{25}—SO_3Na$

(4) $CH_3—(CH_2)_5—CH(OH)—CH_2—CH═CH—(CH_2)_7—COONa$

(5) $CH_3—(CH_2)_3—CH(C_2H_5)—CH_2—OOC—CH_2$

$CH_3—(CH_2)_3—CH(C_2H_5)—CH_2—OOC—CH—SO_3Na$

3. 试用质量分数法计算下列表面活性剂的 *HLB* 值。

(1) $C_{12}H_{25}—O—(CH_2CH_2O)_2—H$

(2) $C_{18}H_{37}—C_6H_4—O—(CH_2CH_2O)_{100}H$

(3) $C_{17}H_{35}—C(=O)—O—(CH_2CH_2O)_{15}H$

(4) $C_{18}H_{37}—N[(CH_2CH_2O)_5H]_2$

(5) $C_{11}H_{23}—C(=O)—N[(CH_2CH_2O)_{10}H]_2$

4. 有一种高分子，它由相对分子质量 $1×10^5$ 的分子 5000 个，相对分子质量 $5×10^5$ 的分子 2500 个和相对分子质量 $1×10^6$ 的分子 1000 个混合而成。试计算这种高分子的数均相对分子质量、重均相对分子质量、Z 均相对分子质量和黏均相对分子质量(设 $\alpha=0.6$)。

5. 写出由田菁胶和氯乙酸钠生成钠羧甲基田菁胶的反应。

参考文献

[1] 赵福麟．化学原理(Ⅱ)[M]．山东东营：中国石油大学出版社，2006.

[2] 赵国玺，朱玻瑶．表面活性剂作用原理[M]．北京：中国轻工业出版社，2003.

[3] 侯万国，孙德军，张春光．应用胶体化学[M]．北京：科学出版社，1998.

[4] 梁梦兰．表面活性剂和洗涤剂——制备性质应用[M]．北京：科学技术文献出版社，1990.

[5] 沈钟，赵振国，康万利．胶体与界面化学[M]．化学工业出版社，2011.

[6] 赵剑曦．新一代表面活性剂：Geminis[J]．化学进展，1999，4(11)：348-352.

[7] 方云．两性表面活性剂[M]．北京：中国轻工业出版社，2001. 2.

[8] 冯玉军，罗传秋，罗平亚，等．疏水缔合水溶性聚丙烯酰胺的溶液结构的研究[J]．石油学报(石油加工)，2001，17(6)：39-44.

[9] Taylor K C，Nasr-El-Din H A. Water-soluble hydrophobically associating polymers for improved oil recovery：A literature review[J]. Journal of Petroleum Science & Engineering，1995，19(3 - 4)：265-280.

[10] Che Y J，Tan Y，Jie C，et al. Synthesis and properties of hydrophobically modified acrylamide-based polysulfobetaines[J]. Polymer Bulletin，2011，66(1)：17-35.

[11] 张光华，顾玲．油田化学品[M]．北京：化学工业出版社，2004.

[12] 蒋挺大．甲壳素[M]．北京：化学工业出版社，2003.

[13] 施晓文，邓红兵，杜予民．甲壳素/壳聚糖材料及应用[M]．北京：化学工业出版社，2015.

[14] 陶用珍，管映亭．木质素的化学结构及其应用[J]．纤维素科学与技术，2003，11(1)：42-45.

第六章　分散体系与高分子溶液

第一节　分散体系分类

分散体系是一种或几种物质分散在另一种物质中所构成的体系。被分散的物质称为分散物质、分散相、内相，分散分散相的物质称为分散介质、连续相、外相，记为分散相/分散介质(例如泡沫记为气/液)。

分散体系通常有以下分类方法：

(1) 按分散相颗粒的大小分类

分散相颗粒的大小是表征分散体系特性的重要依据，所以通常可以按分散程度的不同把分散体系分成三类：分子分散体系、胶体分散体系和粗分散体系。三类分散体系的颗粒大小及特性如下：

分子分散体系(真溶液)：颗粒大小$<10^{-9}$m，粒子能通过滤纸，扩散很快，能渗析，在超显微镜下也看不见。

胶体分散体系：有时又称胶态体系，简称胶体，颗粒大小范围为$10^{-6}\sim10^{-9}$m，粒子能通过滤纸，扩散极慢，在普通显微镜下看不见，在超显微镜下可以看见。

粗分散体系：粒子$>10^{-6}$m，不能通过滤纸，不扩散，不渗析，在显微镜下可看见。

分子分散体系是一个均相体系，也是一个热力学稳定体系；而胶体分散体系和粗分散体系却是由两相或两相以上组成的多相大表面体系，有很高的表面能，因此是热力学不稳定体系，二者可统称为分散相分散体系。

高分子的溶液是真溶液，是热力学稳定的均相体系，但是由于高分子的分子大小与胶体分散体系中的分散相颗粒大小相当，具有胶体分散体系的许多性质，所以把它放在本章中讲述。

可见，分散体系是物质存在的一种特殊状态，而不是一种特殊的物质。

(2) 按分散相和分散介质的聚集状态分类(表 6-1)

表 6-1　按分散相和分散介质聚集状态对分散体系的分类

分散相	分散介质	体系名称及实例
液体	气体	气溶胶，如雾
固体	气体	气溶胶，如烟、尘
气体	液体	泡沫、气乳液，如灭火泡沫
液体	液体	乳状液、微乳液，如原油、牛奶
固体	液体	溶胶、悬浮液、凝胶，如油漆、泥浆
气体	固体	固体泡沫，如泡沫塑料
液体	固体	凝胶、固体乳状液
固体	固体	合金、有色玻璃

习惯上，把分散介质为液体的胶体体系称为液溶胶或溶胶。当分散介质为固体时，称为固溶胶。当分散介质为气体时，称为气溶胶。

(3) 按分散体系的稳定性分类

憎液溶胶：由难溶物质分散在分散介质中所形成的分散体系，颗粒半径在 10^{-6} ~ 10^{-9}m 之间，分散相与分散介质之间亲和力较弱，有明显的相界面，属于热力学不稳定体系，如黏土在水中形成的溶胶、氢氧化铁溶胶、碘化银溶胶等。

亲液溶胶：分散相与分散介质之间有很好的亲和力及很强的溶剂化作用，如高分子化合物溶液，虽然是分子分散的真溶液，但其分子大小已经达到胶体颗粒范围，因此具有胶体的一些特性(例如扩散慢、不透过半透膜、有丁达尔效应等)。亲液溶胶是热力学上稳定、可逆的体系。

第二节 溶 胶

溶胶是溶解度极小的固体在液体中高度分散所形成的胶体分散体系。这是一种最有代表性的胶体分散体系，它具有胶体分散体系所特有的各种性质。

一、溶胶的制备

溶胶的固体粒子很小，直径变动在 10^{-6} ~ 10^{-9}m 的范围。为了制备溶胶，取得溶胶范围的固体粒子，有两种方法：

1. 分散法

这是将固体粉碎，然后分散在分散介质中构成胶态体系的方法。固体的粉碎可以在研钵、球磨机或更有效地在胶体磨中进行。固体粉碎后，还要加入稳定剂(例如表面活性物质或电解质)才能使它较稳定地分散在分散介质中构成溶胶。例如在研钵中研磨过的 TiO_2，在水中不能生成较稳定的分散相分散体系，若在稀的肥皂溶液中就能形成较稳定的分散相分散体系。

2. 凝聚法

这是使分子或离子聚结成胶体粒子并分散在分散介质中构成胶态体系的方法。凝聚法又可分为：

(1) 物理凝聚法

用更换溶剂法制备溶胶是一种典型的物理凝聚法。因为物质在不同的液体中的溶解度不同，利用这一点，可以设法使某物质的溶解度突然降低。这时，原来溶液中的溶质分子聚结在一起成为胶体粒子。例如在试管中放入 2mL 蒸馏水，然后滴入质量分数为 5×10^{-3}的松香乙醇溶液，制得松香溶胶。

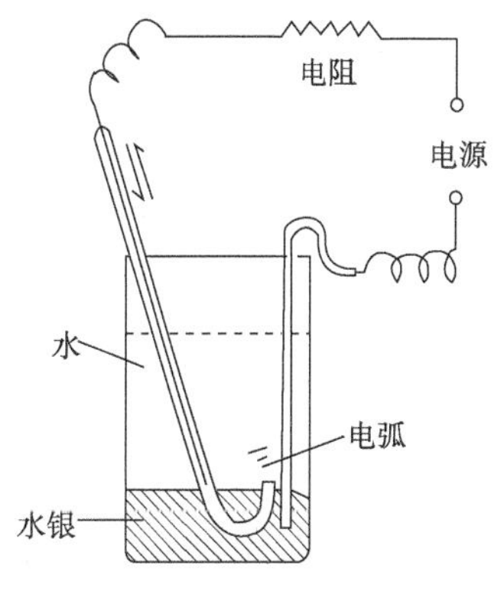

图 6-1 用电弧法制水银溶胶

用电弧法制备溶胶也是一种典型的物理凝聚法。若将金属作为电极置于水中，通电后将它们稍稍拉开，使电极间产生电弧。炽热的电弧使金属变为蒸气，遇冷水即凝结为金属的水溶胶。用水银做电极，在图 6-1 的装置中产生电弧，可制得灰黑色的水银溶胶。要使溶胶稳定，还要加入稀氢氧化钠溶液作稳定剂。

(2) 化学凝聚法

只要水解、复分解、氧化还原等反应中生成不溶或难溶的物质，都可在一定条件下用化学凝聚法制成溶胶。

例1 用水解法制 $Fe(OH)_3$溶胶

在 250mL 的烧杯中将 100mL 蒸馏水煮沸，然后加质量分数 $w(FeCl_3)$ 为 0.02 的溶液 25mL，待溶液重新沸腾后，继续加热 2~3min，即得棕红色的 $Fe(OH)_3$溶胶。这样制得的溶胶不用外加稳定剂，因溶液中的电解质离子对溶胶粒子有稳定作用。

例2 用复分解法制备 AgI 溶胶

用两种方法制备性质不同的 AgI 溶胶：

第一种方法：$AgNO_3$过剩法

取 $c(AgNO_3)$ 为 0.01mol · L^{-1} 的溶液 35mL 于 100mL 锥形瓶中，慢慢滴入 $c(KI)$ 为 0.01mol · L^{-1}的溶液 5mL，制得溶胶。在制备溶胶时，过剩的 $AgNO_3$是溶胶的稳定剂。

第二种方法：KI 过剩法

取 $c(KI)$ 为 0.01mol · L^{-1} 的溶液 35mL 于 100mL 锥形瓶中，慢慢滴入 $c(AgNO_3)$ 为 0.01mol · L^{-1}溶液 5mL，制得溶胶。在制备溶胶时，过剩的 KI 是溶胶的稳定剂。

为了证实过剩的 $AgNO_3$或 KI 对 AgI 溶胶的稳定作用，可以取 $c(AgNO_3)$为 0.01mol · L^{-1} 的溶液 10mL 放于小锥形瓶中，然后迅速加入 $c(KI)$为 0.01mol · L^{-1}的溶液 10mL。这时，在小锥形瓶中只看到 AgI 沉淀的生成，而得不到稳定的 AgI 溶胶。这是由于复分解反应以后没有过剩的 $AgNO_3$或 KI。溶液中虽有 K^+和 NO_3^-，但它们不起稳定作用，不是任何电解质都可作为溶胶的稳定剂。

当用化学凝聚法制备溶胶时，溶液中常常含有过量的电解质。这些过量的电解质中，有一些是超过稳定溶胶所需量的稳定电解质；有一些是根本不起稳定作用的电解质。它们的存在常常影响溶胶的稳定性。为了除去这些电解质，可用透析方法，即用半透膜将溶胶粒子与电解质分开。硝化纤维常用作半透膜，这种半透膜只容许电解质通过，但胶体粒子不能通过。透析装置见图 6-2。

为了提高透析效率，也有用图 6-3 的电透析仪进行透析的。透析的进行要以除去过量的电解质为限度。过分的透析不仅不会提高溶胶的稳定性，相反会损害溶胶的稳定性。

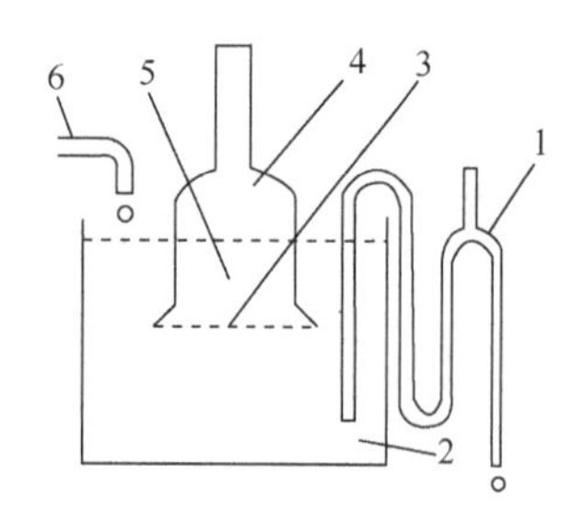

图 6-2 溶胶的透析装置

1—维持液面的虹吸管；2—蒸馏水；3—半透膜；4—透析杯；5—溶胶；6—蒸馏水入口

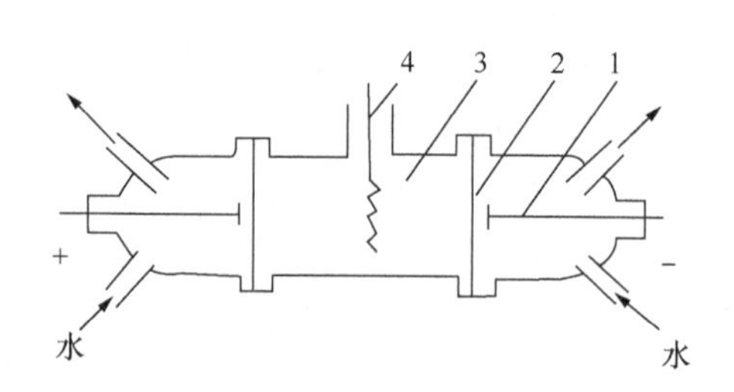

图 6-3 电透析仪

1—电极；2—半透膜；3—溶胶；4—搅棒

二、溶胶的性质

下面介绍溶胶的几个重要性质：

1. 溶胶的光学性质

可以根据溶胶的光学性质来观察溶胶粒子的存在和运动，因此溶胶的光学性质是溶胶的一个重要性质。

若将一束会聚光线通过溶胶，可以看到两个现象：

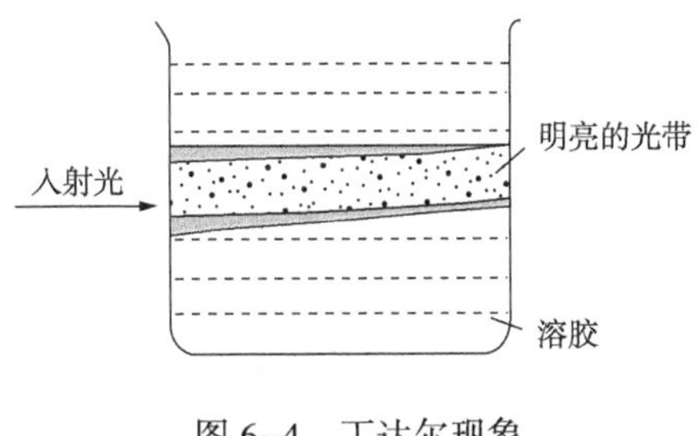

图 6-4　丁达尔现象

① 从溶胶的侧面观察可以看到一个光亮的锥体，这个现象叫丁达尔(Tyndall)现象(图6-4)。

② 从正面和侧面观察到的溶胶颜色是不一样的。对于 AgI 溶胶，从正面看是淡红色；从侧面看是蓝色。这种现象叫乳光现象。

这些光学现象是和溶胶这个胶态体系具有多相、大表面(即高分散度)的特点分不开的。溶液和悬浮体没有这两种光学现象，这是因为溶液是均相体系，而悬浮体是低分散度体系。

可从光学的基本原理说明溶胶产生丁达尔现象和乳光现象的原因。

当光照射到分散相的粒子上时，若粒子的大小远大于光的波长，则光线按一定方向反射或折射；若粒子的大小小于光的波长，则光线发生的不是反射或折射，而是散射。所谓散射是指光线绕过粒子前进，并从该粒子向各个方向传播。由于可见光的波长在 0. 4~0. 8μm 范围，而悬浮体的粒子大小在 1~10μm 范围，所以当光照射在悬浮体的粒子上时，可以看到光的反射。凭借悬浮体对光的反射，使我们能看到它的粒子。对于溶胶，由于粒子大小在 0. 001~1μm 范围，小于可见光的波长，所以当光线照射到溶胶粒子上时，就可以看到光的散射现象。由于光的散射，所以即使从溶胶的侧面也能看到光的行进，这就是丁达尔现象。至于乳光现象，可用雷莱(Rayleigh)定律解释。雷莱定律认为散射光的强度与入射光波长四次方成反比，用公式表示为：

$$I=\frac{24\pi^3 CV^2}{\lambda^4}\left(\frac{n_2^2-n_1^2}{n_2^2+2n_1^2}\right)^2 I_0 \tag{6-1}$$

式中　I_0、I——入射光和散射光的强度；

λ——入射光的波长；

n_1、n_2——分散介质和分散相的折射率；

C——单位体积中的胶体粒子数；

V——单个粒子的体积。

当可见光通过溶胶时，蓝光由于波长短，易于散射，因此从侧面看到溶胶呈蓝色；而从正面看到的透过光，则由于短波长的光已被散射，只剩下长波长的红光，因此溶胶的透过光呈红色。这就是乳光现象产生的原因。

由于溶胶粒子对光的散射作用，因此有可能利用它的这种光学性质来观察溶胶粒子并研究它的运动规律。普通的高倍显微镜，只能观察直径小到 0. 3μm 的粒子，因此不能用高倍显微镜观察溶胶粒子。可是由于溶胶对光有散射作用，所以在光线进行方向的侧面用显微镜来观察溶胶时，就可看到溶胶的散射光点。这些散射光点比溶胶粒子大很多，因此在一般显微镜下就可以观察到溶胶粒子的存在和运动。根据这个原理设计的显微镜叫超显微镜(图 6-5)。超显微镜可以观察直径在 0.01~0.3μm 范围的粒子。

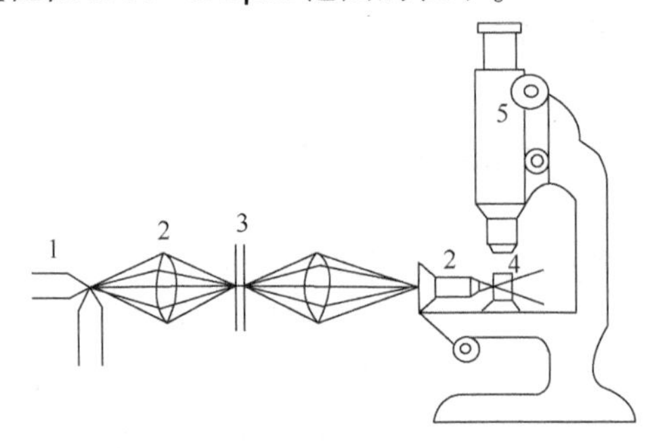

图 6-5 超显微镜

1—电弧光源；2—会聚透镜；3—狭缝；4—溶胶容器；5—显微镜

2. 溶胶的运动性质

1827 年，植物学家布朗(Brown)在显微镜下观察到悬浮在水中的花粉微粒不停地作无规则的折线运动，后来又发现其他物质如煤、化石、金属等的粉末也都有类似的现象，人们把微粒的这种无规则运动称为布朗运动。

在超显微镜下，可以看到溶胶粒子在各个方向上进行着频繁的无秩序的布朗运动(图 6-6)。布朗运动所以能发生，是由于包围在溶胶粒子周围的分散介质分子从各方向撞击溶胶粒子而引起的。因为每一瞬间，溶胶粒子受到周围分子的这些撞击而产生的力在各个方向上各不相同，即合力不为零(图 6-7)，因此溶胶粒子就产生运动。而且由于分子运动的不规则性，所以溶胶粒子的运动方向也随时在改变。当粒子直径大于 5μm 时，就没有了，因为这时粒子周围受到的撞击力相互抵消。由此可见布朗运动的本质是分子的热运动，是分子热运动的宏观表现。

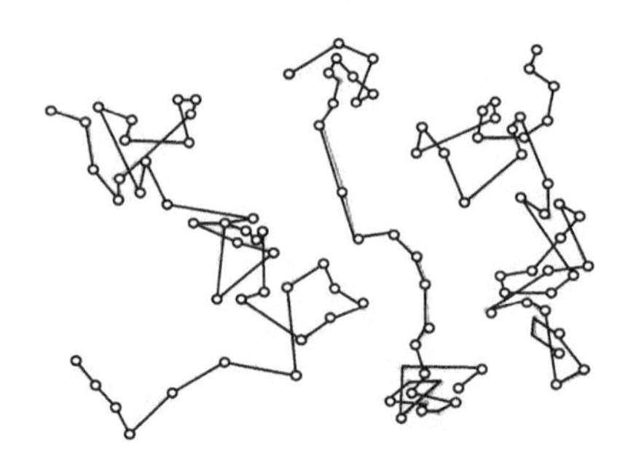

图 6-6 布朗运动

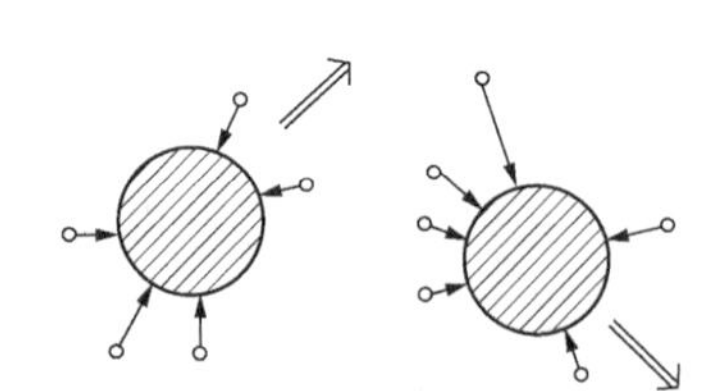

图 6-7 布朗运动产生的原因

1905 年，爱因斯坦(Einstein)从胶粒运动与分子运动相似的假定，利用分子运动论的一些基本概念和公式，由几率的规律导出布朗运动的基本公式：

$$\overline{X}=\left(\frac{RT}{N_{A}}\frac{t}{3\pi\eta r}\right)^{1/2} \tag{6-2}$$

式中 $\overline{X}$——粒子的平均位移；

t——观察平均位移时每次相隔的时间；

T——热力学温度；

η——分散介质的黏度；

r——粒子半径；

N_A——阿伏加德罗(Avogadro)常数。

由式(6-2)可以看到粒子大小、温度和分散介质黏度对布朗运动的影响。粒子越小，温度越高，分散介质黏度越低，布朗运动越剧烈。反之，布朗运动越缓和。

由于布朗运动的存在，一方面使溶胶粒子能克服重力场的作用而趋于均匀分布，从而使溶胶具有动力稳定性。但另一方面，由于溶胶粒子的频繁碰撞而容易产生粒子的相互聚结，溶胶粒子变大，因此布朗运动的存在又不利于溶胶的聚结稳定性。可见，布朗运动是影响溶胶稳定的一个重要性质。

3. 溶胶的电学性质

(1) 电动现象

在电场作用下，胶体粒子会向正极或负极移动，这种现象叫电泳；而分散介质会向负极或正极移动，这种现象叫电渗。电泳和电渗都是由电场作用所引起的运动，所以它们又统称为电动现象。

电泳可在图6-8的电泳管中观察到。在进行电泳时，先关活塞1，然后在漏斗2中倒入溶胶，再在U形管的两臂3、4中倒入蒸馏水，直至水面稍高于U形管的弯曲底部(即加至虚线处)。慢慢打开活塞1，溶胶即往上升，控制上升速度，使上升溶胶和蒸馏水之间有清晰的界面。当水面上升到U形管两臂的上部即关闭活塞1，插入铂电极，电极的位置应放在界面上约1cm的地方，串联一个1000Ω的电阻，通以220V直流电，经过15~20min即可看到溶胶向正极或负极移动。

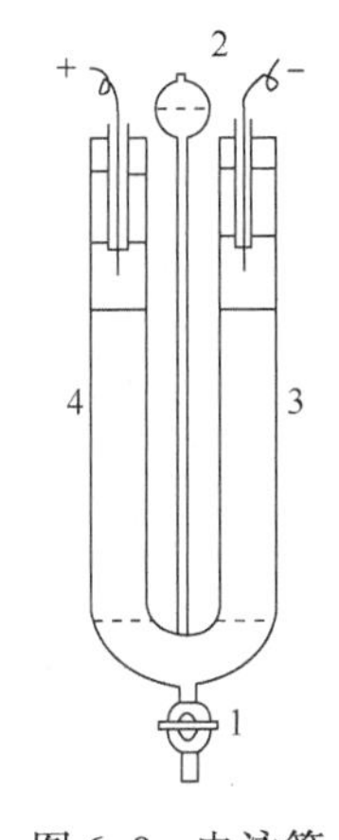

图6-8 电泳管

若用前面介绍的由$AgNO_3$过剩法制得的AgI溶胶和由KI过剩法制得的AgI溶胶进行电泳实验，就可发现前者的分散相向负极移动，说明AgI溶胶是带正电的溶胶；后者的分散相向正极移动，说明AgI溶胶是带负电的溶胶。

溶胶粒子的电泳现象还可以在超显微镜下观察到。在超显微镜下观察电泳时，需要用到带电极的载片。溶胶滴在两电极之间，再用盖片压薄，放在镜台上，通以电流，就可在显微镜下观察到电泳现象。

溶胶的电泳证明了溶胶粒子是带电的。

而分散介质的电渗现象，可在图6-9的电渗仪中观察到。图6-9的装置其实是从图6-8的装置演变而来。图6-9装置中的多孔体是图6-8装置中的分散相被半透膜分别从溶胶-蒸馏水的交界处压缩到U形管中部而形成(当然也可以直接放入像砂岩那样的多孔体)。为了减少电压降，把电极由U形管的上部移至多孔体两侧。为了便于观察分散介质的移动方向，从U形管右侧引出一根倾斜的毛细管，并将U形管右侧加满分散介质后塞上塞子。进行电渗实验时，可在电极上加上300V直流电压。由于半透膜的阻拦，多孔体中的分散相不能移动。若分散介质带电，则在电场作用下，可以通过半透膜向正极或负极移动。分散介质的移动方向，可以由毛细管中液面的移动方向指示出来。为寻找分散相和分散介质在带电符号上的联系，可用KI过剩法制得的AgI溶胶粒子构成的多孔体进行电渗实验。由实验看到，分散介质向负极移动，证明它表面周围的分散介质是带正电的液体。

溶胶的电泳和电渗实验说明，溶胶的分散相和分散介质带有相反的电性。

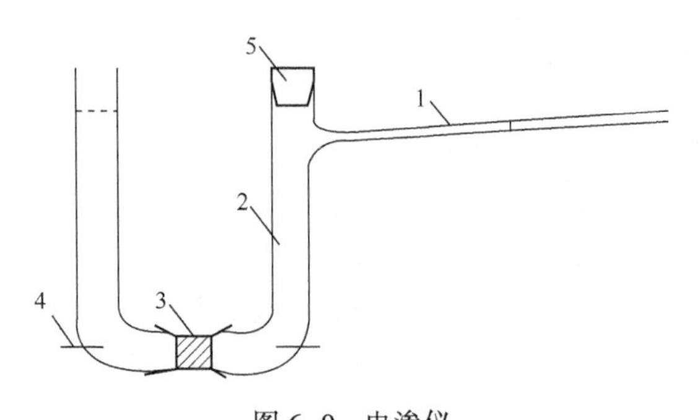

图 6-9　电渗仪

1—毛细管；2—分散介质；3—多孔体；4—电极；5—塞子

（2）动电现象

电泳、电渗是由外加电场引起固液相之间的相对移动，相应的，由固液相之间的相对移动会产生电位差，称为动电现象。动电现象包括流动电位和沉降电位。电动现象和动电现象都与固相和液相的相对移动有关。

流动电位：在外力作用下(例如加压)使液体在毛细管中流经多孔膜时，在膜的两边会产生电位差，称为流动电位。它是电渗作用的逆现象。

沉降电位：若使分散相粒子在分散介质中迅速沉降，则在液体的表面层与底层之间会产生电位差，称之为沉降电位。它是电泳作用的逆现象。

三、扩散双电层理论与溶胶结构

扩散双电层理论是研究溶胶为什么具有电学性质的理论。下面以 AgI 溶胶为例，介绍扩散双电层理论。

当离子键固体从溶液中吸附离子时，若溶液中的离子能与固体中的异号离子形成难溶物，则这种离子优先被吸附。这条规律叫法扬斯法则。

在制备 AgI 溶胶时，若 $AgNO_3$过剩，就制得带正电的 AgI 溶胶。溶胶之所以带正电，是由于反应所生成的 AgI 固体为了减少表面能而按法扬斯法则吸附了溶液中的 Ag^+。可见，溶胶粒子的带电符号是根据固体表面吸附离子的带电符号来决定。因此，吸附离子又称为定势离子。定势离子是沿固体表面分布的。为了保持溶胶整个体系的电中性，在定势离子周围必然有数量相等而符号相反的离子，即反离子。这些反离子受两个方面的作用：一方面它受定势离子的静电吸力而趋向于如图 6-10 所示的整齐排列；另一方面由于它本身的热运动，使它在整个体系中均匀分布。在这两个相反作用的影响下，使反离子在定势离子周围按图 6-11 所示的扩散方式排列。因此在固体表面所出现的双电层应为扩散双电层。

扩散双电层的形成，使定势离子与反离子的关系发生了变化，即由于反离子的扩散排列使定势离子对紧靠它的反离子有较强的静电引力，这部分反离子在固体移动时将随定势离子和固体一起运动；而远离的反离子受到的静电引力就很小，所以在固体移动时，它不随固体运动，而是随分散介质运动。既然反离子本身由于它的扩散排列而出现这样的差别，因此可以用图 6-12 上半图所示的一条虚线将反离子分开，即虚线以内是随固体和定势离子运动的反离子，虚线以外是随分散介质运动的反离子。图 6-12 上半图的虚线在空间是一个面，通常称为滑动面。这个面很重要，因为它不仅将反离子分开，而且它还把扩散双电层的全部离子按照它对固体的关系分开，即扩散双电层离子也可分成两部分：一部分是随固体运动的离

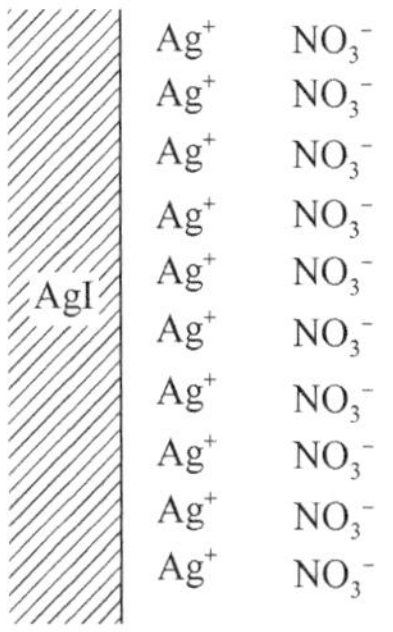

图 6-10　双电层

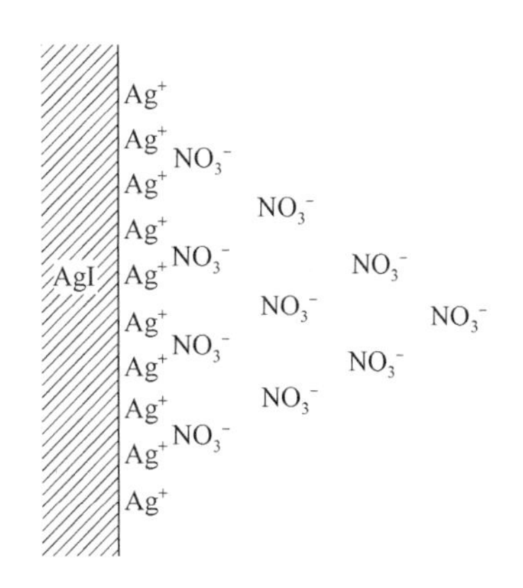

图 6-11　扩散双电层

子，其中包括全部定势离子和一部分反离子；另一部分是不随固体运动的离子，那就是剩下的反离子。前者称吸附层离子，后者称扩散层离子。在吸附层中，由于定势离子与反离子数目不等，所以固体表面带电；而在扩散层，由于它只包括剩下的反离子，所以分散介质带有与固体表面相反的电荷。由于吸附层和扩散层带有相反的电荷，所以它们之间有电位差。电动现象就是由于这个电位差的存在而产生的。这个电位差通常称为电动电位或 ζ 电位。若以与表面距离为横坐标，以电位为纵坐标，根据扩散双电层的概念，就可画出图 6-12 下半图所示电位随表面距离的变化曲线。由于固体移动时吸附层和扩散层是沿滑动面错开，所以滑动面处的电位即为 ζ 电位。从图可以看到，ζ 电位与吸附层中定势离子与反离子数目有关。它们的差值越大，扩散层反离子的数目越多，ζ 电位越大。ζ 电位越大，电动现象越明显，溶胶越稳定。

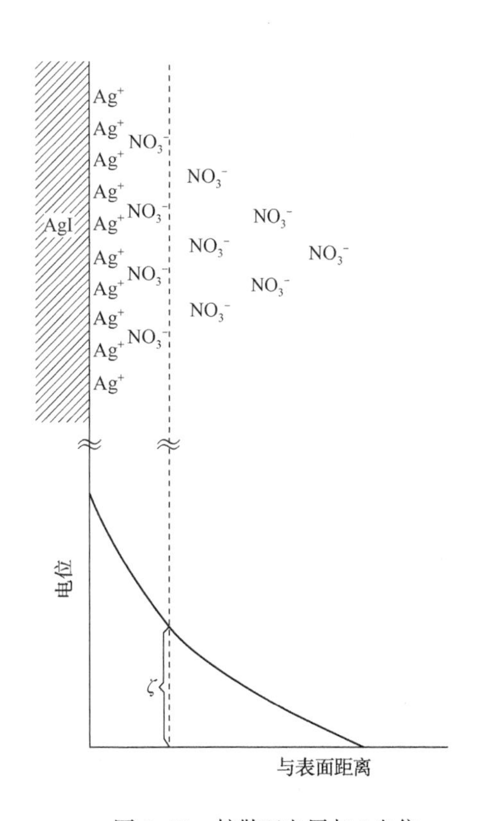

图 6-12　扩散双电层与 ζ 电位

上面讲的是扩散双电层理论的全部观点，可简单概括如下：

① 双电层是由定势离子和反离子构成，前者是沿固体表面分布，后者是采取扩散的方式排列。

② 按其与固体的关系，双电层离子可沿滑动面分为吸附层离子和扩散层离子两部分，使固体表面与分散介质之间有电位差，即 ζ 电位。一切电动现象都是由于 ζ 电位的存在而产生。

现在，可用扩散双电层理论的观点来研究溶胶的结构。

根据扩散双电层理论，带正电的 AgI 溶胶应有如图 6-13 所示的结构。

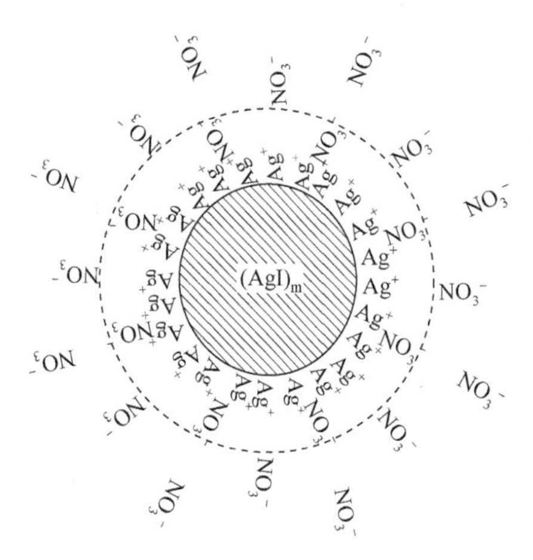

图 6-13　带正电的 AgI 溶胶的结构

在图 6-13 中，设 AgI 溶胶粒子由 m 个 AgI 分子组成。制备时，由于 $AgNO_3$过量，所以在粒子表面上的定势离子为 Ag^+，它的反离子为 NO_3^-。若粒子的表面吸附了 n 个 Ag^+(图中 $n=24$)，由于整个溶胶是电中性的，所以 Ag^+外面也应有 n 个 NO_3^-。设 NO_3^-有 x 个在扩散层(图中 $x=16$)，则留在吸附层的 NO_3^- 应为 $n-x$(图中 $n-x=8$)。通常把 AgI 粒子称为胶核，把胶核和吸附层两部分合起来叫胶粒。胶粒是带电的。价数为 $x+$。胶粒部分再加上扩散层部分叫作胶团。图 6-13 的溶胶结构，可用胶团式简示如下：

$$\{[(AgI)_m nAg^+(n-x)NO_3^-]^{x+}xNO_3^-\}$$

试写出带负电的 AgI 溶胶的胶团式。

由于溶胶具有这样的扩散双电层结构，所以在电场作用下，带电的胶粒即向符号相反的电极移动而产生电泳现象，分散介质向电泳相反方向移动而形成电渗现象。

在多孔体两端通电所观察到的电渗现象可用扩散双电层理论加以解释(参考图 6-14)。

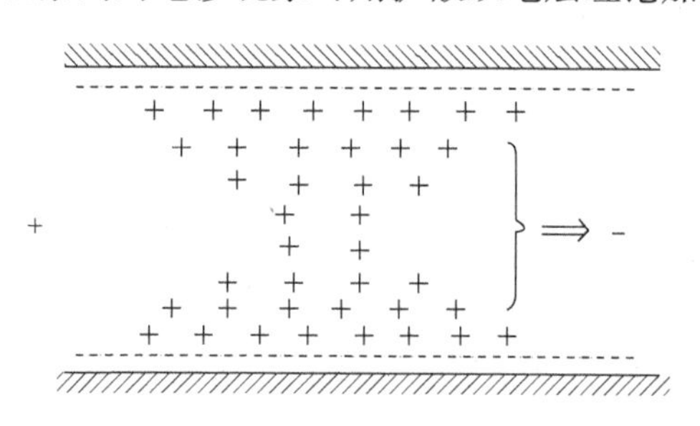

图 6-14　在多孔体毛细管中的扩散双电层

试用扩散双电层理论解释下面两种现象：

① 若黏土粒子在水中沉降，则在液体的表面和底层间产生电位差。

② 加压使液体流过毛细管(或多孔体)时，在毛细管(或多孔体)两端产生电位差。

无论电动现象(电泳、电渗)或动电现象(沉降电位、流动电位)都是由于 ζ 电位存在而产生的现象。因此，ζ 电位可通过电动现象或动电现象测定。一般溶胶的 ζ 电位在几十毫伏~几百毫伏之间。

四、溶胶的稳定性和聚沉

溶胶是一个由高度分散的粒子分散在分散介质中所构成的体系。它具有很大的表面积，因而具有很高的表面能。根据表面能趋于减少的规律，溶胶是一个不稳定的体系，它总是趋于减少表面积，从而使溶胶发生聚沉破坏。可是，前面制得的溶胶却可以在较长时间内稳定存在。因此需要讨论一下一个不稳定体系是如何取得一定稳定性的。

1. 溶胶的稳定性

溶胶体系是多相分散体系，有很高的界面能，在热力学上是不稳定的。但它具有性质不同的两种稳定性，即动力学稳定性和聚结稳定性。

(1) 动力学稳定性

动力学稳定性是用来衡量溶胶在重力场作用下分散相是否容易下沉的性质。在重力场作用下，如果分散相下沉速度小到可以忽略，则这种溶胶具有动力学稳定性。溶胶是否具有动力学稳定性取决于胶粒的布朗运动和下沉运动。前者克服了后者，溶胶就具有动力学稳定性；后者克服了前者，溶胶就没有动力学稳定性。动力学稳定性又称为沉降稳定性。

溶胶粒子下沉速度可用斯托克斯(Stokes)公式计算：

$$u=\frac{2r^2(\rho-\rho_0)g}{9\eta} \tag{6-3}$$

式中 u——粒子的下沉速度；

r——粒子的半径；

ρ、ρ_0——粒子(分散相)与分散介质的密度；

η——分散介质的黏度；

g——重力加速度常数。

从式(6-3)可以看到影响溶胶粒子下沉速度的有关因素。

凡是影响布朗运动和下沉运动的因素，都将影响溶胶的动力学稳定性。

主要有四个因素影响溶胶的动力学稳定性：

① 温度。温度越高，布朗运动越剧烈，溶胶粒子越不易下沉，动力学稳定性越好。但从式(6-3)看到，温度越高、分散介质黏度越低，溶胶粒子越易下沉，动力学稳定性越不好。因此温度对溶胶动力学稳定性的影响，取决于上述两种影响中哪一种是主要的。

② 溶胶粒子大小。粒子越小，布朗运动越剧烈、下沉速度越低，溶胶的动力学稳定性越好。

③ 分散相与分散介质密度差。密度差越大，越不利于溶胶粒子的布朗运动，越有利于溶胶粒子的下沉运动，所以溶胶的动力学稳定性不好。

④ 分散介质的黏度。黏度越大，越不利于布朗运动，因而越不利于溶胶的动力学稳定性。但从式(6-3)看到，黏度越大，胶体粒子下沉速度越小，越有利于溶胶的动力学稳定性。因此，分散介质黏度对溶胶动力学稳定性的影响，取决于这两种影响中哪一种是主要的。

在上述的四个因素中，由于溶胶有很高的分散度，溶胶粒子很小，所以第二个因素是决定性的，使溶胶有很好的动力学稳定性。

(2) 聚结稳定性

聚结稳定性是用来衡量分散相是否容易聚结的性质。若分散相的聚结速度小到可以忽略，则这种溶胶具有聚结稳定性。溶胶是否具有聚结稳定性，主要取决于溶胶粒子间的吸引力和排斥力。溶胶粒子间的吸引力来源于范德华力。溶胶粒子间的排斥力来源于扩散双电层结构间的静电斥力。前者克服了后者，溶胶就失去聚结稳定性；后者克服了前者，溶胶就具有聚结稳定性。此外，布朗运动对溶胶的聚结稳定性也有影响。因为没有布朗运动产生的碰撞，溶胶粒子的聚结是不会发生的。因此凡是影响粒子间相互作用力和布朗运动的因素，都将影响溶胶的聚结稳定性。

主要有四个因素影响溶胶的聚结稳定性：

① 温度。温度越高，布朗运动越剧烈，粒子碰撞次数增加，聚结的机会增多，因此不利于溶胶的聚结稳定性。

② 溶胶粒子大小。粒子越小，布朗运动越剧烈，像温度一样，会降低溶胶的聚结稳定性。

③ 溶胶粒子的 ζ 电位。由于溶胶粒子带有同号的电荷，所以它们之间有静电斥力。静电斥力大小与 ζ 电位大小有关。ζ 电位越大，静电斥力越大，溶胶的聚结稳定性越好。

④ 溶胶粒子的扩散双电层离子的溶剂化。在溶液中，溶质被溶剂分子包围的现象称为溶剂化。溶胶粒子的扩散双电层离子是溶剂化了的(参考图 6-15)。在溶剂化层的溶剂由于有一定取向，所以当溶胶粒子碰撞时也有静电斥力。因此，扩散双电层离子的溶剂化程度越大，则溶胶的聚结稳定性越好。

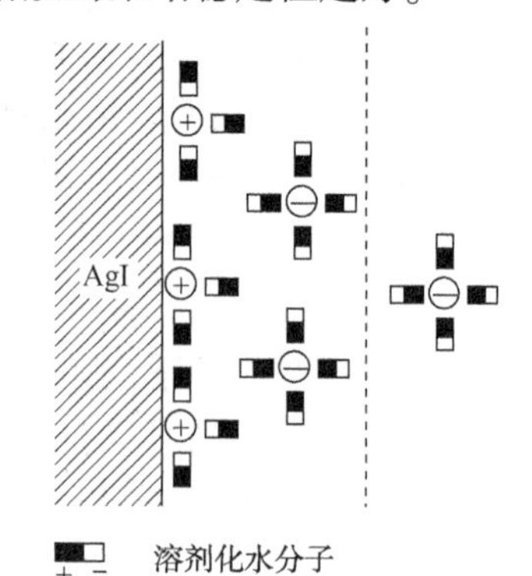

图 6-15　扩散双电层离子溶剂化

在粒子表面只要有扩散双电层的离子，就会有这些离子的溶剂化层。由于溶胶粒子都有一定的 ζ 电位，所以溶胶都有一定的聚结稳定性。ζ 电位是影响聚沉的主要因素。

溶胶的动力学稳定性与聚结稳定性虽然是性质不同的两种稳定性，但它们之间是相互联系的。若一种溶胶由于某种原因失去聚结稳定性，胶粒就会聚结变大而沉降，从而使整个体系失去动力学稳定性。凡是降低 ζ 电位的因素都可造成聚沉。

2. 溶胶的聚沉

溶胶由于失去聚结稳定性进而失去动力学稳定性的整个过程叫聚沉。

由于溶胶的聚沉是从丧失聚结稳定性开始的，而聚结稳定性主要决定于溶胶的 ζ 电位，所以引起溶胶聚沉的因素如电解质的作用、异号溶胶的作用等都是通过改变溶胶的 ζ 电位起作用的。下面讨论几个使溶胶产生聚沉的因素：

(1) 电解质的作用

电解质能使溶胶发生聚沉，就是因为它能减少溶胶的 ζ 电位。试以 $Fe(OH)_3$溶胶加入硫酸钠为例，说明当电解质浓度加大时，ζ 电位如何改变。参考图 6-16。

图 6-16 的(Ⅰ)说明，$Fe(OH)_3$溶胶是以 Fe^{3+} 作定势离子，以 Cl^- 作反离子。电解质加入前，在吸附层中有 4 个 Cl^-。加入硫酸钠后，由于 SO_4^{2-} 比 Cl^- 价数高，定势离子对它的静电吸力大，所以它不仅可以进入扩散层，而且还可以进入吸附层，将 Cl^- 置换出来，从而使吸附层中的负电荷数增加，相应地扩散层的负电荷数减少。由图 6-16 的(Ⅱ)可以看到，离子置换的结果，使 ζ 电位减小。若将硫酸钠浓度再加大，ζ 电位必将进一步减小。显然，只要将硫酸钠浓度增加到某一个数值，就可使 ζ 电位降为零。ζ 电位为零的状态叫等电态。处在等电态下，电场对溶胶粒子没有影响，也不会有电泳现象，溶胶的稳定性最小。失去电荷的粒子在进行布朗运动及相互碰撞时，将合并成为较大的粒子而急速沉降。

实验证明，在到达等电态以前，溶胶即以明显的速度开始聚结。溶胶开始以明显的速度聚结时的 ζ 电位称为临界电位，其值约在 25～30mV 之间。当 ζ 电位高于临界值时，溶胶实际上是稳定的，当低于临界值时，则不稳定。

前面分析了高价的电解质离子的加入所引起 ζ 电位的减小。实际上，同价或低价的电解质离子的加入，同样会使 ζ 电位降低。因为在定势离子的作用下，加入的异号离子就有可能进入扩散层或吸附层，但不置换其中的同价或高价离子。异号离子在扩散层或吸附层的存在，势必使 ζ 电位降低。所以任何电解质，如果达到某一足够的浓度，都能使溶胶聚沉。

为了比较不同电解质对溶胶的聚沉能力，常常用到聚沉值这一概念。聚沉值是指一定时间内，能使溶胶发生聚沉的电解质的最低浓度。聚沉值一般不大(表6-2)，通常以每升溶胶中所加电解质的毫摩尔数来表示。显然，聚沉值越大，电解质对溶胶的聚沉能力越小，所以聚沉能力是以聚沉值的倒数来表示。

下面介绍几个聚沉的实验规律：

1）聚沉的符号和价数法则

从各种电解质对溶胶的聚沉实验得到一个法则，这个法则表示了电解质聚沉作用与离子的电荷符号和价数的关系，因此这个法则叫聚沉的符号和价数法则。此法则包括两点：电解质起聚沉作用的是其中电荷符号与胶粒电荷符号相反的离子；这种相反符号的离子价数越高，电解质的聚沉作用越大。

根据实验结果的归纳，一价、二价、三价的聚沉离子的聚沉值之比为(25～150)：(0.5～2)：(0.01～0.1)。这个规律叫叔采-哈迪(Schulze-Hardy)法则。括号内列的数字是聚沉值的范围。叔采-哈迪法则只适用于惰性电解质，即不与溶胶发生任何特殊反应的电解质。因此，决定溶胶电势的定势离子、特性吸附离子等都不包含在内。

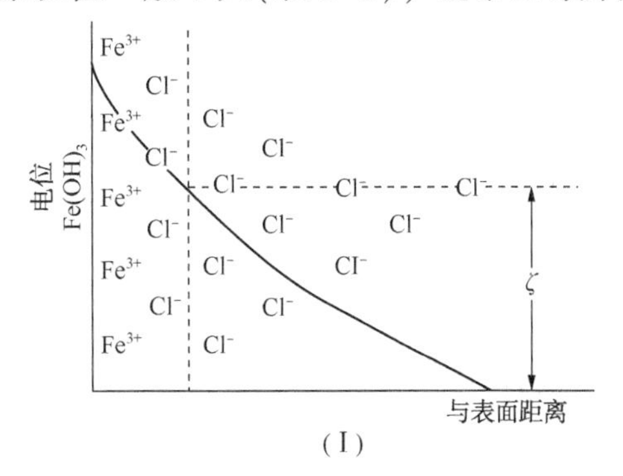

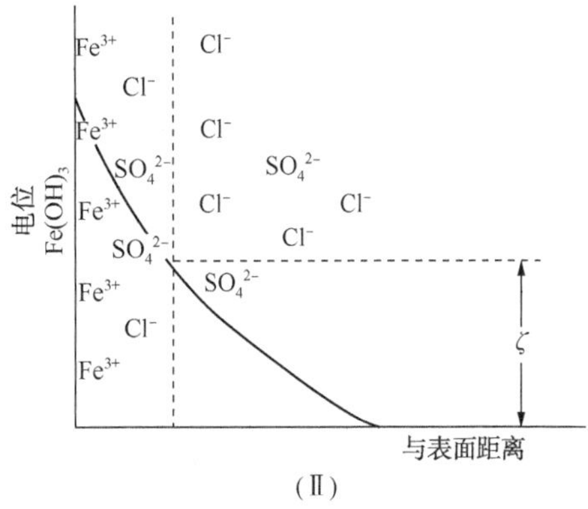

图6-16　溶胶的ζ电位随电解质浓度的变化

(Ⅰ)加入电解质前；(Ⅱ)加入电解质后

表6-2　不同电解质中溶胶的聚沉值　　mmol·L^{-1}

As_2S_3(负电)		AgI(负电)		Al_2O_3(正电)	
LiCl	58	$LiNO_3$	165	NaCl	43.5
NaCl	51	$NaNO_3$	140	KCl	46
KCl	49.5	KNO_3	136	KNO_3	60
KNO_3	50	$RbNO_3$	126		
$CaCl_2$	0.65	$Ca(NO_3)_2$	2.40	K_2SO_4	0.30
$MgCl_2$	0.72	$Mg(NO_2)_2$	2.60	$K_2Cr_2O_7$	0.63
$MgSO_4$	0.81	$Pb(NO_3)_2$	2.43	草酸钾	0.69
$AlCl_3$	0.093	$Al(NO_3)_3$	0.067	$K_3[Fe(CN)_6]$	0.08
(1/2)$Al_2(SO_4)_3$	0.096	$La(NO_3)_3$	0.069		
$Al(NO_3)_3$	0.095	$Ce(NO_3)_3$	0.069		

2）同价反离子的影响

与胶粒带相反电荷的离子即使价数相同，其聚沉能力也有差异。例如，对胶粒带负电的溶胶，一价阳离子硝酸盐的聚沉能力次序为：

$$H^+>Cs^+>Rb^+>NH_4^+>K^+>Na^+>Li^+$$

二价阳离子的聚沉能力次序为：

$$Mg^{2+}>Ca^{2+}>Sr^{2+}>Ba^{2+}$$

对带正电的胶粒，一价阴离子的钾盐的聚沉能力次序为：

$$F^->Cl^->Br^->NO_3^->I^-$$

同价离子聚沉能力的这种次序称为感胶离子序。这个次序与水合离子半径从小到大的次序大致相同，这可能是因为水合离子半径越小，越容易靠近胶体粒子。而高价离子的聚沉能力，离子价数是影响聚沉能力的主要因素，离子大小的影响很小。至于大的有机离子(表面活性剂)的聚沉能力，因为它与胶体粒子之间有较强的范德华引力，比较容易在胶体粒子上吸附，所以与同价小离子相比，聚沉能力要高得多。

3）同号离子的影响

虽然影响聚沉的主要是反离子，但同号离子并非毫无作用。一些同号离子，特别是高价离子或有机离子，在溶胶表面吸附后可降低反离子的聚沉作用。如对 As_2S_3 负溶胶，KCl、KNO_3、甲酸钾、乙酸钾的聚沉值分别是 49.5、50、85、110，而 1/3 柠檬酸钾是 240。

（2）溶胶的相互聚沉作用

当带电符号不同的溶胶混合时，即能产生相互聚沉。取 5mL 带正电的 AgI 溶胶和 5mL 带负电的 AgI 溶胶在小锥形瓶中混合均匀，就可看到这种现象。试解释其中的原因。

聚沉的程度与两种溶胶的比例有关，若两种溶胶比例不合适，沉淀则不完全。上述现象最明显的解释是，两种溶胶的电荷相互中和。此种看法基本正确，但是不能忘记，除电性中和外，两种溶胶上的稳定剂也可能相互作用形成沉淀，从而破坏溶胶的稳定性。例如 As_2S_3 溶胶和用 Raffo 法所制的硫溶胶皆是带负电的，但能相互聚沉，这是因为 As_2S_3 溶胶的稳定剂 S^{2-} 和硫溶胶上的稳定剂 $S_5O_6^{2-}$ 作用的结果：

$$5S^{2-}+S_5O_6^{2-}+12H^+ = 10S\downarrow +6H_2O$$

溶胶的相互聚沉在日常生活中经常见到。例如明矾的净水作用就是利用明矾 $[KAl(SO_4)_2 \cdot 12H_2O]$ 在水中水解生成荷正电的 $Al(OH)_3$ 溶胶使荷负电的胶体污物(主要是土壤胶体)聚沉，在聚沉时生成的絮状沉淀物又能夹带一些机械杂质，使水获得净化。不同牌号的墨水相混可能产生沉淀，医院里利用血液的能否相互凝结来判明血型，这些都与胶体的相互聚沉有关。

此外，溶胶的胶粒可看作是一个价数为 x 的离子，它在电场作用下发生电泳，并在异号电极上发生电性中和而聚沉。另外，温度的升高和粒子含量的增加都会引起溶胶的聚沉。

稳定的溶胶必须同时兼备聚结稳定性和动力学稳定性，其中聚结稳定性更为重要，一旦失去聚结稳定性，粒子相互聚结变大，最终将导致失去动力学稳定性。无机电解质和高分子都能对溶胶的稳定性产生影响，但其机理不同。为加以区别，通常把无机电解质使溶胶沉淀的作用称为聚沉作用，把高分子使溶胶沉淀的作用称为絮凝作用，两者可统称为聚集作用。

第三节　凝　　胶

凝胶是胶体的一种特殊存在形式。在适当的条件下，溶胶或高分子溶液中的分散颗粒或分子相互联结成为三维网状结构，分散介质填充于其中，体系流动性变差或成为半固体状态的胶冻，这种状态的物质统称为凝胶，生成凝胶的这个过程称为胶凝。凝胶普遍存在，如豆腐、果冻、明胶、橡胶和硅胶等。凝胶呈半固体状态，是介于固体和液体之间的一种特殊状态。

一、凝胶的分类

根据分散质点的性质（是柔性的还是刚性的）以及形成凝胶结构时质点间联结的特点（主要指结构强度），凝胶可以分为弹性凝胶和非弹性凝胶两类。

（1）弹性凝胶

由柔性的线型高分子物质，如明胶（是一种蛋白质）、洋菜（主要成分是多糖类）等形成的凝胶属于弹性凝胶。这类凝胶的干胶在水中加热溶解后，在冷却过程中便胶凝成凝胶。此凝胶经脱水干燥又成干胶，并可如此重复下去，这一过程是可逆的，故又称为可逆凝胶。此类凝胶具有弹性，变形后能恢复原状。

（2）非弹性凝胶

由刚性质点（如 SiO_2、TiO_2、V_2O_5、Fe_2O_3等）溶胶所形成的凝胶属于非弹性凝胶，也称为刚性凝胶。这类凝胶脱水干燥后再置于水中加热，一般不形成原来的凝胶，更不能形成产生此凝胶的溶胶。因此这类凝胶称为不可逆凝胶。刚性凝胶的刚性来源于刚性离子构成的网状结构，吸收或释出液体时，体积无明显变化，且吸收作用无选择性，液体只要能润湿，均能被吸收。

此外，我们还特别地将高分子溶液经过交联形成的凝胶称为冻胶，它是凝胶的另外一种形式。

二、凝胶的形成

从固态聚合物（干胶）或溶液、溶胶出发都可能制得凝胶。干胶吸收亲和性液体后体积膨胀而形成凝胶，高分子物质都具有这个特点，例如明胶在水中、硫化橡胶在苯中。从溶液、溶胶制备凝胶时，无论高分子还是小分子，只要条件合适都能形成凝胶。一般大分子物质由于分子链长而又柔顺易于搭成网架，故比通常的溶胶更易于形成凝胶。

（1）改变温度

许多物质（如洋菜、明胶、肥皂）在热水中能溶解，冷却时溶解度降低，质点因碰撞相互连结而形成凝胶。例如，0.5%洋菜水溶液冷至35℃即成凝胶。也有因升温而转变成凝胶的，例如2%的甲基纤维水溶液，加热至50~60℃亦成凝胶。通常把这种凝胶称为温度敏感型水凝胶。此外还有 pH 敏感型水凝胶、光敏感型水凝胶、压力响应型水凝胶、生物分子响应型水凝胶等，这些智能型水凝胶在药物缓释、蛋白质的分离提纯、人工肌肉等方面有着广阔的应用前景。温度敏感型水凝胶已用于油田的调剖堵水。

（2）加入不良溶剂

加入溶解度小的不良溶剂，替换原有的溶剂，可发生胶凝。如在果胶水溶液中加入酒精，可形成凝胶；在 $Ca(Ac)_2$ 的饱和水溶液中加入酒精，可制成凝胶。在这些实验中，应注意沉淀剂(酒精)的用量要合适，并注意快速混合，使体系均匀。

(3) 加入电解质

在亲水性较大和粒子形状不对称的溶胶中，加入适量的电解质可形成凝胶，例如在 V_2O_5(棒状质点)溶胶中，加入适量的 $BaCl_2$ 溶液即得 V_2O_5 凝胶。电解质引起溶胶胶凝的过程，可以看作是溶胶整个聚沉过程中的一个特殊阶段。

(4) 利用化学反应

利用化学反应生成不溶物时，如果条件合适也可以形成凝胶。不溶物形成凝胶的条件是：在产生不溶物时同时生成大量小晶粒；晶粒的形状以不对称的为好，这样才有利于搭成骨架。以 $Ba(SCN)_2$ 与 $MnSO_4$ 作用为例，当二者浓度很稀时，相混可得粒度小至几十纳米的 $BaSO_4$ 溶胶；在中等浓度时，二者相混有沉淀析出；若二者为饱和溶液，混合后便可得到 $BaSO_4$ 凝胶，但此法制得的凝胶不太稳定。

在煮沸的 $FeCl_3$ 浓溶液中加入 NH_4OH 溶液，亦可制得 $Fe(OH)_3$ 凝胶。另外还有硅酸凝胶、硅-铝凝胶等等都是借化学反应生成凝胶的。一些高分子溶液(主要是蛋白质等)也可以在反应过程中形成凝胶。例如在加热时，鸡蛋清蛋白质分子发生变性，从球形分子变成纤维状分子，这当然有利于形成凝胶，这就是鸡蛋白加热凝固的原因。血液凝结则是血纤维蛋白质在酶作用下发生的胶凝过程。

三、凝胶的结构

凝胶具有三维空间的网状结构，根据质点形状和性质不同，凝胶所形成的网状结构有如图 6-17 所示的四种类型。

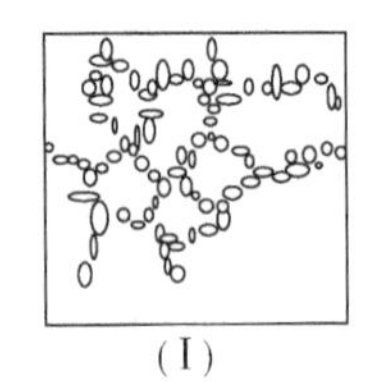
(Ⅰ)

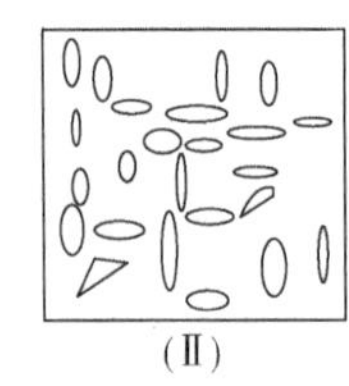
(Ⅱ)

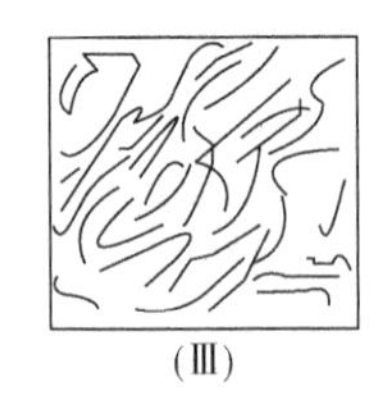
(Ⅲ)

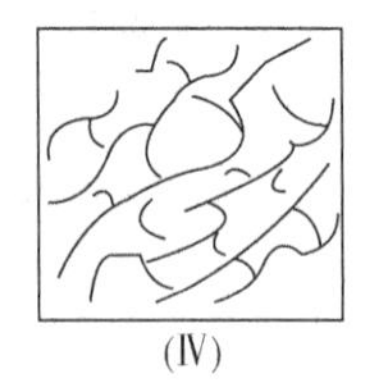
(Ⅳ)

图 6-17　凝胶结构的四种类型示意图

(Ⅰ) 球形质点相互联结，由质点联成的链排成三维空间的网架，如 SiO_2、TiO_2 等凝胶。

(Ⅱ) 棒状或片状质点搭成网架，如 V_2O_5 凝胶、白土凝胶等。

(Ⅲ) 线型高分子构成的凝胶，在骨架中一部分分子链有序排列，构成微晶区，如明胶凝胶、棉花纤维等。

(Ⅳ) 线型高分子因化学交联而形成凝胶，如硫化橡胶以及含有微量二乙烯苯的聚苯乙烯都属于此种情形。

以上四种凝胶结构间的差别主要表现在质点形状、质点的刚性或柔性及质点间联结力三个方面。

(1) 质点形状

质点形状显著影响形成凝胶所必需的最低浓度值。球形质点搭成骨架结构的最小体积分数为 5.6%，而实际存在的许多凝胶中，分散相体积分数远低于此值，如明胶形成凝胶的最低浓度为 0.7%~0.9%，洋菜为 0.2%，V_2O_5 可低至 0.005%，这是由于质点不是理想的球体，形状极不对称的缘故。

(2) 质点的柔性或刚性

柔性高分子通常形成弹性凝胶，而刚性质点形成非弹性凝胶，两类凝胶的性质大不相同。

(3) 质点间的联结力

质点间的联结本性对凝胶影响最为显著，决定了骨架的稳定性，以下分为三种情形加以讨论：

① 质点间靠范德华(van der Waals)力形成结构。这类结构稳定性差，在外力作用下容易破坏。外力去除，静置一段时间后能恢复，表现出触变性，如 $Fe(OH)_3$、$Al(OH)_3$、白土、黏土钻井液等凝胶。线型高分子也有类似情形，如未硫化的橡胶、未交联的聚苯乙烯等。当它们吸收液体膨胀时，因质点间联结力很弱，将发生无限膨胀，最终形成高分子溶液。

② 靠氢键形成的结构。属于此类的主要是蛋白质凝胶，如明胶，结构较前类稳定，低温时只能发生有限膨胀，加热时转化为无限膨胀。

③ 靠化学键形成网架结构。此类结构非常牢固，即使结构单元是线型高分子，吸收液体后也只能发生有限膨胀，加热也不能促使其转化为无限膨胀，如硫化橡胶、有化学交联的聚苯乙烯等属于此类。

四、凝胶的性质

1. 凝胶的触变作用

一些粒子形状为片形或棒形的溶胶[如 $Fe(OH)_3$、$Al(OH)_3$、V_2O_5等溶胶]，当粒子含量足够高并加适当的电解质时，即可发生胶凝而生成凝胶。例如在质量分数 $w[Fe(OH)_3]$为 0.06 的溶胶中加入食盐，直到食盐的浓度为 $0.04mol \cdot L^{-1}$，静置片刻，就可得到凝胶。这样制得的凝胶，只要用力摇动，就可恢复到原来的溶胶状态。这种作用叫触变作用。体系变成溶胶以后，只要再静置若干时间，仍可变为凝胶，即下面的转变可以多次重复：

$$\text{溶胶} \underset{\text{触变作用}}{\overset{\text{胶凝作用}}{\rightleftharpoons}} \text{凝胶}$$

例如在水基钻井液中，黏土浓度很高，黏土颗粒为片状晶体，其层面带负电，水化膜较厚；端面带正电，水化膜较薄。在钻井液中加入少量电解质时，黏土悬浮体的 ζ 电位下降，颗粒间静电斥力、水化膜斥力下降，从而引起端-面、端-端连接，形成连续的空间网状结构，即凝胶。这时钻井液的表观黏度、切力剧增。

并不是所有的凝胶都有触变作用，例如硅酸凝胶就没有。这是因为胶凝时硅酸溶胶的粒子间的作用力是化学键力，而不是范德华力。

2. 凝胶的膨胀作用

凝胶的膨胀作用，是指凝胶在液体或蒸气中吸收这些液体或蒸气时，使自身重量、体积增加的作用，该作用是弹性凝胶所特有的性质。凝胶的膨胀分为“无限膨胀”和“有限膨胀”两种类型。当质点间作用力弱时，凝胶吸收液体介质后体积增大，可直至溶解成溶液，此为无限膨胀；若质点间作用力强，膨胀可以是有限的，称为有限膨胀。但是，这两种情况也不是绝对的，条件不同时，这两类膨胀的性质也可发生变化。

影响凝胶吸液膨胀的因素主要有以下几项：

① 温度。一般升高温度有利于膨胀，甚至可使其有限膨胀变为无限膨胀。

② 介质 pH 值的影响。对结构单元为带电的高分子形成的凝胶(如蛋白质、纤维等)，在高分子等电点附近膨胀最小，在 pH 酸性区和碱性区膨胀程度有最大值。利用这一特性可半定量地测定形成凝胶骨架物质的等电点。

③ 盐的影响。主要是阴离子的影响。

(3) 离浆作用

高分子溶液或溶胶胶凝后，凝胶的性质并没有全部被固定下来。随着时间的延续，凝胶的性质仍在继续变化的现象通常称为老化。凝胶老化的表现形式之一是离浆，也叫脱水收缩。离浆就是水凝胶在基本上不改变外形的情况下，分离出其中所包含的一部分液体，此液体是高分子稀溶液或稀的溶胶。

水凝胶的离浆作用是自发的过程，其离浆速度是粒子间距离的函数，因此也是浓度的函数。随浓度增高，粒子间距离缩短，离浆速度增大。

(4) 凝胶中的扩散作用

小分子在低浓度凝胶中的扩散速度与在纯介质液体中的基本相同；凝胶中分散相浓度增大，小分子的扩散也减小。高分子在凝胶中的扩散速度明显减小。

(5) 凝胶中的化学反应

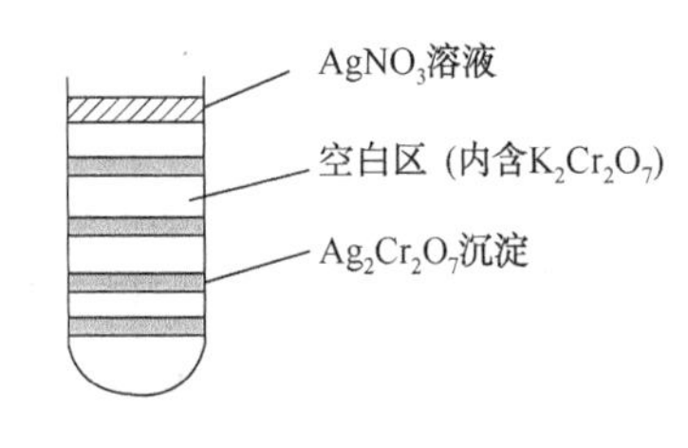

图 6-18 Liesegang 环

在凝胶中进行化学反应时，由于凝胶内部的液体不能“自由”流动，因而没有对流，所以生成的不溶物呈现出一种特殊的现象。例如在 3.3% 的热明胶溶液内，加入少量 $K_2Cr_2O_7$(含量为 0.1%)，倒入试管中冷却，胶凝后，在凝胶上面倒入一层 $AgNO_3$ 溶液，几天后在试管中可见到褐色的 $Ag_2Cr_2O_7$ 沉淀，从上而下一层层地分布下来，而层与层之间是没有沉淀的空白区(见图 6-18)，这种现象最初是里斯根(Liesegang)发现的，称为里斯根环。

第四节　乳　状　液

所谓乳状液是指一种液体以液珠的形式分散到另一种液体中所形成的胶体分散体系。构成乳状液的两种液体是互不相溶或者是溶解度很小的液体。这两种液体中，一种可统称为水，另一种可统称为油。乳状液随处可见，如牛奶(奶油和水)。大多数乳状液为粗分散体系，液珠直径约为 0.1～10μm。它们是热力学不稳定的多相分散体系，有一定的动力稳定性。

乳状液在工业生产和日常生活中有广泛的用途。油田钻井用的油基泥浆是一种用有机黏土、水和原油构成的乳状液。打开井眼后，从油层采出的原油也常以乳状液的形式存在。许多农药，为节省药量、提高药效，常将其制成浓乳状液或乳油，使用时掺水稀释成乳状液。雪花膏以及面霜等也是浓乳状液。油脂在人体内的输送和消化也与形成乳状液有关。

一、乳状液的形成

只有两种不相溶的液体是不能构成较稳定的乳状液的。要形成较稳定的乳状液必须加入乳化剂。例如油酸钠和油酸镁对苯水体系是很好的乳化剂，它们可用于制备苯水乳状液。将苯和水放在试管里，无论怎样用力摇荡，静置后苯与水很快分离。如果向试管里加入一些肥皂，再摇荡时就会形成像牛奶一样的乳白液体，即使静止一段时间也不会明显分层。这是由于在乳化剂的存在下形成了比较稳定的乳状液的缘故。

由于一种液体分散在另一种不相溶液体中要大量增加表面积，因此制备乳状液过程还要做表面功。摇动、搅拌、研磨、超声波作用等，均可提供表面功。例如将质量分数 w(油酸钠)为 0.01 的水溶液 15mL 放在锥形瓶中，慢慢加入苯，每加入 1mL 苯都剧烈摇动，就可制得稳定的乳状液。若用质量分数 w(油酸镁)为 0.01 的苯溶液代替上述的油酸钠水溶液，用水代替苯，同样操作，也可制得较稳定的另一种形式的乳状液。

油酸钠和油酸镁之所以对乳状液有稳定作用，主要由于它们都是表面活性物质，可在苯水界面上正吸附，形成图 6-19 的吸附层，这些吸附层在乳状液的稳定中起四个作用：

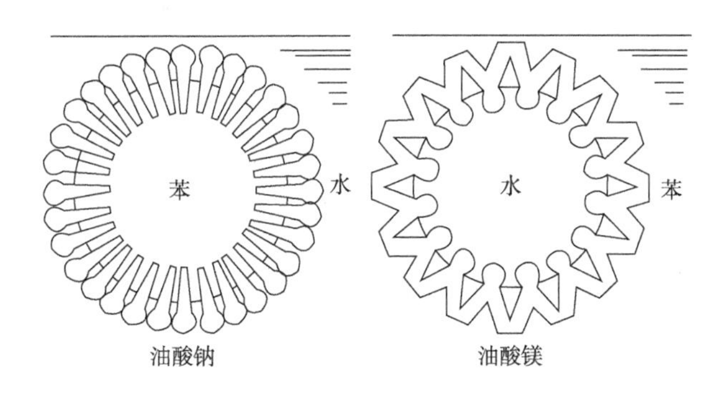

图 6-19　乳化剂在苯水界面上形成的吸附层

① 降低苯水界面的界面能，有利于乳状液的形成和稳定。

② 表面活性物质的非极性部分，由于极性相近能很好结合，从而使吸附层有一定的机械强度，可以阻止乳化液滴的聚结合并。

③ 表面活性物质的极性部分在水中解离形成扩散双电层，从而使液珠间有静电排斥力，阻止液珠的合并。

④ 表面活性物质吸附层的溶剂化有利于乳状液的稳定。

油酸钠和油酸镁对苯水乳状液所起的稳定作用都是相同的。

并非所有表面活性物质都像油酸钠和油酸镁那样可以作乳化剂。能够作乳化剂的表面活性物质都是那些亲水能力和亲油能力不相等、但相近的物质，否则由于它在油水界面上吸附量少，就不能起稳定作用。

二、乳状液的类型

一般，把乳状液中以液珠形式存在的那一个相称为内相(分散相)，另一个相称为外相(分散介质或连续相)。总有一个相是水(或水溶液)，简称为水相。另一相是与水不相溶的有机液体，简称为油相。在乳状液中，一切不溶于水的有机液体(如苯、四氯化碳、原油等)统称为“油”。

乳状液有两种基本类型：

水包油乳状液(记为油/水乳状液或 O/W 乳状液)，内相为油，外相为水。

油包水乳状液(记为水/油乳状液或 W/O 乳状液)。内相为水，外相为油。

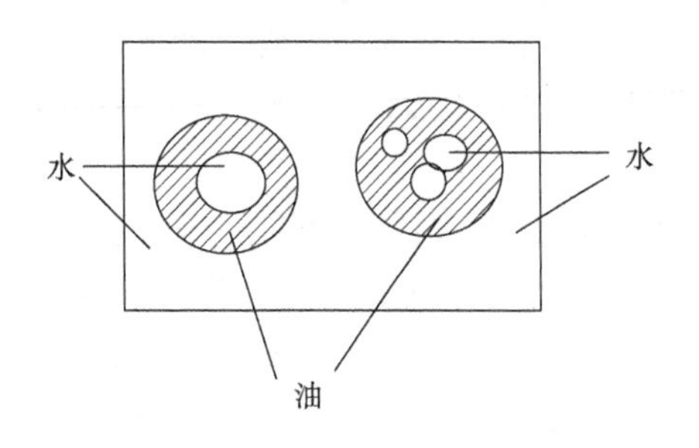

图 6-20 水包油包水型多重乳状液示意图

此外还有多重乳状液。多重乳状液是分散相的液滴中包含有连续相液体的细小液珠。如图 6-20 所示，多重乳状液又分为水包油包水型(W/O/W)和油包水包油型(O/W/O)。

乳状液的类型可用下面方法鉴别：

(1) 染色法

用油溶性染料(如苏丹Ⅲ)或水溶性染料(如曙红)将乳状液中的油或水染色，就可判别乳状液的类型。例如在乳状液中加入 1 滴苏丹Ⅲ苯溶液，若乳状液红色成片则为水/油乳状液；若红色不成片则为油/水乳状液。

若在载片上放一滴染色后的乳状液，上加盖片，放在显微镜上观察，就可直接鉴别乳状液的类型。若同时用油溶性和水溶性染料分别做实验，则结果更可靠。油溶性染料有苏丹Ⅱ、苏丹红等，水溶性染料有甲基橙、刚果红等。

试考虑在乳状液中加入曙红水溶液，不同类型乳状液将如何被染色?

(2) 稀释法

将乳状液滴在水或油中，从它们的分散情况也可鉴别乳状液的类型。例如将乳状液滴入水中，若乳状液立刻散开，即为油/水乳状液；若乳状液不立刻散开，即为水/油乳状液。

(3) 导电法

用图 6-21 所示的乳状液导电性检测装置可以鉴别乳状液的类型。例如在小烧杯中放一些乳状液，然后插入电极，若毫安表指针偏转很大，则乳状液为油/水乳状液；若毫安表指针偏转很小，则乳状液为水/油乳状液。

但由于影响的因素较多，如乳化剂的类型、相体积等，所以该法虽然简便，但不十分准确。

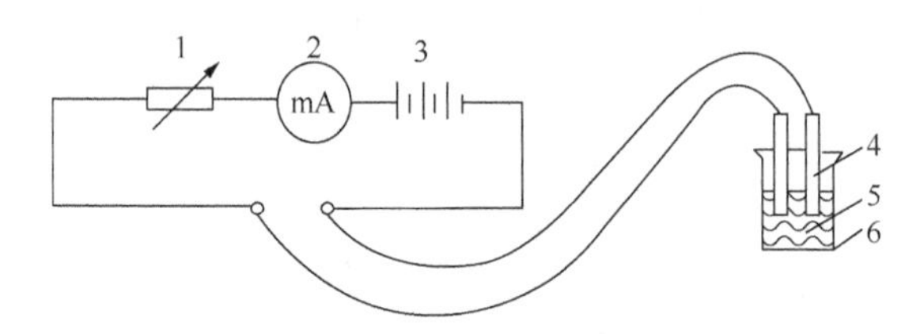

图 6-21 导电法鉴别乳状液的类型

1—可变电阻(1000Ω)；2—毫安表；3—直流电源；4—铂电极；5—乳状液；6—小烧杯

(4) 滤纸法

将乳状液滴在滤纸上，若乳状液附近有水环形成，则为油/水乳状液；若没有水环形成，则为水/油乳状液。该法仅适用于在滤纸上不易展开的重油，而对象苯等能在滤纸上展开的液体，则不适用。

除了以上方法外，还有荧光法、层析法、折射率法、离心法、乳化剂法等。实际测定时，有时单靠一种方法难以得出肯定的结论，往往采用几种方法，以便得到可靠结果。

若用上述的鉴别法鉴别由油酸钠和油酸镁稳定的苯水乳状液的类型，则可发现油酸钠稳定的是油/水乳状液，而油酸镁稳定的是水/油乳状液。

这两种乳化剂之所以稳定不同类型的乳状液是由它们不同的性质(表6-3)决定的。

表6-3　油酸钠和油酸镁的性质

乳化剂	极性部分			非极性部分		
	金属离子	亲水能力	水化层厚度	烃基数	亲油能力	苯化层厚度
油酸钠	Na^+	较强	较厚	1	较弱	较薄
油酸镁	Mg^{2+}	较弱	较薄	2	较强	较厚

从表6-3可以看到，对油酸钠来说，极性部分的水化层厚度大于非极性部分的苯化层厚度；对油酸镁来说，极性部分的水化层厚度小于非极性部分的苯化层厚度。正是由于乳化剂的极性部分与非极性部分在水层和苯层中溶剂化层厚度的不同，所以油酸钠能稳定油/水乳状液而油酸镁能稳定水/油乳状液。

除了表面活性物质外，可以作为乳化剂的物质还有固体粉末。形成油/水乳状液的固体粉末有$Al(OH)_3$、$Fe(OH)_3$、$CaCO_3$、$BaCO_3$、$Mg(OH)_2$等。形成水/油乳状液的固体粉末有石墨、炭黑、硫黄、硫化铜、硫化铅等。这些物质都可在苯水界面上正吸附，而且是亲水能力和亲油能力相近的物质，即水和油对这些固体的接触角相近。在这些固体中，若水对固体接触角小于油对固体接触角，则形成油/水乳状液；若水对固体接触角大于油对固体接触角，则形成水/油乳状液。参考图6-22来理解上述的规律。

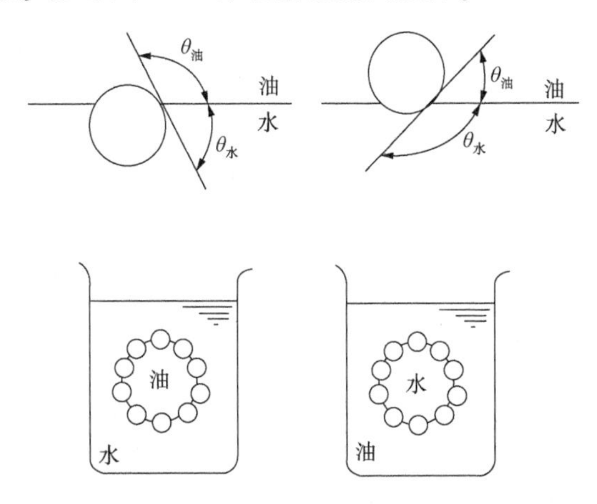

图6-22　油水对固体的接触角与乳状液类型

决定和影响乳状液类型的因素很多，其中主要有油和水相的性质，油、水相体积比，乳化剂和添加剂的性质、温度等。不管形成何种类型的乳状液，具有一定稳定性的乳状液都要有乳化剂的存在，乳化剂在油水界面形成某种定向排列吸附层既可降低界面张力，又可有一定的机械强度。决定乳状液类型的关键因素是表面活性物质，如亲水性较强的表面活性物质，易稳定O/W乳状液；亲油性较强的表面活性物质，易稳定W/O乳状液。亲水强于亲油的固体，易稳定O/W乳状液；亲油强于亲水的固体，易稳定W/O乳状液。另外，体积多的相易形成外相，对乳化剂溶解度大或亲和力大的相易形成外相(Bancroft规则)。

要制备某一类型的乳状液，除了选好乳化剂外，还要注意乳状液的制备方式，就是采取什么途径把一个液体分散在另一液体中。如在乳化过程中，将乳化剂溶于水中，在剧烈搅拌下将油加入，可得 O/W 型乳状液。如欲制取 W/O 型乳状液，则可继续加油，直至发生变型。

三、乳状液的性质

1. 光学性质

与溶胶不同，乳状液液珠直径在 0.1~10μm 范围，大于可见光波长(0.4~0.8μm)。所以当光照射到乳状液的液珠上时，主要发生反射和折射，不会产生丁达尔现象。

2. 流动性质

乳状液的流动性质主要体现在乳状液的黏度变化。乳状液的黏度主要决定于分散介质的黏度和分散相占乳状液体积的分数，通常用下面的 Richardson 公式计算：

$$\eta=\eta_0 e^{K\varphi} \tag{6-4}$$

式中 η——乳状液黏度；

η_0——分散介质黏度；

φ——分散相占乳状液体积的分数；

K——常数，决定于乳状液的类型和 φ 的大小；

e——自然对数的底，即 2.718。

可见，由于乳状液的黏度主要决定于外相的黏度和内相的体积，而与内相黏度无关，因此选择形成合适的水包油乳状液，可以大幅度降低体系的黏度，这个原理可以用于油田的稠油乳化降黏开采。

3. 电学性质

离子型表面活性物质所稳定的乳状液，液珠表面均可形成扩散双电层，因此油水界面是带电的。若乳化剂为阴离子型表面活性物质(如 R—COONa)，则油水界面带负电(图 6-23)；若乳化剂为阳离子型表面活性物质[如 R—N$(CH_3)_3$Cl]，则油水界面带正电(图 6-24)。

对油/水乳状液，带电的油珠可在电场作用下向相反符号的电极移动(电泳)。

乳状液的导电性决定于分散介质(连续相)，因此油/水乳状液的导电性远大于水/油乳状液的导电性。可根据乳状液的导电性鉴别乳状液的类型和测定其中的水含量。对于 W/O 乳状液，可利用最大导电电压(即破乳电压)的值来评价乳状液的稳定性。

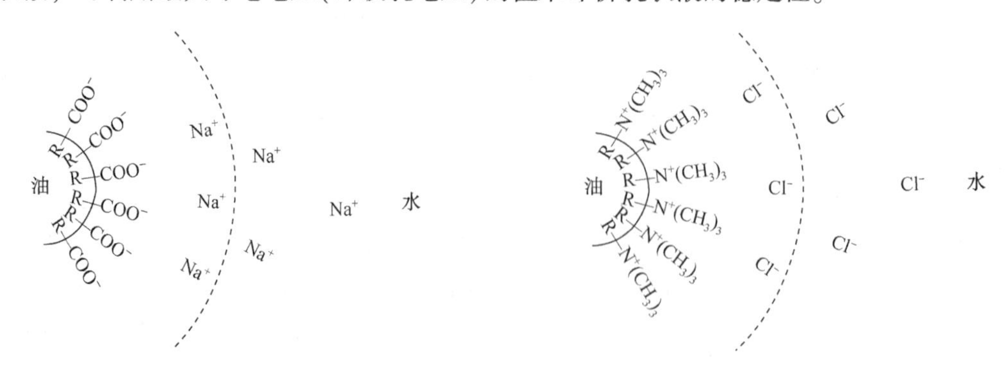

图 6-23 阴离子表面活性物质使油水界面带负电　　图 6-24 阳离子表面活性物质使油水界面带正电

四、乳状液的稳定性与破坏

乳状液是多相分散体系，具有热力学不稳定性，分散相液滴有自动聚结的趋势。在某些情况下，我们需要稳定的乳状液。为使有实际应用价值的乳状液稳定，必须加入第三种物质。这些物质包括表面活性剂、聚合物、固体粉末、无机离子等，这些物质可在油水界面形成有一定结构或强度的界面层(膜)，或者使分散相液体带有某种电荷。如日用化工方面的化妆品乳状液、雪花膏，涂料，药物乳状液，农业用喷雾剂，食品工业的蛋黄酱、卤汁、人造奶油，石油钻井用的油基或乳液型钻井液等。而在另一些情况下，则需要将乳状液破坏，实现油水分离。比如开采出的原油需要破乳脱水后才能外输炼油。如污水除油、牛奶提取奶油等都需要破坏乳状液。

1. 乳状液的不稳定性

乳状液是热力学不稳定体系，即使非常优良的乳化剂存在也只能使乳状液有相对稳定性。乳状液的不稳定形式有三种，即分层、聚集或絮凝、聚结。

分层是因为分散的液珠与介质密度不同，乳状液放置后产生液珠上浮或下沉的现象，它使乳状液的浓度上下变得不均匀。对于 O/W 型乳状液，因油珠上浮，使上层的油珠浓度比下层大得多。对于 W/O 型的原油乳状液，则水珠下沉，下部浓度大于上部。分层虽然使乳状液的均匀性遭到了破坏，但乳状液并未真正破坏，而是分成了分散相体积浓度不同的两种乳状液[图 6-25 中的(Ⅰ)]。

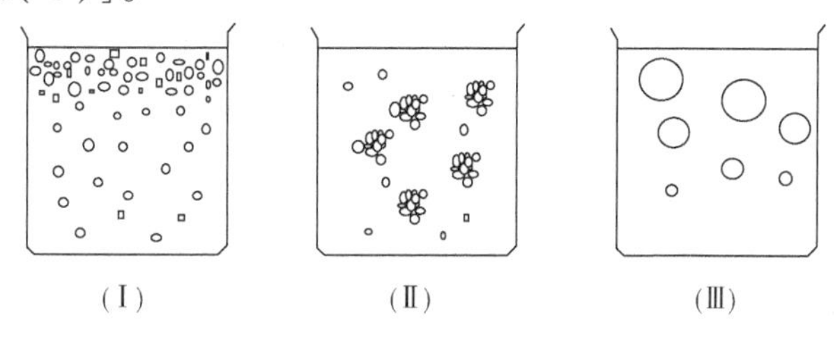

图 6-25　乳状液的破坏

(Ⅰ)分层；(Ⅱ)絮凝；(Ⅲ)聚结

聚集(又称絮凝)是分散相的液珠由于范德华力的作用而聚集成团，但在团中各液珠皆仍然存在，经搅动后可以重新分散，是可逆的[图 6-25 中的(Ⅱ)]。乳状液中液珠的聚集是由于它们之间的范德华力在较大的距离起作用的结果，液珠的双电层重叠时的电排斥作用将对聚集起阻碍作用。从分层的角度考虑，聚集作用形成的团类似于一个大液滴，它能加速分层作用。

聚结是在聚集之后发生的过程，这时聚集所形成的团中的小液珠互相合并，并不断长大，使之成为一个大液滴，这是不可逆过程。它使得乳状液中的颗粒数目逐渐减少，液滴不断增大，最后导致乳状液完全破坏[图 6-25 中的(Ⅲ)]。从聚集和聚结的关系来看，聚集是聚结的前奏，聚结是乳状液被破坏的直接原因。

2. 影响乳状液稳定性的因素

有关乳状液稳定性的理论主要涉及油水界面膜的物理性质，液滴间的电性排斥作用，聚合物吸附膜的空间阻碍作用，相体积比和液滴的大小与分布、温度等。

(1) 界面膜的性质

乳状液破坏的先决条件是乳状液液滴在相互碰撞中发生聚结形成大液滴，连续不断地碰撞和聚结，液滴长大，直至破乳。因此，乳状液液滴表面形成牢固的、有弹性的和可及时修复的界面膜对保持乳状液的稳定性至关重要。有稳定作用的乳化剂界面膜应为凝聚膜，即分子排列紧密。为此常应用两种性质有别的乳化剂(如一种是离子型表面活性剂，另一种是长链脂肪醇)。足够量的离子型表面活性剂配合少量的脂肪醇、脂肪酸或脂肪胺等极性有机物，界面膜强度较高。

(2) 固体粉末乳化剂的性质

黏土、碳酸钙、二氧化硅、硫酸钡、沥青质颗粒、蜡粒等多种固体粉末可稳定一定类型的乳状液。一般来说用粉末制备乳状液所形成乳状液的类型与固体表面亲水亲油性质有关：固体不能太亲水，也不能太亲油。固体粉末的稳定作用主要源自对界面膜的加强；有时也可能产生高的电动电势，这对稳定也是有利的。

(3) 电性作用

乳状液液滴可带有某种电荷。如以离子型表面活性剂为乳化剂时液滴带电，即使以非离子型表面活性剂为乳化剂时，液滴自液相中吸附某些小离子，因而也可能带电。根据双电层理论，若带电液滴靠近，表面双电层重叠引起的静电排斥作用大于液滴间的范德华力的吸引作用，则液滴难以聚结，乳状液稳定。

(4) 乳状液的黏度

增加乳状液的外相黏度，可减少液滴的扩散系数，并导致碰撞频率与聚结速率降低，有利于乳状液稳定。另一方面，当分散相的粒子数增加时，外相黏度亦增加，因而浓乳状液较稀乳状液稳定。工业上，为提高乳状液的黏度，常加入某些特殊组分，如天然或合成的稠化剂。此外，外加的稠化剂还可吸附在界面上，起空间稳定作用。稠化剂作为乳化剂时，因其相对分子质量大，在液滴表面产生的吸附层具有界面黏度高、黏弹性好、界面层厚等特点，是阻碍液滴碰撞聚结的空间障碍。

(5) 液滴大小及分布

乳状液液滴大小及其分布对乳状液的稳定性有很大影响，液滴尺寸范围越窄越稳定。平均粒子直径相同的单分散的乳状液比多分散的稳定。

3. 乳状液的破坏

破坏乳状液的方法很多，主要有：

(1) 加热法

升高温度可以减少乳化剂在油水界面的吸附量，减少乳化剂的溶剂化程度，降低分散介质的黏度，降低界面膜的强度。这些，都有利于分散相聚结分层。

(2) 电法

在直流电场(15000~32000V)中，带电的液珠发生偶极聚结、电泳聚结等，引起乳状液的破坏；在交流电场下，由于乳化剂沿电力线定向排列，使保护膜强度在垂直电力线的方向大大削弱，因此连成链状的液珠逐渐沿垂直电力线方向聚并，使乳状液破坏(图 6-26)。此法常用于 W/O 型乳状液的破乳。

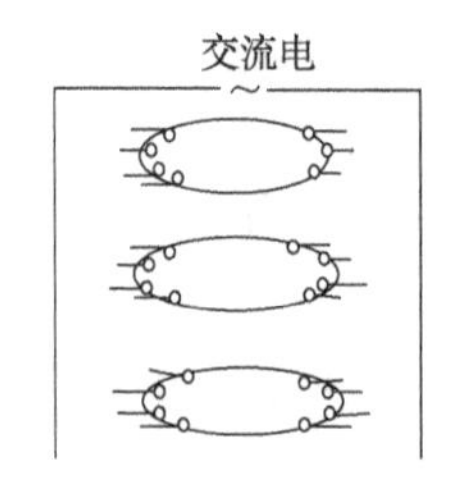

图 6-26　交流电作用下乳化剂的定向排列

(3) 离心法

由于内外相密度不同，密度大的一相受到的离心力大，密度小的一相受到的离心力小，靠离心力大小差异可以使内外相分离。

(4) 过滤法

用分散相易润湿的过滤材料过滤乳状液，乳化液滴润湿过滤材料而聚集成薄膜，从而导致乳状液的破坏。例如，W/O 型乳状液通过填充碳酸钙的过滤层，O/W 型乳状液通过塑料网或用硅、硬脂酸铝处理的布或砂的过滤层时，都会引起破乳。

（5）化学法

化学法是指加入化学剂(破乳剂)破坏乳状液的方法。能使相对稳定的乳状液聚集、聚结、分层和破坏的外加剂称为破乳剂。破乳剂也多是有特殊结构的表面活性剂和高分子。这是目前工业上最常用的破乳方法。

选择破乳剂的基本原则是：

① 有良好的表面活性，能使乳化剂从界面上顶替下来。

② 在油-水界面上形成的破乳剂吸附膜不牢固，易破裂，使液滴易聚结。

③ 有利于使液滴表面电荷中和，减小液滴间静电斥力。

④ 分子量大的非离子型表面活性剂和高分子破乳剂可因其桥联作用使液滴聚集，进而聚结和破乳。

⑤ 对固体粉末稳定的乳状液，可用能使粉末润湿的润湿剂为破乳剂。有时乳化剂和破乳剂没有明显界限。有的表面活性剂只适于做某一乳状液的破乳剂，对其他体系既不能做乳化剂也不能做破乳剂。

例如具有多分支结构的聚醚表面活性剂 2070，本身具有很高的表面活性，易于将原来的乳化剂顶替掉；但由于其本身具有分支结构，不能在界面上紧密排列成牢固的界面膜。

对于特别稳定的乳状液和乳化原油，常常不能用上述的单一方法破坏，而需用综合方法。如原油破乳时，常用热-电-化学法同时进行。

五、微乳液

微乳液简称微乳，是由油、水、表面活性剂和助表面活性剂组成的各向同性、透明、热力学稳定的分散体系。粒径约为 10~100nm，液滴被表面活性剂和助表面活性剂(一般为醇)的混合膜所稳定。驱油用微乳液配方中，油可用石油馏分或轻质原油等；表面活性剂可用石油磺酸盐等；助表面活性剂一般用 $C_3 \sim C_5$ 的醇；水相通常是 NaCl 水溶液。微乳液的形成不需做功，主要依靠各组分的匹配，自发形成。微乳液有三种相态类型：水外相、中相和油外相微乳液，表面活性剂在这三种相态类型微乳液中呈现不同的排列方式(图 6-27)。表 6-4 给出了不同类型微乳液的组成。

表 6-4 不同类型微乳液的组成

组分	体积分数		
	水外相微乳	中相微乳	油外相微乳
纯水	0.55	0.40	0.30
煤油	0.25	0.30	0.50
十二烷基硫酸钠①	0.04	0.04	0.04
正丁醇	0.10	0.20	0.10
氯化钠①	0.03	0.04	0.05

① 质量分数。

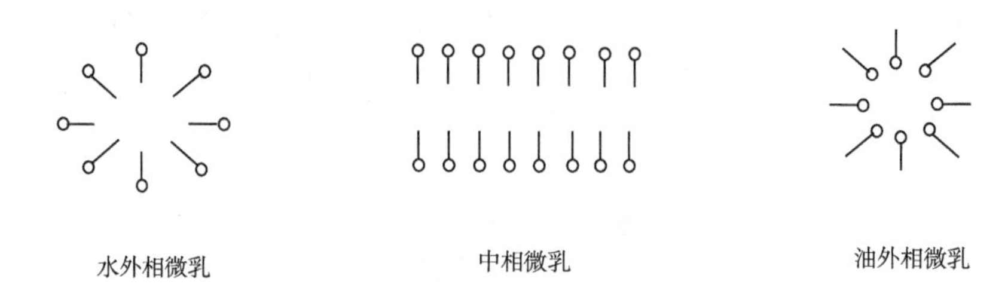

图 6-27 不同微乳液类型中表面活性剂的排列方式

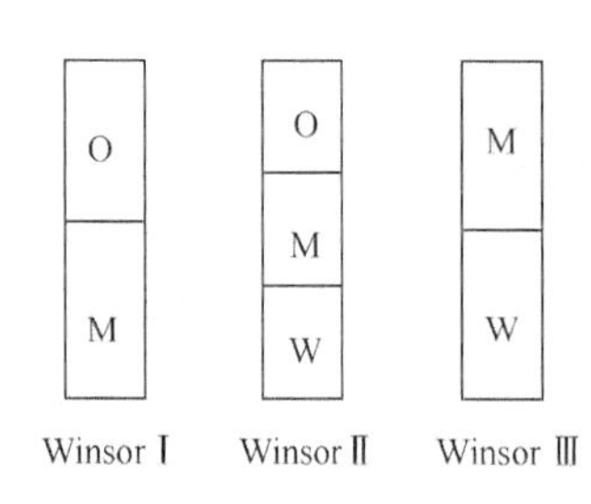

图 6-28 微乳液的三种相态
M—微乳液相；O—油相；W—水相

微乳液的三种相态类型是由各组分间的比例所决定的。当比例发生变化时，相态也发生随之变化。例如，在体系其他组分的浓度确定后，盐的浓度由低到高变化，一般可得到三种相态的微乳液：Winsor Ⅰ、Winsor Ⅱ、Winsor Ⅲ(见图6-28)。这种方法称为盐度扫描法，是目前微乳液驱研究中常用的制备微乳液的方法。Winsor Ⅰ是 O/W 型微乳液和剩余油达到平衡的状态；Winsor Ⅲ是 W/O 型微乳液与剩余水达到平衡的状态；Winsor Ⅱ是微乳液同时与剩余油和水达到平衡的状态，此时的微乳液叫中相微乳液。

形成中相微乳液的盐度范围称为盐宽，盐宽的中间值称为最佳含盐度。最佳含盐度时的中相微乳液称为最佳中相微乳液。此时，微乳液与油和水的界面张力相等，且可达到超低值($<10^{-2}mN\cdot m^{-1}$)，这是该体系具有高驱油效率的主要原因。

第五节 泡 沫

泡沫在钻井和采油中有着广泛的应用，如在泡沫钻井、泡沫压裂、泡沫酸化、泡沫携砂、泡沫调剖、泡沫驱油中都用到泡沫。

一、泡沫的形成

泡沫是气体在液体中的分散体系。分散介质为固体时称为固体泡沫(如泡沫塑料)。实质上，泡沫是一种以气相代替乳状液的分散相所形成的分散体系。在这种分散体系中，不管分散介质和分散相的比例如何，液体总是分散介质，而气体总是分散相。

只有气体和液体是不能构成泡沫的。要形成泡沫，必须加入起泡剂。起泡剂通常是表面活性物质，如十二烷基磺酸钠和十二烷基硫酸酯钠盐等。蛋白质和高分子、固体粉末等也可作为起泡剂。如泡沫灭火剂中含有皂素或蛋白类起泡剂，它们可稳定由硫酸铝与碳酸氢钠混合时生成的 CO_2泡沫，以使可燃物与空气隔绝。

若在水中溶入起泡剂，再向其中通入空气，则空气泡上升并在液面聚集(图 6-29 左)。由于起泡剂的保护作用，使空气泡不易聚并，但由于气液两相的密度差很大，气泡很快上升并不断密堆积在液面上，形成一层为液膜隔开的多面体气泡的聚集体。这个聚集体叫泡沫(图 6-29 右)。如此形成的泡沫中的气泡是多面体而不是球体，但是习惯上还是像球体一样用气泡的“直径”来表示泡沫的大小。很显然，泡沫大小尺寸分布是不均匀的，可以从 10μm～1cm 不等，因此属于分散相分散体系中的粗分散体系。

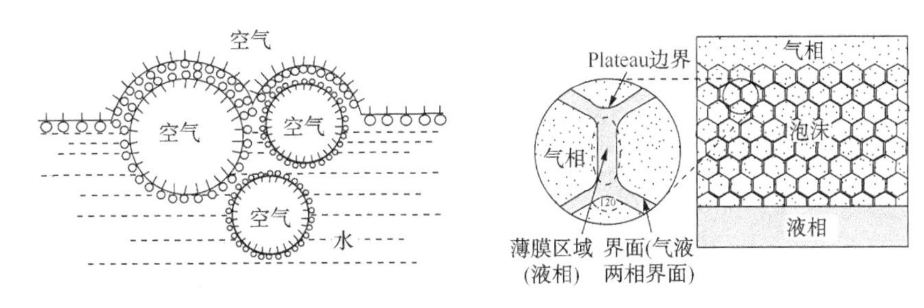

图 6-29　泡沫形成及微观图像

二、泡沫的性质

泡沫的性能包括起泡性与稳泡性(泡沫稳定性)两个方面。起泡性与稳泡性是两个不同的概念。前者表示形成泡沫的能力，后者表示形成的泡沫能稳定存在的时间长短。起泡性是在外界的作用下，液体生成泡沫的难易程度，用一定条件下形成泡沫的体积来表征，一般来说，通常加入表面活性剂后，液体的表面张力就会变低，这样就越有利于起泡。稳泡性是指泡沫生成后的持久性，即泡沫的“寿命”长短。泡沫的“寿命”长短通常用泡沫的半衰期来评价。半衰期是指泡沫的发泡体积量减为初始起泡体积的一半时所需的时间或是从泡沫中排出一半液体所需要的时间，两种测定值都是半衰期，前者一般称为泡沫破灭半衰期，后者一般称为析液半衰期，其差别非常大。半衰期可作为衡量泡沫稳定性的重要指标。

泡沫的评价方法主要有如下几种：

(1) 搅拌法(Waring Blender 法)

该方法是用 Waring Blender 高速搅拌器测定泡沫性能的一种极为方便的评价方法。测定时将 100mL 起泡剂溶液倒入带有刻度的透明量杯内，高速(大于 10000r · min^{-1})搅拌 60s，记录停止搅拌时泡沫体积 V_0(mL)和从泡沫中分离出 50mL 液体的时间 $T_{1/2}$(半衰期)。用 V_0 表示起泡能力，$T_{1/2}$表示泡沫稳定性。

泡沫的起泡体积和半衰期与搅拌速度有关，因此在评价起泡剂性能时，应以同样转速测定数值进行比较。

(2) 气流法(API 法)

该法是根据美国 API 标准，模拟油气井结构而设计的。测定的数据较精确，接近现场实际。

测定时先将 1000mL 起泡剂溶液注入有机玻璃管内，然后使空气以 3.4m^3 · h^{-1}流量通过内管，并同步使计量泵以 80mL · min^{-1}的流量补充含起泡剂的溶液。在启动泵的同时计时，以 10min 内泡沫携带出液体量(mL)来综合评价起泡剂性能。

(3) 罗斯-米尔斯法(Ross-Miles 法)

该法是根据我国 GB 7462—87 标准建立的，目前在化工行业中广泛采用。

测定时使 500mL 试液从 450mm 高度冲击相同温度和浓度的 50mL 试液。记下刚流完 500mL 试液时泡沫高度 H_0和 5min 后泡沫高度 H_5，作为起泡剂起泡能力和泡沫稳定性的评定指标。

泡沫特征值是描述泡沫性质的一个重要数值。泡沫特征值是指泡沫中气体体积对泡沫总体积的比值，又称为泡沫质量、泡沫干度。通常泡沫特征值是在 0.52~0.99 之间。泡沫特征值<0.52 时的泡沫叫气体乳状液。泡沫特征值>0.99 时的泡沫易于反相变为雾。泡沫特征值>0.74 时，泡沫中的气泡形成为多面体。

泡沫的黏度是指泡沫的表观黏度，它体现了泡沫中气泡与气泡间、气泡与连续相液体间的相互作用的强弱。一般来说，泡沫的黏度要比连续相液体的黏度大得多，见图 6-30。

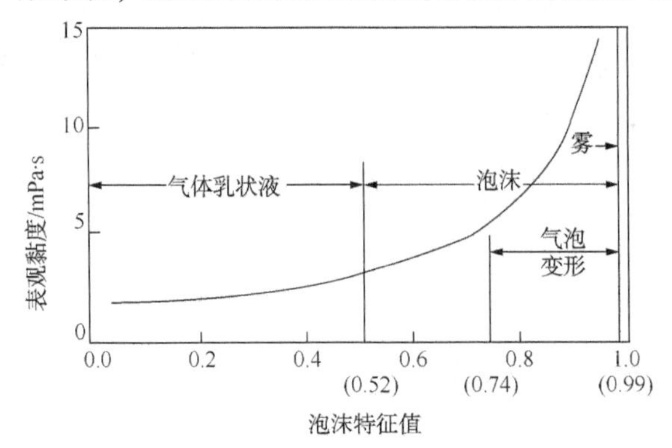

图 6-30　泡沫的黏度与泡沫特征值关系曲线

爱因斯坦曾利用数学处理的方法来确定泡沫的黏度，以能量平衡方程关系得到泡沫黏度：

$$\eta_f = \eta_0(1.0 + 2.5\varphi) \tag{6-5}$$

式中　η_f——泡沫黏度；

η_0——泡沫中液相的黏度；

φ——泡沫特征值。

同乳状液一样，泡沫是热力学不稳定体系，但泡沫具有与乳状液相同的稳定因素。低的表面张力是起泡的必要条件。但使泡沫稳定，降低液体表面张力不是决定因素。起泡剂的保护作用是通过它在气液表面上形成吸附层。这个吸附层在泡沫的稳定中所起的作用类似乳化剂对乳状液稳定所起的作用，即通过降低体系的表面能、非极性部分相互结合产生机械强度、极性部分若能解离则可形成扩散双电层，使气泡相互排斥和吸附层溶剂化等作用使泡沫取得一定的稳定性。

影响泡沫稳定性的因素主要有以下几个：

（1）表面黏度

表面黏度是指液体表面上单分子层内的黏度，不是纯液体黏度，液体内部的黏度叫体相黏度。如果液体的体相黏度很高，也可以获得较稳定的泡沫，但远不如表面黏度影响大。表面黏度通常是由表面活性分子在表面上所构成的单分子层产生的。表面黏度直接影响液膜的强度和弹性。表面黏度大，液膜排液速度和气体透过液膜的扩散速度都减小，从而提高泡沫的稳定性。蛋白质、皂素等物质水溶液的表面黏度都较高。在表面活性剂作为起泡剂时有时加入少量极性有机物(稳泡剂)形成表面黏度大的混合膜，有利于提高泡沫的稳定性。

（2）Marangoni 效应

当泡沫受到冲击时，泡沫液膜局部变薄，泡沫表面积被迫增加，起泡剂分子之间的距离增大，表面张力形成梯度差。这时，表面活性剂分子在表面张力的作用下携带着一定量的溶液发生迁移，使局部变薄的液膜重新恢复到以前的厚度。这种变化过程就如同液膜具有一定的表面弹性，使变薄的液膜得以恢复，这种作用就是 Marangoni 效应。Marangoni 效应是泡沫体系稳定的重要因素，它使得液膜界面具有自修复能力，能够抵御一定的外界因素干扰而保持界面膜的完整性。

(3) 表面电荷

若泡沫液膜两个表面带有同号电荷(如用离子型表面活性剂作起泡剂)，电性斥力将阻止液膜排液变薄。反之，若加入带相反电荷的物质，则体系变的不稳定而消泡。

决定泡沫稳定性的关键因素是液膜的表面黏度和弹性(即黏弹性)。一般来说，直链同系列表面活性剂随其碳链增长稳定泡沫的能力增加。但碳链太长，界面膜失去弹性，稳定性反而降低。带支链的表面活性剂起泡能力较好，但稳定泡沫能力差。

三、泡沫的抑制与破坏

泡沫的破坏主要起因于液膜的排液变薄和泡内气体的扩散，最终导致泡沫的破坏即消泡。

(1) 液膜的排液作用

泡沫的存在，依赖于隔开气泡的液膜。由于气液两相密度差大，液膜在重力作用下必定发生排液作用，变得越来越薄，薄到一定程度，就易在外界扰动下破裂，导致气泡聚并。除了重力之外，曲界面两侧压力差也可产生排液作用。图 6-31 为泡沫中气泡相交处的情形。图中 A 为三个气泡的相交处(该处的边界叫 Plateau 边界，因 Plateau 首先研究了该边界)，界面是弯曲的，B 为两个气泡的相交处，界面是平坦的。由曲界面两侧压力差公式可以看到，B 处的液体压力大于 A 处的液体压力，从而使液体由 B 处流至 A 处。由重力和曲界面两侧压力差所产生的排液作用是同时存在的，但在液膜较厚时，主要是前者起作用，而在液膜较薄时，则主要是后者起作用。

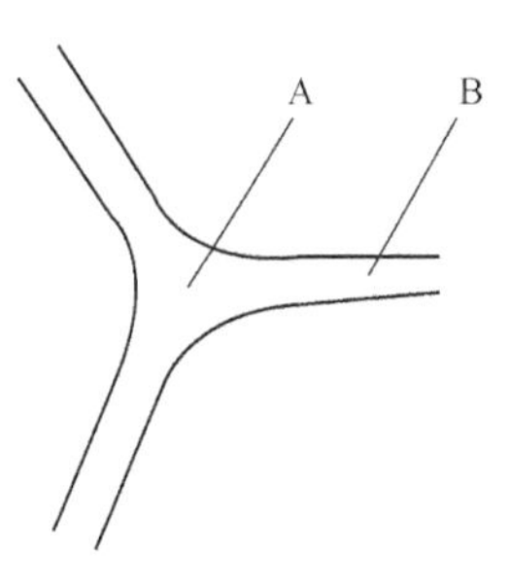

图 6-31　气泡相交处

(2) 气体透过液膜的扩散作用

泡沫中的气泡总是大小不一的。根据曲界面两侧压力差的公式，小气泡内的气体压力高于大气泡内的气体压力，而两者都高于平液面上的气相压力。因此，泡沫中的气体总是由小气泡透过液膜，扩散到大气泡中，造成小气泡逐渐变小乃至消失，而大气泡却逐渐变大。在大气泡中的气体最终也会因曲界面两侧压力差存在而通过液膜进入平液面上的气相，导致气泡的全部消失。

在生产过程中，有时需要消泡，加入消泡剂能够可达到消泡的目的。一些消泡剂与起泡剂发生反应，使泡沫的液膜遭到破坏，起到破坏泡沫的作用，如酸或高价金属可破坏皂生成的泡沫。一些消泡剂易于在溶液表面铺展，取代泡沫上的起泡剂和稳泡剂，同时带走邻近表面层的液体，液膜变薄而破裂。硅油是常用的优良消泡剂，每升使用几十毫克即能达到高效消泡效果。磷酸三丁酯也是常用的消泡剂。

第六节　高分子溶液

高分子溶液是指高分子在溶剂中溶解所产生的分子分散体系，例如聚乙烯的苯溶液和聚丙烯酰胺的水溶液是两种典型的高分子溶液。

高分子溶液与溶胶性能有相似之处，如粒子大小均在 1nm~1μm 之间；扩散速率都比较缓慢；都不能透过半透膜等，但高分子溶液与溶胶的性能也有差异，如高分子能自动溶解在溶剂中，溶胶粒子不能；高分子溶液是均相体系，无明确界面，属热力学稳定体系，而溶胶是多相体系，属热力学不稳定体系；高分子溶液的黏度比溶胶大得多；高分子溶液的丁达尔效应很弱而溶胶很强等。所以，高分子溶液的研究方法和内容与溶胶体系有所不同。

一、高分子溶液的黏度

高分子溶液为假塑性流体，其流变性符合幂律公式，即

$$\tau = KD^n$$

式中 τ——切应力，Pa；

K——稠度系数，简称稠度，$Pa \cdot s^n$；

D——剪切速率，s^{-1}；

n——流性指数，$0<n<1$。

高分子溶液的黏度有如下的表示式：

$$\eta = KD^{n-1}$$

影响高分子溶液黏度有下列几个因素：

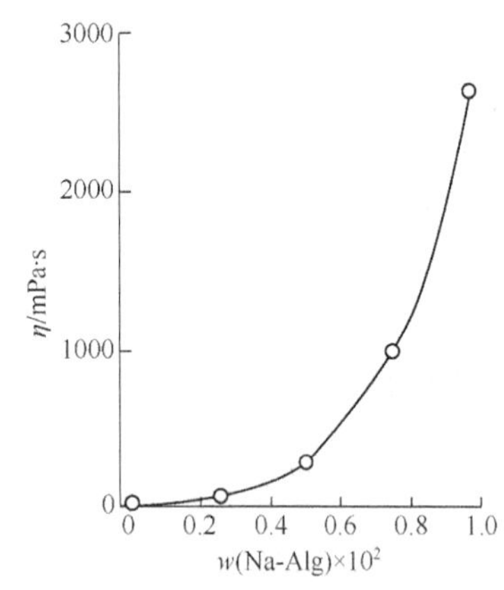

图 6-32 褐藻酸钠水溶液的黏度与质量分数关系
（25℃，$27s^{-1}$，水中 w(NaCl) 为 0.06）

（1）溶液中高分子的质量分数

高分子溶液黏度随高分子在溶液中的质量分数变化很大。图 6-32 所示为褐藻酸钠（Na-Alg）水溶液的黏度与质量分数的关系。从图可以看到，当 w(Na-Alg) 超过 5×10^{-3} 时，溶液的黏度就急剧增加。这是由两个原因造成的：一个是由于高分子在溶液中主要采取蜷曲的构象，所以当高分子的质量分数超过一定数值后，由于高分子的彼此靠近而发生蜷曲分子的互相纠缠，形成网络结构，从而使黏度大大增加；另一个原因是由于高分子间有较强的分子间力，所以当质量分数超过一定数值后，也即当高分子间的距离缩短到一定数值后，由于分子间力，使高分子更容易在溶液中形成网络结构，从而使溶液的黏度急剧上升。

（2）温度

高分子溶液黏度随温度变化也是很大的。例如 w(GG) 为 0.01 的水溶液在 20℃，$243s^{-1}$ 时的黏度为 75.7mPa·s，但在 80℃，$243s^{-1}$ 时的黏度就只有 27.9mPa·s。这是因为温度升高，分子间力减小，不利于网络结构的形成；同时，温度升高，使高分子的溶剂化程度减小了，而克服原子内旋转阻力的能力却增加了，这些都可使高分子更加蜷曲。如图 6-33 所示，高分子的蜷曲就意味着黏度的减小。

图 6-33 温度对高分子蜷曲程度的影响

(3) 剪切速率

高分子溶液属于假塑性流体，其黏度随剪切速率的的增加而降低。图 6-34 是在 25℃，w(HPAM)为 5×10^{-3}时测得的 HPAM 水溶液的黏度随剪切速率的变化。从图中可以看出，随着剪切速率的增加，高分子溶液的黏度先是迅速下降，然后下降的趋势减小，最后接近一个确定的数值。

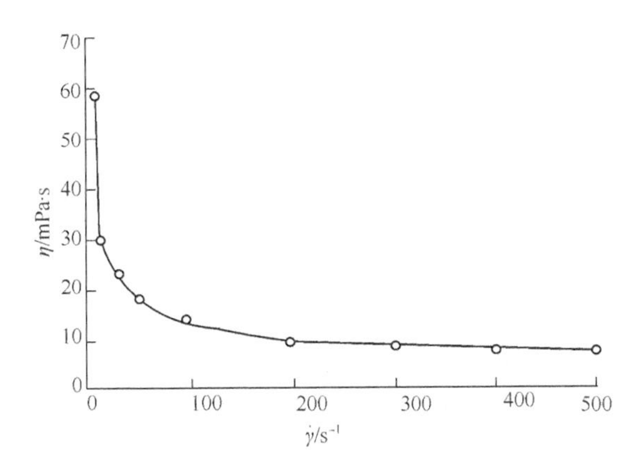

图 6-34　HPAM 水溶液黏度随剪切速率的变化

高分子溶液黏度随剪切速率的变化关系是由于溶液中的网络结构在不同剪切速率下产生不同程度的破坏所引起的。随着剪切速率增加，网络结构的破坏程度增加，黏度就随着下降。当剪切速率超过某一数值，网络结构就彻底破坏，所以溶液的黏度就接近一个确定的数值。根据高分子溶液的黏度随剪切速率的变化关系，可以认为，高分子溶液的黏度由两部分组成：一部分是由结构形成的黏度，即结构黏度，剪切速率越大，结构破坏程度越大，结构黏度越小；另一部分黏度叫牛顿黏度，它不受剪切速率影响。因此，高分子溶液黏度可用下式表示：

$$\eta_{高分子}=\eta_{结构}+\eta_{牛顿}$$

式中　$\eta_{高分子}$——高分子溶液黏度；

$\eta_{结构}$——高分子溶液结构黏度；

$\eta_{牛顿}$——高分子溶液牛顿黏度。

(4) 高分子溶液中盐含量(矿化度)

高分子溶液黏度随加入盐的种类和含量变化很大。以 HPAM 为例，氯化钠的影响如图 6-35所示。电解质对 HPAM 溶液黏度的影响可以从如下两方面来解释：一方面，无机电解质与 HPAM 竞争水化，减小高分子的溶剂化程度，导致高分子的分子尺寸减小，蜷曲程度增加；另一方面，HPAM 在水中电离后，分子链形成扩散双电层。无机电解质(主要是阳离子)会压缩双电层的厚度，导致 HPAM 分子带电程度降低，蜷曲程度增加。两方面作用的结果，都会降低 HPAM 在溶液中形成网络结构的能力，进而降低 HPAM 溶液的黏度。由于高价无机电解质具有更明显的压缩扩散双电层的效果，因此，降低高分子溶液黏度的能力更强。

由于高分子溶液黏度与高分子的质量分数、温度、剪切速率和矿化度密切相关，所以给出每一个高分子溶液黏度时，都必须明确给出具体测定条件。

下面是高分子溶液黏度的不同表示方法：

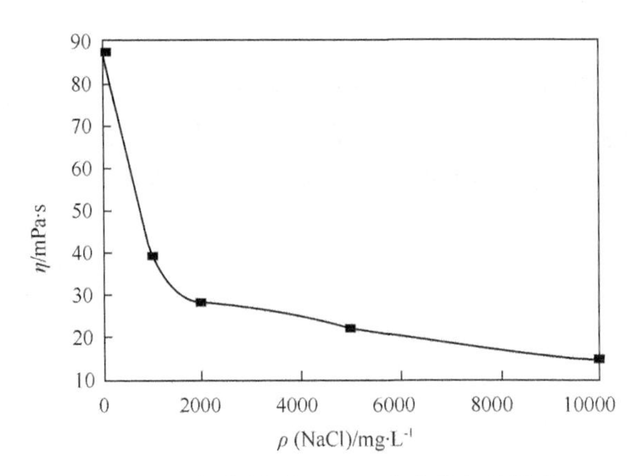

图 6-35　氯化钠对 HPAM 溶液黏度的影响

(1) 相对黏度(η_r)

表示高分子溶液黏度比溶剂黏度大的倍数，定义式为

$$\eta_r = \eta / \eta_0$$

式中　η——高分子溶液黏度；

η_0——溶剂黏度。

(2) 增比黏度(η_{sp})

表示加入高分子后溶液黏度相对于原溶剂黏度增加的比率，定义式为

$$\eta_{sp} = \frac{\eta - \eta_0}{\eta_0} = \eta_r - 1$$

(3) 比浓黏度(η_{sp}/ρ_B)

表示单位质量浓度的增比黏度，其数值反映了单个高分子对溶液黏度升高所作的贡献，它随溶液质量浓度变化而发生改变。定义式为

$$\frac{\eta_{sp}}{\rho_B} = \frac{\eta_r - 1}{\rho_B}$$

式中　ρ_B——溶质的质量浓度。

(4) 特性黏度([η])

表示当 $\rho_B \to 0$ 时，比浓黏度的极限值，定义式为

$$[\eta] = \lim_{\rho_B \to 0} \frac{\eta_{sp}}{\rho_B}$$

特性黏度与高分子相对分子质量可用下面的经验公式关联：

$$[\eta] = KM^{\alpha}$$

式中　M——高分子相对分子质量；

α、K——特性常数。

α 与高分子/溶剂体系有关，其值在 0.5~1 范围。在良溶剂中高分子比较松散，α>0.5；在不良溶剂中高分子比较蜷曲，这时 α 接近 0.5。K 与体系性质关系不大，而与温度有关。α、K 可由测定相对分子质量的其他方法确定。由于

$$\frac{\ln\eta_r}{\rho_B} = \frac{\ln(1+\eta_{sp})}{\rho_B} = \frac{\eta_{sp}}{\rho_B}\left(1 - \frac{1}{2}\eta_{sp} + \frac{1}{3}\eta_{sp}^2 - \cdots\cdots\right)$$

所以当$\rho_B \to 0$时可略去η_{sp}的高次项，得

$$\lim_{\rho_B \to 0}\frac{\ln\eta_r}{\rho_B}=\lim_{\rho_B \to 0}\frac{\eta_{sp}}{\rho_B}=[\eta]$$

因此，只要将$\frac{\ln\eta_r}{\rho_B}$或$\frac{\eta_{sp}}{\rho_B}$对ρ_B作图(图6-36)，外推$\rho_B \to 0$，即得$[\eta]$，从而计算高分子相对分子质量。用特性黏度法测定高分子相对分子质量的方法是目前广泛采用的方法。

二、高分子溶液的渗透压

将高分子溶液和溶剂(或两不同浓度的溶液)用只容许溶剂分子透过的半透膜(如火棉胶膜、赛珞玢膜)分开，为使两侧不同浓度溶液的浓度相等，溶剂将透过半透膜扩散。为阻止这种溶剂扩散的反向压力称为渗透压。如图6-37所示的装置中，当半透膜两侧的溶剂与溶液达到平衡时，渗透压表现为溶液一侧有比溶剂一侧大的压强，高出的压强即为渗透压。渗透压通常以Π表示，单位为Pa。设渗透平衡时纯溶剂上的压力为p_1，溶液上的压力为p_2，显然，$\Pi=p_2-p_1$。若$p_2-p_1<\Pi$，溶剂将继续渗透；$p_2-p_1>\Pi$，溶液中的溶剂将反向渗透，称为反渗透。

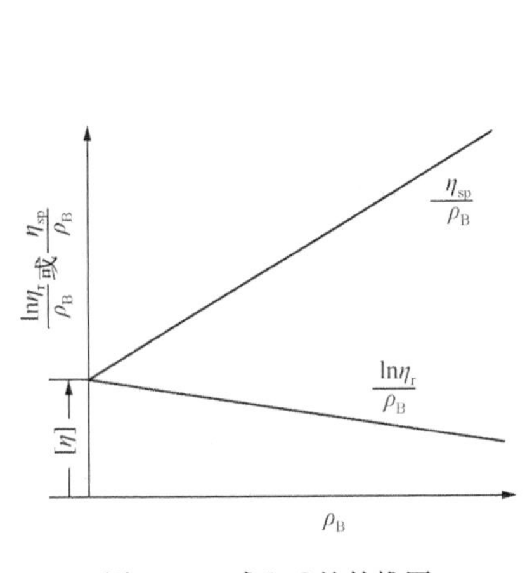

图6-36 求$[\eta]$的外推图

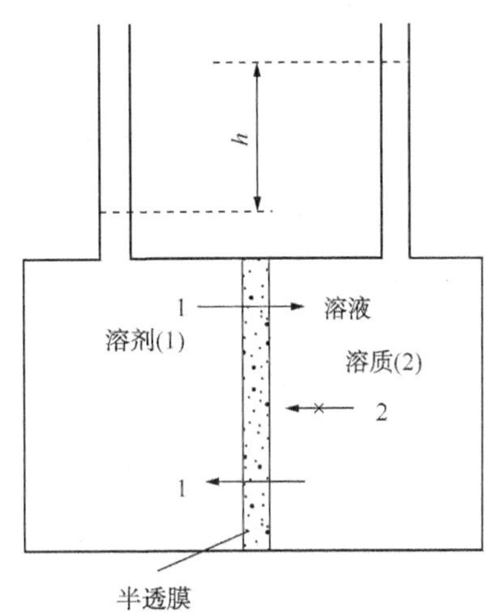

图6-37 渗透压现象示意图

低分子溶液的渗透压符合范特霍夫(Van't Hoff)公式，即

$$\Pi=RT\rho_B/M$$

式中 Π——渗透压；

ρ_B——溶质的质量浓度；

T——热力学温度；

M——溶质的相对分子质量。

因此，在一定温度下，将低分子溶液的渗透压对低分子的质量浓度作图得一直线(图6-38中的1)。但将高分子溶液的渗透压对高分子的质量浓度作图，却得一曲线(图6-38中的2)，说明高分子溶液渗透压是不符合范特霍夫公式的。这是由于高分

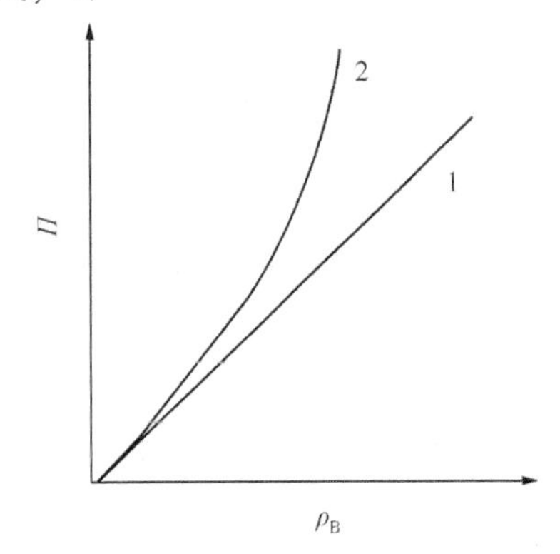

图6-38 渗透压与溶质的质量浓度关系
1—低分子溶液；2—高分子溶液

子溶液中，高分子与溶剂之间存在着较强的亲和力，产生明显的溶剂化效应，从而使高分子溶液的渗透压对范特霍夫公式产生偏差，这种偏差可用于判断高分子与溶剂的相互作用的强弱。

三、聚电解质溶液与 Donnan 平衡

聚电解质是指溶于水后带电荷的高分子。聚电解质的离子化度 α 为已电离基团占所有同类基团的摩尔分数。在水溶液中，一些高分子往往能够得到净电荷，来源可以是羧酸盐或硫酸盐基团，也可以是铵离子或者质子化胺。聚电解质通常被分为强或弱的，后者的净电荷随 pH 值变化而变化。如果高分子分子链上同时含有弱酸和弱碱基团，高分子所带的净电荷种类和数量与 pH 值有关，将净电荷为零时的 pH 值称为该高分子的等电点。聚电解质在水溶液中的构象与离子化度 α 有关，一般而言，在低离子化度范围内，聚电解质的水化分子尺寸随 α 的增加而增加，直至达到一个恒定值，这是由于离子化的基团之间存在静电斥力，使得聚电解质分子更为伸直。

若在图 6-37 中溶液一侧含有可透过半透膜的小离子，也有不能透过半透膜的大离子(聚电解质)，在达到渗透平衡时，膜两侧的小离子浓度因大离子的存在而不相等，这种现象称为 Donnan 平衡。

四、高分子对溶胶的絮凝和稳定作用

1. 高分子对溶胶的絮凝作用

在溶胶或悬浮体内加入极少量的可溶性高分子，可导致溶胶或悬浮体迅速沉降，沉降物呈疏松的棉絮状，这类沉降物称为絮凝物(或絮凝体)，这种现象称为絮凝作用(早期曾称为敏化作用)。能产生絮凝作用的高分子称为絮凝剂。

高分子对溶胶的絮凝作用与电解质的聚沉作用完全不同，由电解质所引起的聚沉过程比较缓慢，所得到的沉积物颗粒紧密、体积小，这是由于电解质压缩了溶胶粒子的扩散双电层所引起的。高分子的絮凝作用则是由于吸附了溶胶粒子以后，高分子本身的链段旋转和运动，相当于本身的“痉挛”作用，将固体粒子聚集在一起沉降。因为高分子在粒子间起着一种架桥作用，所以称它为“桥联作用”。

絮凝作用比聚沉作用有更大的实用价值。因为絮凝作用具有迅速、彻底、过滤快、絮凝剂用量少等优点，特别对于颗粒较大的悬浮体尤为有效。这对于污水处理、钻井液、选择性选矿以及化工生产流程的沉降、过滤、洗涤等操作都有极为重要的作用。

絮凝物的沉降不同于一般的溶胶或悬浮粒子的沉降。它是由颗粒物和高分子共同构成网形结构，中间夹杂着分散介质(溶剂)，所以呈疏松的团状物下沉。这种沉降过程不能用 Stokes 公式来描述。目前对桥联作用的机理仍只能作定性说明。

高分子絮凝作用有以下几个特点：

① 起絮凝作用的高分子一般要具有链状结构，凡是分子构型是交联，或者是支链结构的，其絮凝效果就差，甚至没有絮凝能力。

② 任何絮凝剂的加入量都有一最佳值，此时的絮凝效果最好，超过此值絮凝效果就下降，若超出很多，反而起了保护作用。

③ 高分子的分子质量越大，则架桥能力越强，絮凝效率也越高。

④ 高分子的基团性质与絮凝有关，有良好絮凝作用的高分子至少应具备有能吸附于固体表面的基团，同时这种基团还能溶解于水中，所以基团的性质对絮凝效果有十分重要的影响。常见的基团有：—COONa，—$CONH_2$，—OH，—SO_3Na 等。这些极性基团的特点是亲水性很强，在固体表面上能吸附。产生吸附的原因可以是静电吸引、氢键和范德华力。如部分水解聚丙烯酰胺、阳离子聚丙烯酰胺、聚丙烯酸钠等就是常见的高分子絮凝剂。

在絮凝过程中，常通过调节 pH 值，外加高价离子、有机大离子以及表面活性剂等，使高分子在某些固体表面上有选择性吸附，而在另外的一些固体表面上不吸附。这样可以在混合的悬浮体内产生选择性絮凝，为分离、提纯、选矿等提供方便。

⑤ 絮凝过程是否迅速、彻底，这取决于絮凝物的大小和结构、絮凝物的性能与絮凝剂的混合条件、搅拌的速率和强度等，甚至容器的形状、加入药剂的速率等都有影响。由于因素复杂，很难用数学关系来表达。一般要求混合均匀、搅拌缓慢、絮凝剂的浓度要低、投药速率较慢为好。如果搅拌剧烈有可能把絮凝物打散，又成为稳定溶胶。

2. 高分子对溶胶的稳定作用

在溶胶中加入一定量的高分子，能显著提高溶胶对电解质的稳定性，这种现象称为高分子的稳定作用(亦称护胶作用)。人们对高分子能起到稳定作用的认识已有悠久的历史。例如，制造墨汁时就是利用动物胶使炭黑稳定地分散在水中，古埃及壁画上的颜色也是用酪素来使之稳定的。产生稳定作用的原因是高分子吸附在溶胶粒子的表面上，形成一层高分子保护膜，包围了胶体粒子，把亲液性基团伸向液体中，并且有一定厚度，所以当胶体质点在相互接近时的吸引力就大为削弱，而且有了这一层黏稠的高分子膜，还会增加相互排斥，因而增加了胶体的稳定性。

溶胶被稳定以后，它的一些物理化学性质，例如电泳、对电解质的敏感性等会产生显著的变化。这时体系的物理化学性质与所加入的高分子的性质相近。近年来人们发现高分子不仅能使溶胶对抗电解质的聚沉，而且能使溶胶具有在长时间内保持粒子大小不变的抗老化性，在很宽的温度范围内保持恒定不聚沉的抗温性。这时溶胶已失去某些原有的憎液胶体特性，显示出一些亲液胶体的性质，如溶胶沉淀后还能自动再散开又形成溶胶，而无须对体系作功。因此人们认为这些性质的突变不能用“保护”一词来概括了，于是提出了溶胶空间稳定性的概念来解释，表示不仅限于对电解质的对抗。

第七节　表面活性剂与高分子在溶液中的相互作用

表面活性剂与高分子常复合使用，两者之间的相互作用直接影响到体系的性能和使用效果。由于表面活性剂分子具有两亲结构，这使得它们对高分子溶液的影响具有许多特殊性。例如，十二烷基硫酸钠等阴离子表面活性剂能与直链淀粉缔合成不溶物；高分子的加入能够增加表面活性剂在界面上的吸附，以及对胶束的大小和结构产生影响等。

一、高分子诱导表面活性剂聚集

表面活性剂最突出的特点是能够降低溶液和与其他相间的界面张力，而它的聚集状态可以通过溶液中的高分子而改变。如图 6-39 中所示，随着表面活性剂浓度的变化，高分子对于溶液表面张力的影响出现不同。在某浓度下，表面张力曲线有一个大的折点，可以达到一个常数，最后，表面张力减少，达到没有高分子时的数值。

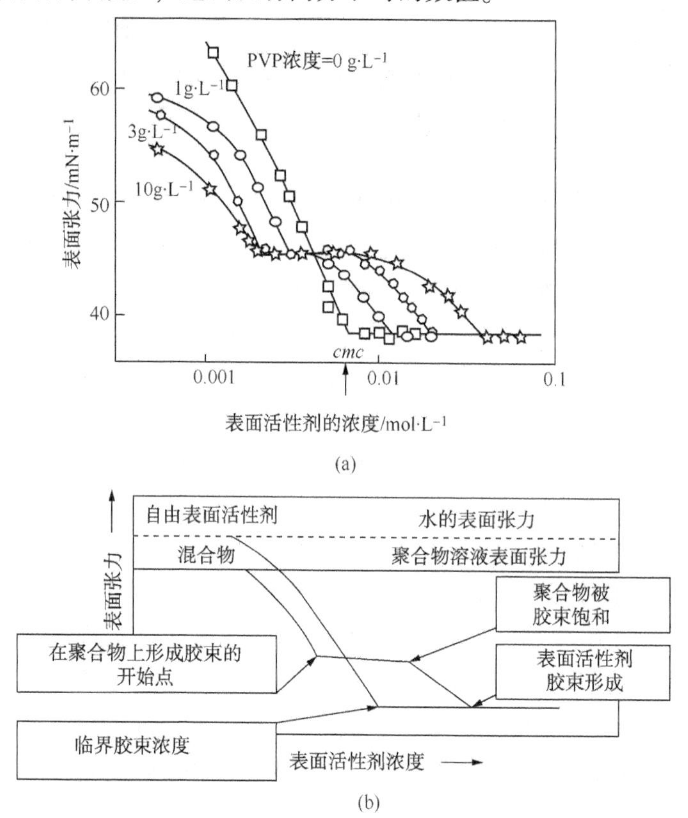

图 6-39 (a)聚乙烯吡咯烷酮(PVP)对十二烷基硫酸钠(SDS)溶液表面张力的影响；(b)不同阶段表面活性剂/高分子混合体系相互作用机理示意图

当表面活性剂达到某一特定浓度时，表面活性剂开始和高分子发生明显的缔合作用，此时，提高表面活性剂的浓度，增加的表面活性剂分子倾向于进入溶液中，界面中表面活性剂的浓度变化很小，因此表面张力不再发生变化。当高分子对表面活性剂的缔合达到饱和后，提高表面活性剂的浓度，界面中表面活性剂的浓度再一次增加，表面张力再次降低，当表面张力变为常数，表面活性剂开始形成普通的胶束。

二、表面活性剂影响高分子溶液的黏度

1. 离子型表面活性剂对不带电高分子溶液黏度的影响

将离子型表面活性剂加入到不带电高分子水溶液中，如果两者之间发生缔合作用，体系会显示出聚电解质的黏度行为，而聚电解质水溶液则发生黏度反常现象(亦称电黏效应)。理论计算表明，高分子链上每十个结构单元带有一个净电荷，就足以使高分子链充分伸展，使体系的黏度显著增大。离子型表面活性剂与不带电高分子之间相互作用的强弱既与它们之间的疏水作用有关。也与其极性基之间的偶极作用有关。通常，高分子的疏水性越好，链越柔顺，表面活性剂烷烃链越长，则相互作用越强。外加无机电解质若有利于增强它们的疏水性，则能提高它们之间相互缔合的能力。图 6-40 表示出了月桂酸钠($C_{11}H_{23}COONa$)与聚丙

烯酰胺(PAM)混合体系的比浓黏度变化。显然，月桂酸钠的浓度越大，体系的电黏效应越显著。原因是在中性或弱酸性溶液中，PAM 可与 $C_{11}H_{23}COOH$ 发生氢键缔合，而 $C_{11}H_{23}COOH$ 则以疏水作用与 $C_{11}H_{23}COO^-$缔合成二聚体、预胶束或胶束，从而使 PAM 分子链上带有大量电荷，表现出聚电解质的黏度行为。

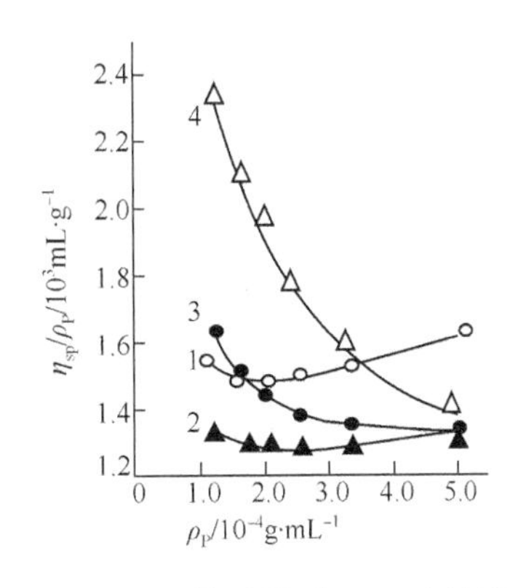

图 6-40 月桂酸钠对 PAM 水溶液比浓黏度的影响

(曲线 1、2、3、4 含月桂酸钠分别为 2.0g · L^{-1}、4.0g · L^{-1}、6.0g · L^{-1}、8.0g · L^{-1})

表面活性剂与高分子的缔合作用往往导致其混合水溶液的黏度显示出三个不同的区域。图 6-41 显示了十二烷基硫酸钠(SDS)对聚乙二醇(PEG)和乙基羟乙基纤维素(EHEC)溶液的比浓黏度 η_{sp}/ρ_p 的影响。

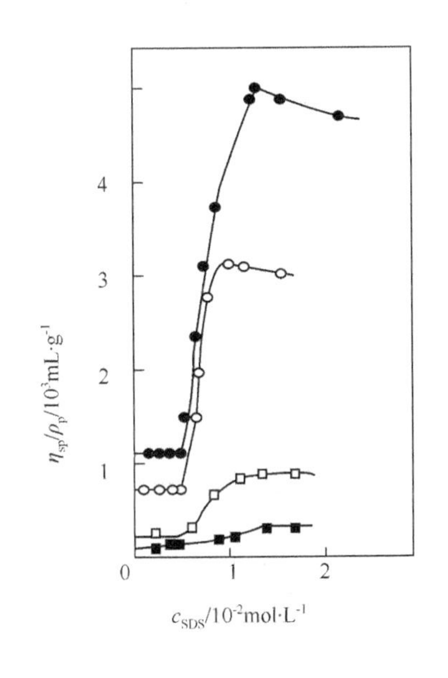

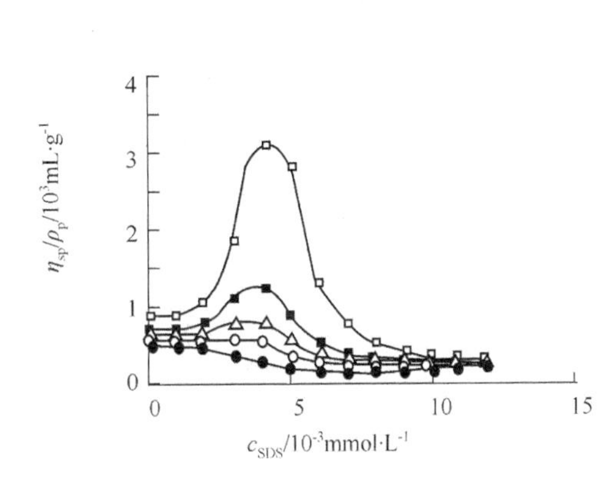

(a) 曲线自上而下PEG相对分子质量和质量浓度分别为

$M_W=2\times10^6$, $\rho_p=0.6g\cdot L^{-1}$

$M_W=2\times10^6$, $\rho_p=0.06g\cdot L^{-1}$

$M_W=2\times10^5$, $\rho_p=0.5g\cdot L^{-1}$

$M_W=7\times10^4$, $\rho_p=0.5g\cdot L^{-1}$

(b) 曲线自上而下的EHEC质量分数分别为

0.05%, 0.10%, 0.15%, 0.20%, 0.25%

图 6-41 PEO-SDS(a)和 EHEC-SDS(b)混合溶液的 η_{sp}/ρ_p 与 SDS 浓度的关系

在 SDS 浓度很小时，体系的黏度主要取决于高分子，由于高分子的浓度恒定，故 η_{sp}/ρ_p 基本不变(Ⅰ区)；随着 SDS 浓度增大，体系的 η_{sp}/ρ_p 显著上升(Ⅱ区)，说明表面活性离子通过疏水力与高分子缔合，使高分子链上带有电荷，静电斥力以及离子基团周围的扩散双电层促使高分子链伸展，体系黏度升高；当表面活性离子与高分子缔合饱和，高分子链已充分伸展，继续增加表面活性剂浓度反而会导致体系的黏度降低(Ⅲ区)。这是因为表面活性剂解离出的反离子中和高分子链上的电荷，并压缩其扩散双电层，使高分子链蜷曲，黏度降低。不仅比浓黏度随离子型表面活性剂浓度的曲线有如此规律，表观黏度随离子型表面活性剂浓度的变化也表现出相似的变化趋势。同时，黏度变化的这种趋势与表面张力等温线中的两个折点是对应的。高分子-表面活性剂混合体系的黏度曲线存在两个临界聚集浓度：第一个和第二个临界聚集浓度(黏度开始上升和黏度开始下降时所对应的表面活性剂浓度)分别被认为是表面活性剂与高分子缔合作用的开始和完成的标志。

高分子的相对分子质量和高分子的浓度能够影响高分子与表面活性剂的的缔合作用。相对分子质量或浓度太小，则缔合作用很弱，不足以引起体系性质发生明显的变化。

2. *表面活性剂对带电高分子(聚电解质)溶液黏度的影响*

一般而言，阴离子表面活性剂与阴离子型高分子作用较弱，比如，阴离子表面活性剂与纤维素衍生物基本无作用。但羧酸盐表面活性剂与水解聚丙烯酰胺之间却能通过氢键相互缔合，从而使体系的黏度升高。

带有相反电荷的表面活性剂和高分子之间既存在强烈的静电引力，又有疏水基团间的疏水力，因而相互作用强烈，对高分子溶液性质影响显著，甚至因此而使溶液产生沉淀。一般来说，带相反电荷的表面活性剂与高分子混合时，体系黏度降低。这是由于高分子链缠绕在表面活性剂聚集体周围，使正负电荷抵消，表面活性剂-高分子复合物脱水并沉淀析出，因而引起黏度降低。但也有例外，图 6-42 显示，十二烷基硫酸钠(SDS)能显著增加一种阳离子瓜尔胶(CGG)溶液的黏度，并给出了相应的增黏机理。

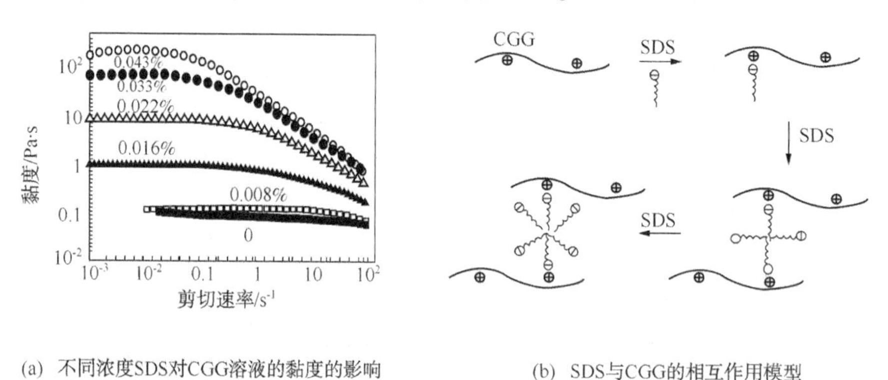

(a) 不同浓度SDS对CGG溶液的黏度的影响 (0.6%CGG, 25℃)　　(b) SDS与CGG的相互作用模型

图 6-42　SDS 浓度对 CGG 溶液黏度的影响及其作用机理

表面活性剂与疏水改性的高分子(疏水缔合高分子)相互作用非常强烈。图 6-43 给出了相关结果。聚氧乙烯月桂醇醚-8(AEO-8)对阴离子型高分子聚丙烯酸钠(PAA)无明显相互作用。但若对 PAA 进行十八烷基改性，则二者相互作用强烈，且改性单体比例越高，影响越显著，甚至形成凝胶。

上述复合体系黏度增大的原因是，当表面活性剂形成球状胶束后，能将高分子的疏水侧链增溶于其中。若几个高分子的侧链同时增溶于一个胶束中，或一个高分子的数个侧链同时增溶于几个胶束中，则体系将形成交联结构。表明在这类体系中，自由表面活性剂分子、自由胶束、交联混合胶束和非交联混合胶束平衡共存。当表面活性剂浓度较低时，没有足够的胶束与高分子交联，体系中主要是自由表面活性剂分子和交联混合胶束；当表面活性剂浓度高时，体系中自由胶束与非交联混合胶束平衡共存；在中等表面活性剂浓度时，体系中主要是交联混合胶束，所以黏度很高。

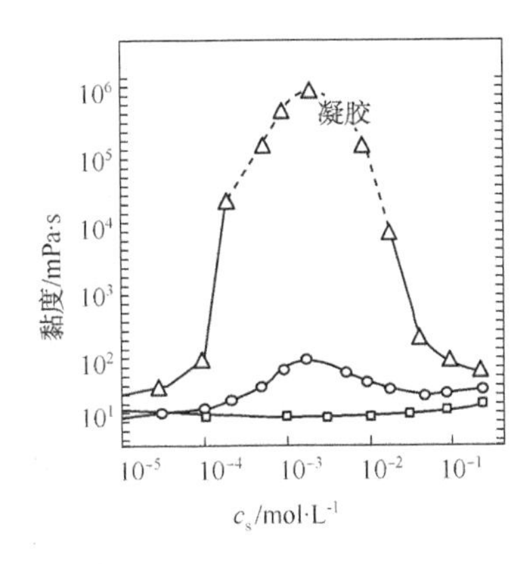

图 6-43　AEO-8 对 PAA 及疏水改性产物水溶液黏度的影响

（高分子质量浓度 10000mg·L^{-1}，剪切速度为 0.1s^{-1}，25.0℃）

（曲线自下而上分别为：PAA 和 C_{18}改性单体摩尔分数为 0.01、0.03 的 PAA）

思　考　题

1. 写出下列胶体的分散相、分散介质和记法。

胶体	分散相（气、液还是固）	分散介质（气、液还是固）	记法
溶胶			
乳状液			
泡沫			
烟			
雾			

2. 分散相分散体系有什么特点？这些特点之间有什么联系？

3. 分子分散体系、胶体分散体系、高分子溶液有什么特点？

4. 丁达尔现象是由光的什么作用引起的？其强度与入射光波长有什么关系？粒子大小落在什么区间内可以观察到丁达尔现象？为什么危险信号要用红灯和黄灯显示？

5. 试用胶体的光学现象解释为什么天空是蓝色的，而晚霞、早霞色彩鲜艳？

6. 胶粒发生布朗运动的本质是什么？对溶胶的稳定性有什么影响？

7. 什么是扩散双电层厚度，它与哪些因素有关？

8. 粗玻璃管管壁上能形成扩散双电层吗？两端加电压能发生电渗吗？

9. 有人认为：布朗运动强，扩散强，有利于稳定；但有人认为：布朗运动强，颗粒碰撞机会多，容易聚结，不利于稳定。哪种看法对？

10. 产生电动现象的根本原因是什么？电动现象有什么应用？

11. 讨论下面两种提法的正误：

(1) 没有聚结稳定性就没有动力学稳定性。

(2) 没有动力学稳定性不一定没有聚结稳定性。

12. 为什么带电符号不同的溶胶能发生相互聚沉？试从溶胶结构加以解释。

13. 在由等体积的 0.08mol·L^{-1}的 KI 和 0.10mol·L^{-1}的 $AgNO_3$溶液制成的 AgI 溶胶中，

分别加入浓度相同的下列溶液，请由大到小排出其聚沉能力大小的次序：

(1) NaCl；(2) Na_2SO_4；(3) $MgSO_4$；(4) $K_3[Fe(CN)_6]$

14. 提出两种区分溶胶和低分子溶液的方法，并说明这些方法的根据。

15. 氢氧化铁溶胶的胶团式如下：

$$\{[(Fe(OH)_3)_m nFe^{3+}(3n-x)Cl^-]^{x+}xCl^-\}$$

(1) 上面胶团式中哪部分是胶核？哪部分是胶粒？哪部分是胶团？

(2) 设 $n=8$，$x=16$，画出氢氧化铁溶胶扩散双电层示意图。

16. 明矾是一种较好的净水剂，它的分子式为 $K_2SO_4 \cdot Al_2(SO_4)_3$

(1) 写出明矾在水中的解离式。

(2) 明矾溶于水后可发生如下的水解反应，生成氢氧化铝

$$K_2SO_4 \cdot Al_2(SO_4)_3 + 6H_2O \longrightarrow 2Al(OH)_3\downarrow + K_2SO_4 + 3H_2SO_4$$

试问氢氧化铝颗粒表面优先吸附明矾水溶液中哪一种离子，使它带什么符号的电性？

17. 氯化钙、明矾、聚丙烯酰胺都能使浑浊的水变澄清，为什么？

18. 联系所学知识解释以下现象：(1)江河入海处，为什么常形成三角洲？(2)使用不同型号的墨水，为什么有时会使钢笔堵塞而写不出来？(3)重金属离子中毒的病人，喝大量牛奶可使症状减轻。(4)制豆腐时，用“卤水”和葡萄糖酸 δ-内酯“点脑”。

19. 凝胶有哪几类？凝胶有什么性质？凝胶的形成条件有哪些？

20. 在20mL试管中加入1mL饱和乙酸钙溶液，迅速加入9mL无水乙醇，立即倒转试管摇匀(2~3次即可)，生成凝胶状固体酒精；将硬脂酸与氢氧化钠的饱和溶液加入到热的乙醇中，不凝固，但混合物冷却后则凝固成固体酒精。试解释上述两种方法形成固体酒精的原因。

21. 乳状液有哪几种类型？如何破坏乳状液？乳化剂为什么能使乳状液稳定存在？

22. 什么是微乳液？其特点是什么？

23. 请写出微乳液和乳状液的主要成分并分析微乳液与乳状液在结构与性质上的差别。

24. K、Na等碱金属的皂类作为乳化剂时，易形成O/W型的乳状液；Zn、Mg等高价金属的皂类作为乳化剂时，则易形成W/O型的乳状液，试说明原因。

25. 气泡和泡沫有何区别和联系？泡沫属于溶胶还是粗分散体系？

26. 评价泡沫稳定性的方法有哪些？请写出其中每种方法测量的主要参数。

27. 泡沫的稳定因素有哪些？破坏的原因是什么？

28. 何谓聚电解质？请写出一种聚电解质的分子式。

29. 影响高分子溶液黏度的因素有哪些？

30. 为什么部分水解聚丙烯酰胺比聚丙烯酰胺更易溶解并有更好的增黏能力？

31. 使用纯水配制 $3000mg \cdot L^{-1}$ 的部分水解聚丙烯酰胺溶液，在不断搅拌下使用滴管往其中逐滴加入质量分数为0.05的氢氧化钠水溶液，试分析部分水解聚丙烯酰胺水溶液的黏度变化特点。

32. 画图说明阴离子表面活性剂增加疏水缔合高分子水溶液黏度的机理。

习　题

1. 将 12mL $c(AgNO_3)$ 为 0.02mol · L^{-1} 的溶液加入到 100mL $c(KI)$ 为 0.005mol · L^{-1} 的溶液中，制备 AgI 溶胶，问制得的溶胶带什么电？写出该溶胶的胶团式。

2. 需要制备带正电的 AgI 溶胶，问在 25mL $c(AgNO_3)$ 为 0.016mol · L^{-1} 的溶液中最多只能加入 $c(KI)$ 为 0.005mol · L^{-1} 的溶液多少毫升？写出该溶胶的胶团式。

3. 混合等体积的 $c(KI)$ 为 0.008mol · L^{-1} 和 $c(AgNO_3)$ 为 0.1mol · L^{-1} 两溶液制成 AgI 溶胶。试问相同浓度的 $MgSO_4$ 溶液和 $K_3[Fe(CN)_6]$ 溶液，哪一种更容易使上述溶胶聚沉？

4. 各电解质对某溶胶的聚沉值为：

$$c(NaNO_3) = 300\text{mmol} \cdot L^{-1}$$

$$c(Na_2SO_4) = 148\text{mmol} \cdot L^{-1}$$

$$c(MgCl_2) = 12.5\text{mmol} \cdot L^{-1}$$

$$c(AlCl_3) = 0.167\text{mmol} \cdot L^{-1}$$

判断这种溶胶带何种电？

5. 在三支试管中各放入 10mL $Fe(OH)_3$ 溶胶。今在第一支试管中加入 $c(KCl)$ 为 1.00mol · L^{-1} 的溶液 1.00mL，第二支试管中加入 $c(Na_2SO_4)$ 为 0.01mol · L^{-1} 的溶液 6.00mL，第三支试管中加入 $c(Na_3PO_3)$ 为 0.001mol · L^{-1} 的溶液 2.50mL 时刚好发生聚沉，求各种电解质的聚沉值及其比，决定溶胶带电性。

6. 有一 $Al(OH)_3$ 溶胶，加入 KCl，当其在溶胶中的浓度为 80mmol · L^{-1} 时，溶胶恰能聚沉；若在其中加入 $K_2C_2O_4$，则当其在溶胶中的浓度为 0.4mmol · L^{-1} 时，溶胶恰能聚沉。试问

(1) $Al(OH)_3$ 溶胶的电性是正还是负？

(2) 为使该溶胶聚沉，约需要 $CaCl_2$ 的浓度多少？

7. 已知在二氧化硅溶胶的形成过程中，存在下列反应：

$$SiO_2 + H_2O \longrightarrow H_2SiO_3 \longrightarrow SiO_3^{2-} + 2H^+$$

(1) 试写出胶团的结构式，指出胶核、胶粒和胶团；

(2) 胶粒电泳的方向；

(3) 溶胶中分别加入 NaCl，$MgCl_2$，K_3PO_4 时，聚沉值由大到小的次序？

8. 直径为 1μm 的石英微尘，从高度为 1.7m 处(人的呼吸带附近)降落到地面需要多长时间？已知石英的密度是 $2.63 \times 10^3 kg \cdot m^{-3}$，空气黏度 $\eta = 1.82 \times 10^{-5} Pa \cdot s$。

参 考 文 献

[1] 赵福麟. 化学原理(Ⅱ)[M]. 山东东营：中国石油大学出版社，2006.

[2] 侯万国，孙德军，张春光. 应用胶体化学[M]. 北京：科学出版社，1998.

[3] 梁梦兰. 表面活性剂和洗涤剂——制备性质应用[M]. 北京：科学技术文献出版社，1990.

[4] 沈钟，赵振国，康万利. 胶体与界面化学[M]. 化学工业出版社，2011.

[5] Einstein A. Investigations on the Theory of Brownian Movement. Dove r[M]. Dover Publications, 1956.

[6] Sinclair D. Light scattering by spherical particles [J]. Journal of the Optical Society of America 1947, 37(6): 475-480.

[7] Layton D. The original observations of Brownian motion [J]. Journal of Chemical Education, 1965, 42 (7): 367.

[8] 贝歇尔 P. 北京大学化学系胶体化学教研室译. 乳状液：理论与实践[M]. 北京：科学出版社，1978.

[9] 李干佐，郭荣，等. 微乳理论及其应用[M]. 北京：石油工业出版社，1995.

[10] 徐桂英，李干佐，李方，等. PAM 与月桂酸钠的相互作用[J]. 化学学报，1995，53(9)：837-841.

[11] Moulik S P, Paul B K. Structure, dynamics and transport properties of microemulsions [J]. Advances in Colloid and Interface Science, 1998, 78(2): 99-195.

[12] David A H, Marsden S S. The Rheology of Foam[C]. Society of Petroleum Engineers of AIME, Denver, 1969, SPE 2544.

[13] 康万利，孟令伟，牛井岗，等. 矿化度影响 HPAM 溶液黏度机理[J]. 高分子材料科学与工程，2006，22(5)：175-177.

[14] Li Hua-zhen, Yang Hai-yang, Xie Yong-jun, et al. Rheological behavior of aqueous solutions of cationic guar in presence of oppositely charged surfactant [J]. Chinese Journal of Chemical Physics, 2010, 23 (4): 491-496.

附录 专业名词中英文对照

章	节	中文专业名词	对应英文
第一章 气体	第一节	理想气体	ideal gas(perfect gas)
	第一节	理想气体状态方程式	ideal gas state equation
	第一节	分压力	partial pressure
	第一节	分体积	partial volume
	第二节	实际气体	real gas
	第二节	排斥力	repulsive force
	第二节	吸引力	attractive force
	第二节	实际气体状态方程式	real gas state equation
	第二节	范德华方程式	the Van der Waals equation
	第三节	临界参变量	critical constants
	第三节	对应状态原理	the principles of corresponding state
	第三节	液化	liquefied
	第三节	临界点	critical point
	第四节	压缩因子	compression factor
	第四节	虚拟临界温度	pseudocritical temperature
	第四节	虚拟临界压力	pseudocritical pressure
第二章 溶液与相平衡	第二节	拉乌尔定律	Raoult's law
	第二节	亨利定律	Henry's Law
	第二节	分配定律	distribution law
	第二节	萃取	extraction
	第三节	相平衡	phase equilibrium
	第三节	相律	phase rule
	第三节	相数	phase number
	第三节	组分数	component number
	第三节	自由度数	degrees of freedom
	第四节	蒸气压	vapor pressure
	第四节	克劳修斯-克拉佩龙公式	Clausius-Clapeyron equation
	第四节	超临界流体	supercritical fluid
	第四节	三相点	triple point
	第四节	理想溶液	ideal solution
	第四节	泡点线	bubble point line
	第四节	露点线	dew point line
	第四节	杠杆规则	lever rule
	第四节	蒸馏	distillation
	第四节	逆蒸发	retrograde evaporation
	第四节	反凝结	retrograde condensation
	第四节	凝析气藏	condensate gas reservoir
	第四节	恒沸混合物	azeotropic mixture
	第四节	柯诺华洛夫规则	Konovalov rule
	第四节	混相	miscible

章	节	中文专业名词	对应英文
第三章 电化学基础	第一节	原电池	primary cell；primary battery
	第二节	电极	electrode
	第二节	阳极	anode
	第二节	阴极	cathode
	第二节	盐桥	salt bridge
	第二节	半电池	half cell
	第二节	甘汞电极	calomel electrode
	第二节	标准电极电势	standard electrode potential
	第二节	玻璃电极	glass electrode
	第三节	电化学腐蚀	electrochemical corrosion
	第四节	缓冲溶液	buffer solution
	第四节	极化	polarization
	第四节	氧化还原电极	redox electrode
	第四节	电化学防护	electrochemical protection
	第四节	腐蚀	corrosion
	第四节	阴极保护	cathodic protection
	第四节	阳极保护	anode protection
第四章 表面现象	第一节	表面	surface
	第一节	表面能	surface energy
	第一节	表面张力	surface tension
	第一节	界面张力	interfacial tension
	第二节	吸附	adsorption
	第二节	解吸	desorption
	第二节	界面活性物质	interface active substance
	第二节	物理吸附	physisorption
	第二节	化学吸附	chemisorption
	第二节	比表面	specific surface
	第二节	孔径分布	pore size distribution
	第二节	吸附等温线	adsorption isotherm
	第二节	饱和吸附量	saturated adsorption capacity
	第三节	润湿	wetting
	第三节	润湿角	contact angle
	第三节	粘附功	work of adhesion
	第三节	接触角	contact angle
	第三节	润湿反转	wettability reversal
	第四节	曲率	curvature
	第五节	毛细管	capillary
	第五节	贾敏效应	Jamin effect
	第五节	亲水性	hydrophily
	第五节	亲油性	lipophilicity

章	节	中文专业名词	对应英文
第五章 表面活性剂 与高分子	第一节	表面活性剂	surfactant
	第一节	高分子	macromolecule
	第一节	阴离子型表面活性剂	anionic surfactant
	第一节	阳离子型表面活性剂	cationic surfactant
	第一节	非离子型表面活性剂	non-ionic surfactant
	第一节	两性表面活性剂	ampholytic surfactant
	第一节	胶束	micelle
	第一节	临界胶束浓度	critical micelle concentration
	第一节	起泡	bubble
	第一节	消泡	debubble
	第一节	乳化	emulsify
	第一节	增溶	solubilization
	第一节	浊点	cloud point
	第一节	甜菜碱	betaine
	第一节	双子表面活性剂	gemini surfactant
	第二节	缓蚀剂	corrosion inhibitor
	第二节	聚乙二醇	polyethylene glycol
	第二节	部分水解聚丙烯酰胺	partially hydrolyzed polyacrylamide
	第二节	褐藻酸钠	sodium alginate
	第二节	钠羧甲基纤维素	sodiumcarboxymethyl cellulose
	第二节	瓜尔胶	guar gum
	第二节	黄胞胶	xanthan gum
	第二节	构象	conformation
	第二节	聚乙烯	polyethylene
	第二节	多分散性	polydispersity
	第二节	单体	monomer
	第二节	聚合	polymerization
	第二节	官能度	functionality
	第二节	合成高分子	synthetic macromolecule
	第二节	数均分子量	number-average molecular weight
	第二节	重均分子量	weight-average molecular weight
	第二节	Z 均分子量	Z-average molecular weight
	第二节	黏均分子量	viscosity-average molecular weight
	第二节	降解反应	degradation reaction
	第二节	交联反应	crosslinking reaction
	第二节	加聚反应	addition polymerization
	第二节	共聚物	copolymer
	第二节	缩聚反应	condensation polymerization
	第二节	酚醛树脂	phenolic resin
	第二节	热固性	thermoset
	第二节	热塑性	thermoplasticity
	第二节	脲醛树脂	urea-formaldehyde resin

章	节	中文专业名词	对应英文
第五章 表面活性剂 与高分子	第二节	环氧树脂	epoxy resin
	第二节	聚糖、多糖	polysaccharide, glycan
	第二节	纤维素	cellulose
	第二节	淀粉	starch
	第二节	羟乙基纤维素	hydroxyethyl cellulose
	第二节	羟乙基淀粉	hydroxyethyl starch
	第二节	羧甲基淀粉	carboxymethyl starch
	第二节	阳离子淀粉	cationic starch
	第二节	田菁胶	sesbania gum
	第二节	豆胶	bean gum
	第二节	甲壳素	chitin
	第二节	壳聚糖	chitosan
	第二节	木质素	lignin
	第二节	增黏剂	thickener
	第二节	减阻剂	drag reducer
	第二节	两性高分子	amphoteric macromolecule
	第二节	疏水缔合高分子	hydrophobically associating polymer
第六章 分散体系与 高分子溶液	第一节	分散相	disperse phase
	第一节	分散介质	disperse medium
	第一节	分散体系	disperse system
	第一节	内相	inner phase
	第一节	外相	outer phase
	第一节	分子分散体系	molecular disperse system
	第一节	胶体分散体系	colloid disperse system
	第一节	粗分散体系	coarse disperse system
	第一节	溶胶	sol
	第一节	憎液溶胶	lyophobic sol
	第一节	亲液溶胶	lyophilic sol
	第一节	气溶胶	aerosol
	第二节	布朗运动	Brownian motion
	第二节	胶粒	colloidal particle
	第二节	超显微镜	ultra microscope
	第二节	稳定剂	stabilizing agent
	第二节	透析	dialysis
	第二节	折线运动	zigzag motion
	第二节	电泳	electrophoresis
	第二节	电渗	electro-osmosis
	第二节	流动电位	streaming potential
	第二节	沉降电位	sedimentation potential
	第二节	电动现象	electrokinetic phenomena
	第二节	双电层	electric double layer

章	节	中文专业名词	对应英文
第六章 分散体系与 高分子溶液	第二节	ζ电位	zeta-potential
	第二节	反离子	counterion
	第二节	正离子	cation
	第二节	负离子	anion
	第二节	扩散双电层	diffused electrical double layer
	第二节	胶团	micelle
	第二节	胶核	colloidal nucleus
	第二节	聚沉	coagulation
	第二节	絮凝	flocculation
	第二节	聚沉值	coagulation value
	第二节	感胶离子序	lyotropic series
	第三节	凝胶	gel
	第三节	弹性凝胶	elastic gel
	第三节	非弹性凝胶	non-elastic gel
	第三节	刚性凝胶	rigid gel
	第三节	可逆凝胶	reversible gel
	第三节	不可逆凝胶	irreversible gel
	第三节	胶凝	gelation
	第三节	水凝胶	hydrogel
	第三节	膨胀作用	swelling
	第三节	离浆作用	desizing
	第三节	脱水收缩	syneresis
	第四节	乳状液	emulsion
	第四节	乳化剂	emulsifier；emulsifying agent
	第四节	乳化作用	emulsification
	第四节	破乳	de-emulsification
	第四节	分层	creaming
	第四节	聚集	aggregation
	第四节	聚结	coalescence
	第四节	微乳液	microemulsion
	第四节	水包油乳状液	oil in water emulsion
	第四节	油包水乳状液	water in oil emulsion
	第五节	泡沫	foam
	第五节	半衰期	half-life
	第五节	泡沫特征值	foam quality
	第五节	表观视黏度	apparent viscosity
	第五节	起泡剂	foaming agent
	第五节	表面黏度	surface viscosity
	第五节	粘弹性	viscoelasticity
	第六节	流变性	rheological property
	第六节	相对黏度	relative viscosity
	第六节	增比黏度	specific viscosity

章	节	中文专业名词	对应英文
第六章 分散体系与高分子溶液	第六节	比浓黏度	reduced viscosity
	第六节	特性黏度	intrinsic viscosity
	第六节	渗透压	osmotic pressure
	第六节	半透膜	semipermeable membrane
	第六节	反渗透	reverse osmosis
	第六节	聚电解质	polyelectrolyte
	第六节	老化	aging
	第七节	缔合作用	association
	第七节	电黏效应	electro-viscous effect
	第七节	疏水性	hydrophobicity